从零学

全彩图解
视频
学习

万用表使用一本通

韩雪涛　主　编
吴　瑛　韩广兴　副主编

化学工业出版社
·北京·

内容简介

《从零学万用表使用一本通》采用全彩色图解的形式，全面系统地介绍了万用表的相关知识与检测技能，内容包括：万用表的种类特点、万用表的使用方法、万用表检测基础元件、万用表检测半导体器件、万用表检修榨汁机、万用表检修电话机、万用表检修电风扇、万用表检修电吹风机、万用表检修吸尘器、万用表检修电饭煲、万用表检修微波炉、万用表检修电磁炉、万用表检修洗衣机、万用表检修电动自行车。

本书理论和实践操作相结合，内容由浅入深，层次分明，重点突出，语言通俗易懂。本书还对重要的知识和技能专门配置了视频讲解，读者只需要用手机扫描二维码就可以观看视频，学习更加直观便捷。

本书可供电工技术人员学习使用，也可供职业学校、培训学校作为教材使用。

图书在版编目（CIP）数据

从零学万用表使用一本通/韩雪涛主编. —北京：化学工业出版社，2021.6（2025.6重印）

ISBN 978-7-122-38829-2

Ⅰ.①从… Ⅱ.①韩… Ⅲ.①复用电表-使用方法 Ⅳ.①TM938.107

中国版本图书馆CIP数据核字（2021）第054840号

责任编辑：万忻欣　李军亮　　装帧设计：王晓宇

责任校对：李　爽

出版发行：化学工业出版社（北京市东城区青年湖南街13号　邮政编码100011）

印　　装：涿州市般润文化传播有限公司

850mm×1168mm　1/32　印张 7¾　字数 180 千字　2025年6月北京第1版第10次印刷

购书咨询：010-64518888　　售后服务：010-64518899

网　　址：http://www.cip.com.cn

凡购买本书，如有缺损质量问题，本社销售中心负责调换。

定　　价：49.80元

前言

随着社会整体电气化水平的提升，电子电工技术在各个领域得到广泛的应用，社会对电工的需求量很大。万用表的使用是电工领域技术人员必备的基础技能，因此我们从初学者的角度出发，根据实际岗位的技能需求编写了本书，旨在引导读者快速掌握万用表的使用方法及应用。

本书采用彩色图解的形式，全面系统地介绍了万用表的入门知识与操作技能，内容由浅入深，层次分明，重点突出，语言通俗易懂，具有完整的知识体系；书中采用大量操作案例进行辅助讲解，帮助读者掌握实操技能并将所学内容运用到工作中。

我们之前编写出版了《彩色图解万用表入门速成》一书，出版至今深受读者的欢迎与喜爱，广大读者在学习该书的过程中，通过网上评论或直接联系等方式，对该书内容提出了很多宝贵的意见，对此我们非常重视。我们汇总了读者的意见，并结合电工行业新发展，对该书内容进行了一些改进，新增指针万用表的性能参数和数字万用表的性能参数，方便读者查阅，并且在原有基础上增加了大量教学视频，使读者的学习更加便利快捷。

本书由数码维修工程师鉴定指导中心组织编写，由全国电子行业专家韩广兴教授亲自指导。编写人员有行业工程师、高级技师和一线教师，使读者在学习过程中如同有一群专家在身边指导，将学习和实践中需要注意的重点、难点一一化解，大大提升学习效果。本书充分结合多媒体教学的特点，不仅充分发挥图解的特色，还在重点、难点处附二维码，读者可以使用手机扫描书中的二维码，通过观看教学视频同步实时学习对应知识点。数字媒体教学资源与书中知识点相互补充，帮助读者轻松理解复杂难懂的专业知识，确保学习者在短时间内获得最佳的学习效果。另外，读者可登录数码维修工程师的官方网站获得技术服务。如果读者在学习和考核认证方面有问题，可以通过以下方式与我们联系。电话：022-83718162/83715667/13114807267，E-mail：chinadse@163.com，地址：天津市南开区榕苑路 4 号天发科技园 8-1-401，邮编：300384。

本书由韩雪涛任主编，吴瑛、韩广兴任副主编，参加本书内容整理工作的还有张丽梅、宋明芳、朱勇、吴玮、吴惠英、张湘萍、高瑞征、韩雪冬、周文静、吴鹏飞、唐秀鸯、王新霞、马梦霞、张义伟。

编　者

目 录

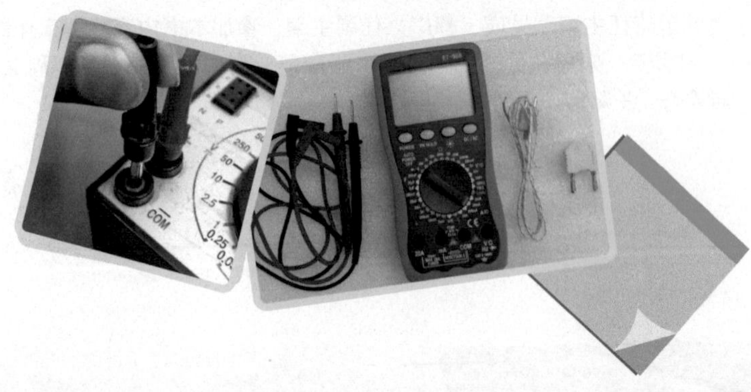

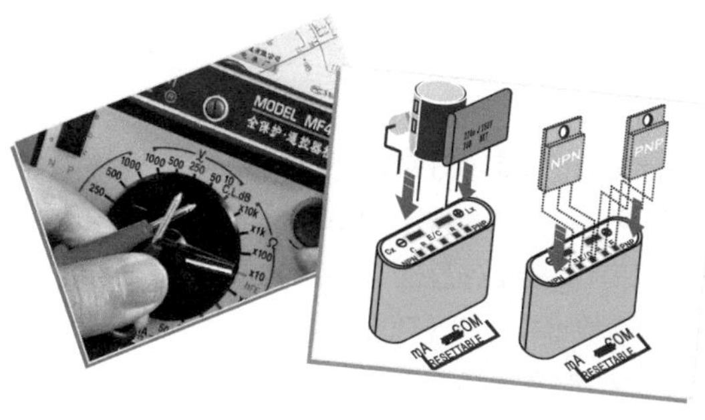
NPN
PNP
mA
COM
RESETTABLE

目录

从零学万用表使用一本通

5

第 5 章

6

第 6 章

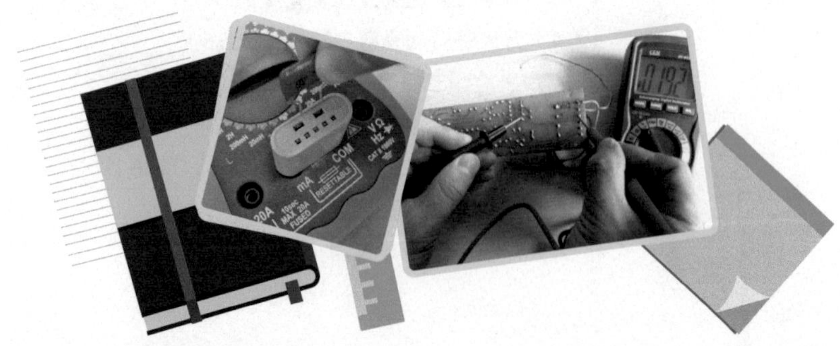

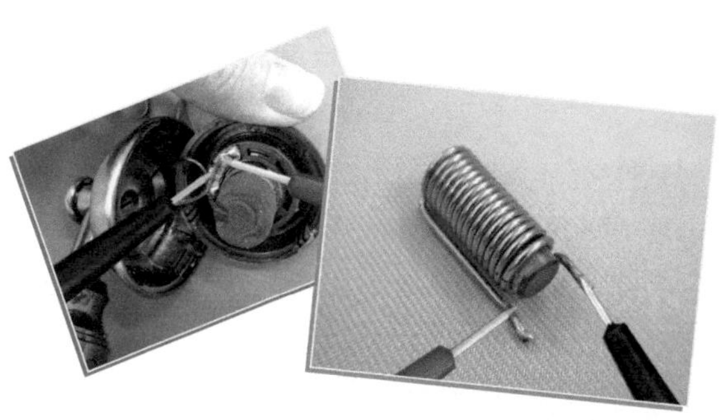

目录

从零学万用表使用一本通

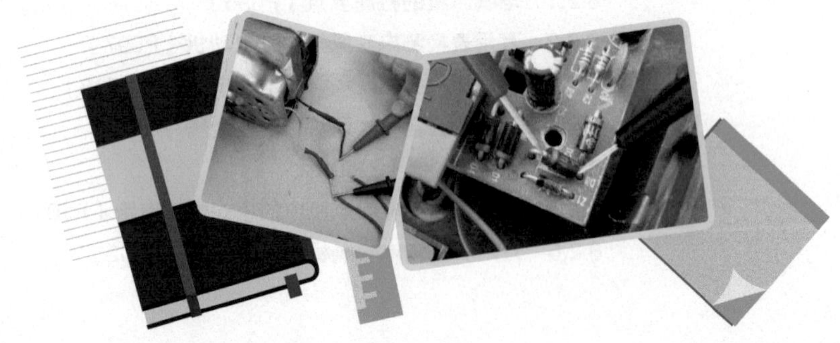

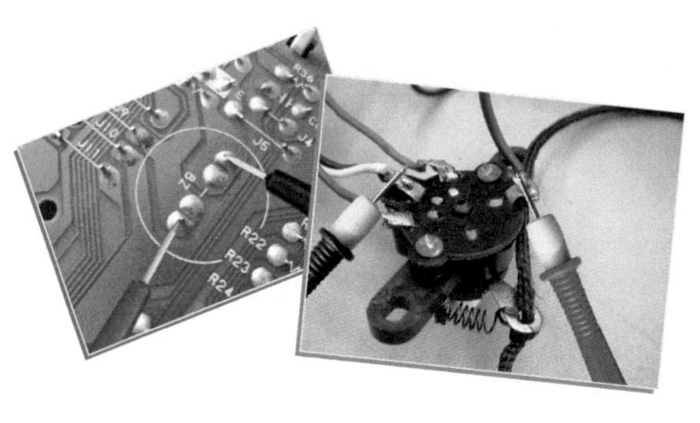

目录

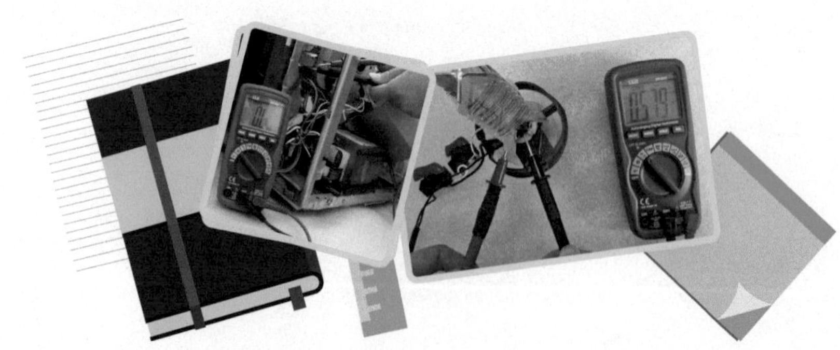

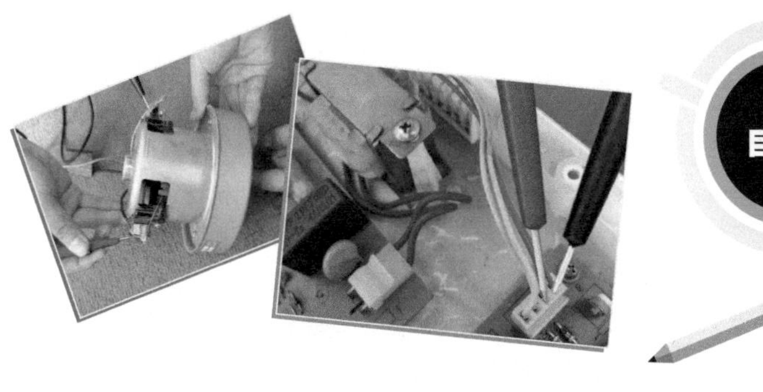

目录

14

第 14 章

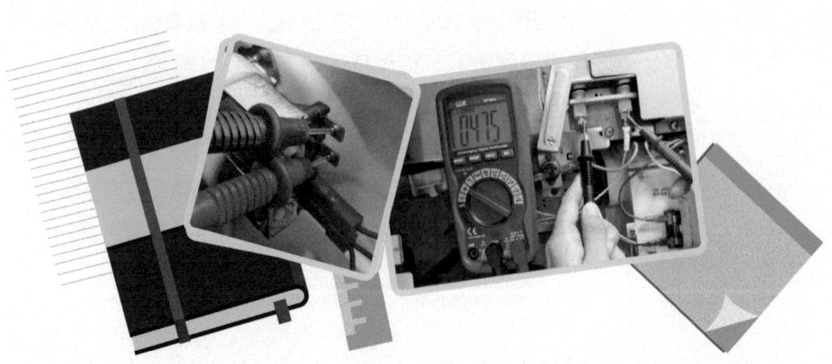

第1章 万用表的种类特点

1.1 指针万用表的特点

1.1.1 指针万用表的结构特点

指针万用表是在电子产品的维修、生产、调试中应用最广的仪表之一。检测时，将表笔分别插接到指针万用表的表笔插孔上，然后将表笔搭在被测器件或电路的相应检测点上，配合功能旋钮即可实现相应的检测功能。

图 1-1 典型指针万用表的实物外形

图 1-1 为典型指针万用表的实物外形。

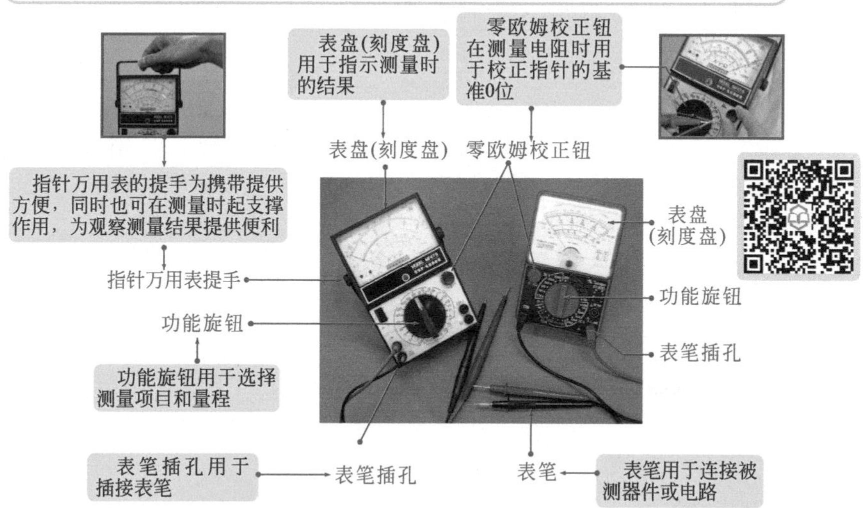

图 1-2 指针万用表的检测表笔

如图 1-2 所示，指针万用表的表笔也是组成万用表的重要部分，在检测时，需要使用表笔与被测部位进行连接，从而将检测数据传送到指针万用表中。

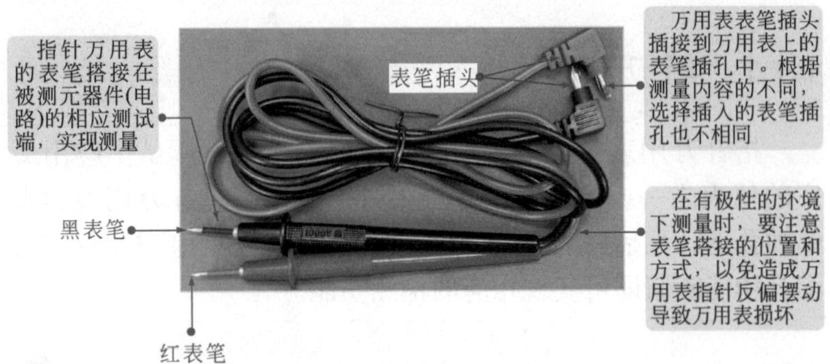

1.1.2 指针万用表的外部组成

指针万用表的功能很多，在检测中主要是通过其不同的功能挡位来实现的，因此在使用万用表前应熟悉万用表的键钮分布以及各个键钮的功能。

图 1-3 典型指针万用表的外部组成

图 1-3 为典型指针万用表的外部组成。

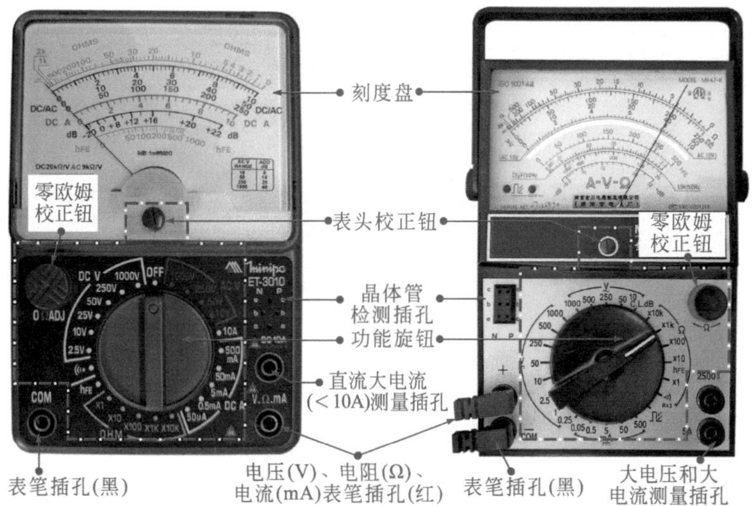

指针万用表主要是由刻度盘、表头校正钮、功能旋钮、零欧姆校正钮、晶体管检测插孔、表笔插孔、直流大电流测量插孔等几部分构成。

❶ 刻度盘

图 1-4 指针万用表的刻度盘

如图 1-4 所示，刻度盘位于指针万用表的最上方，由多条弧线构成，用于显示测量结果。由于指针万用表的功能很多，因此表盘上通常有许多刻度线和刻度值。

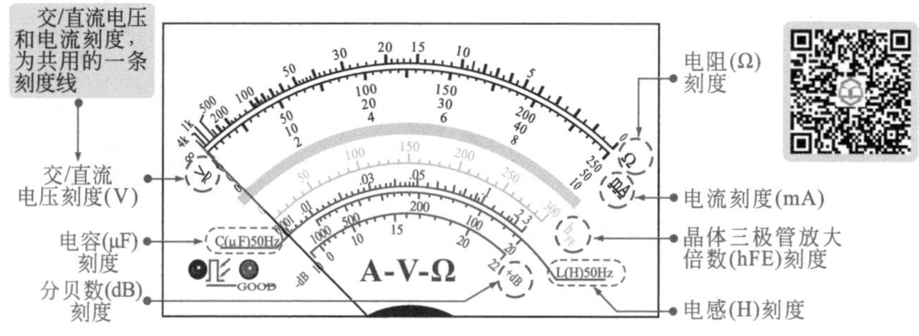

电阻（Ω）刻度

电阻刻度位于表盘的最上面，右侧标有“Ω”标识，仔细观察不难发现，电阻刻度呈指数分布，从右到左，由疏到密。刻度值最右侧为0，最左侧为无穷大。

交/直流电压刻度（V̰）

交/直流电压刻度位于刻度盘的第二条线，左侧标识为“V̰”，表示这条线是测量交流电压和直流电压时所要读取的刻度，0位在左侧，下方有三排刻度值与刻度相对应。

电流刻度（mA）

电流刻度与交/直流电压共用一条刻度线，右侧标识为“mA”，表示这条线是测量电流时所要读取的刻度，0位在线的左侧。

晶体三极管放大倍数（hFE）刻度

晶体三极管放大倍数刻度位于刻度盘的第四条线，右侧标有“hFE”，0位在刻度盘的左侧。

电容（μF）刻度

电容（μF）刻度位于刻度盘的第五条线，左侧标有“C（μF）50Hz”的标识，检测电容时，需要使用50Hz交流信号。其中，（μF）表示电容的单位为μF。

电感（H）刻度

电感（H）刻度位于刻度盘的第六条线，右侧标有“L（H）50Hz”的标识，检测电感时，需要使用50Hz交流信号。其中，（H）表示电感的单位为H。

分贝数（dB）刻度

分贝数刻度是位于表盘最下面的第七条线，两侧都标有“dB”，刻度线两端的“−10”和“+22”表示量程范围，主要用于测量放大器的增益或衰减值。

2 表头校正钮

图 1-5　指针万用表的表头校正钮

如图 1-5 所示，表头校正钮位于刻度盘下方的中央位置，用于指针万用表的机械调零。

3 功能旋钮

图 1-6　指针万用表的功能旋钮

如图 1-6 所示，功能旋钮位于指针万用表的主体位置（面板）。通常，指针万用表都具备测量电阻、交流电压、直流电压、直流电流及电容、电感等功能。功能旋钮用以调整设置不同的测量功能挡位及相应的量程。

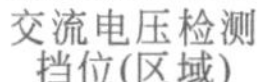
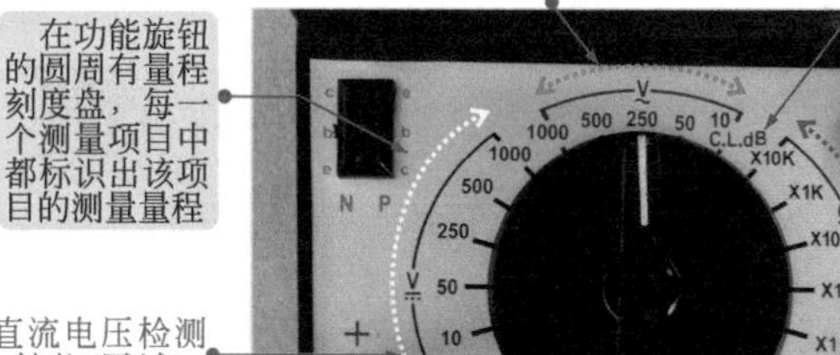

交流电压检测挡位（区域）（V~）

测量交流电压时选择该挡，根据被测的电压值，可调整的量程范围为10V、50V、250V、500V、1000V。

电容、电感、分贝检测挡位（区域）

测量电容器的电容量、电感器的电感量及分贝值时选择该挡位。

电阻检测挡位（区域）（Ω）

测量电阻值时选择该挡，根据被测的电阻值，可调整的量程范围为×1、×10、×100、×1k、×10k。

有些指针万用表的电阻检测区域中还有一挡位的标识为“·))”（蜂鸣挡），主要是用于检测二极管及线路的通、断。

晶体三极管放大倍数检测挡位（区域）

在指针万用表的电阻检测区域中可以看到有一个hFE挡位，该挡位主要用于测量晶体三极管的放大倍数。

红外线遥控器检测挡位（⎍↙）

该挡位主要用于检测红外线发射器，当功能旋钮转至该挡位时，使用红外线发射器的发射头垂直对准表盘中的红外线遥控器检测挡位，并按下遥控器的功能按键，如果红色发光二极管（GOOD）闪亮，则表示该红外线发射器工作正常。

直流电流检测挡位（区域）（mA⎓）

测量直流电流时选择该挡，根据被测的电流值，可调整的量程范围为0.05mA、0.5mA、5mA、50mA、500mA、5A。

直流电压检测挡位（区域）（V⎓）

测量直流电压时选择该挡，根据被测的电压值，可调整的量程范围为0.25V、1V、2.5V、10V、50V、250V、500V、1000V。

④ 零欧姆校正钮

图 1-7 指针万用表的零欧姆校正钮

如图 1-7 所示，零欧姆校正钮位于表盘下方，用于调整万用表测量电阻时指针的基准 0 位，在使用指针万用表测量电阻前要进行零欧姆调整。

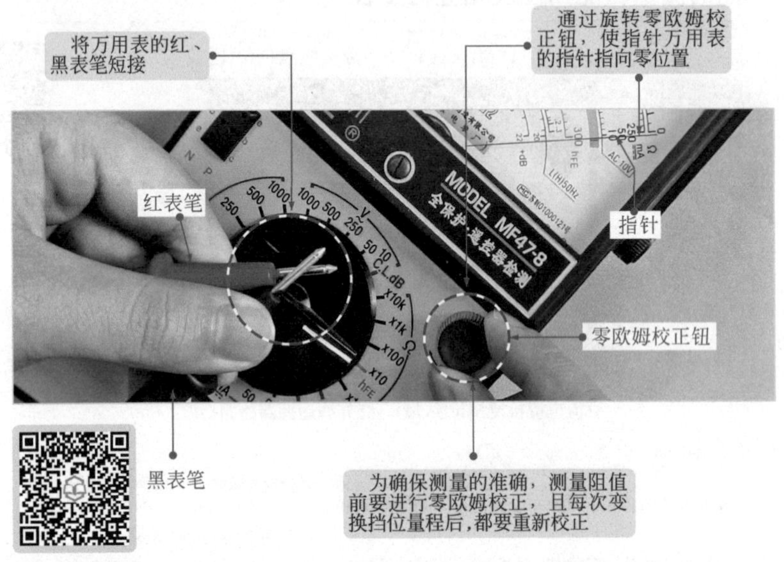

⑤ 表笔插孔

图 1-8 指针万用表的表笔插孔

如图 1-8 所示，在指针万用表的操作面板下面有 2 ～ 4 个插孔，用来与表笔相连（指针万用表的型号不同，表笔插孔的数量及位置都不相同）。指针万用表的每个插孔都用文字或符号标识。

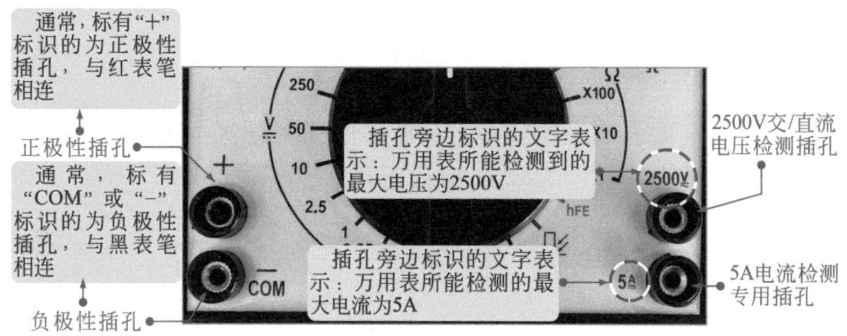

6 晶体管检测插孔

图 1-9　指针万用表的晶体管检测插孔

如图 1-9 所示，晶体管检测插孔位于操作面板的左侧，专门用来检测晶体三极管的放大倍数 hFE。

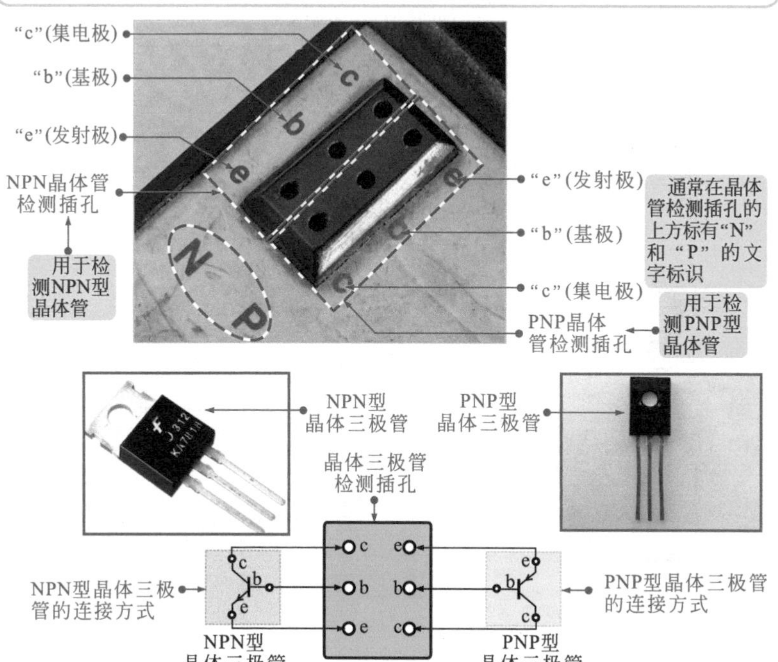

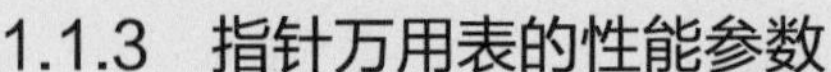

1.1.3 指针万用表的性能参数

最大刻度、允许误差及准确度和基本误差等是指针万用表的基本性能参数，是选用指针万用表的重要依据。

图 1-10 指针万用表的性能参数

图 1-10 为指针万用表的性能参数。其中，最大刻度和允许误差这两项性能参数主要用于反映指针万用表的显示精度；阻尼时间和灵敏度更多的是反映指针万用表的测量特性；准确度和基本误差重点反映指针万用表的技术特性。

刻度范围

误差范围

准确度和基本误差

升降变差

倾斜误差

灵敏度和阻尼时间

【刻度范围】体现了指针万用表的适用范围，是指针万用表功能特性的重要体现。	
直流电压(V)	0.25、1、2.5、10、50、250、1000
交流电压(V)	10、50、250、500、1000
直流电流(mA)	0.05、0.5、5、50、500
音频电平(dB)	−10～+22(AC 10V范围)
电阻(Ω)	×1、×10、×100、×1k、×10k

【误差范围】是指针万用表显示精度的重要指标。	
直流电压(V) 直流电流(mA)	允许误差值范围为最大刻度值的±3%
交流电压(V)	允许误差值范围为最大刻度值的±4%
电阻(Ω)	允许误差值范围为刻度盘长度的±3%

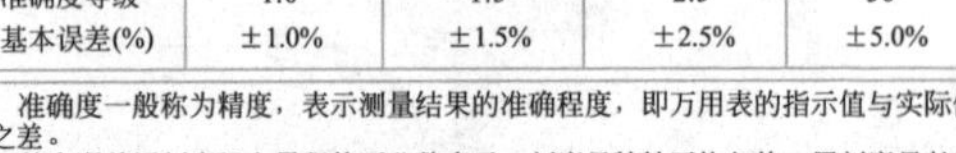

【准确度和基本误差】是指针万用表测量准确度和精度的重要指标。				
准确度等级	1.0	1.5	2.5	50
基本误差(%)	±1.0%	±1.5%	±2.5%	±5.0%

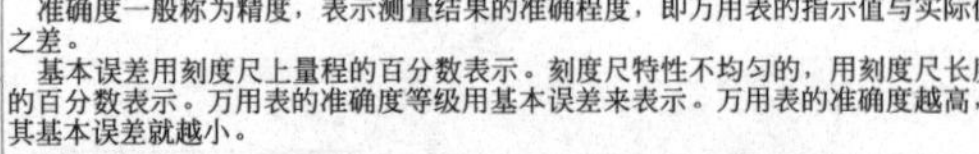

准确度一般称为精度，表示测量结果的准确程度，即万用表的指示值与实际值之差。

基本误差用刻度尺上量程的百分数表示。刻度尺特性不均匀的，用刻度尺长度的百分数表示。万用表的准确度等级用基本误差来表示。万用表的准确度越高，其基本误差就越小。

升降变差

指针万用表工作时，被测量的测量值由零平稳增加到上量程，然后平稳减小到零，对应于同一条分度线的向上(增加)、向下(减少)两次读数与被测量的实际值之差称为“指示值的升降变差”，简称变差，即

$$\varDelta_A=|A_0'-A_0''|$$

式中 $\varDelta_A$—万用表指示值变差；

A_0'—被测量平稳增加(或减小)时测得的实际值；

A_0''—被测量平稳减小(或增加)时测得的实际值。

万用表的变差与表头的摩擦力矩有关。摩擦力矩越大，万用表的升降变差就越大，反之则小。

当表头摩擦力矩很小时，$A_0'\approx A_0''$，升降变差$\varDelta_A=0$，可忽略不计。

一般来说，指针万用表的指示值升降变差不应超过基本误差。

倾斜误差

万用表在使用过程中，从规定的使用部位向任意方向倾斜时所带来的误差，被称为倾斜误差。

倾斜误差主要是由于表头转动部位不平衡造成的，但也与轴尖和轴承之间的间隙大小有关。

倾斜误差的大小也与指针长短有关，同样的不平衡与倾斜，小型万用表的倾斜误差就小。大型万用表由于指针长，轴尖与轴间隙大，倾斜误差就大。

万用表技术条件规定，当万用表自规定的工作位置向一方倾斜30°时，指针位置应保持不变。

灵敏度和阻尼时间

灵敏度是指对较小的测量值做出反应程度的大小。通常，灵敏度越高，测量的数值越精确。

阻尼时间是指阻碍或减少一个动作所需的时间。对于指针万用表来说，其动圈的阻尼时间在技术条件中规定不应超过4s。

1.2 数字万用表的特点

1.2.1 数字万用表的结构特点

数字万用表是一种多功能、多量程的便携式仪器。测量时，通过液晶显示屏下面的功能旋钮设置不同的测量项目和挡位，并通过液晶显示屏直接将所测量的电压、电流、电阻等测量结果显示出来。

图 1-11　典型数字万用表的实物外形

图 1-11 为典型数字万用表的实物外形。

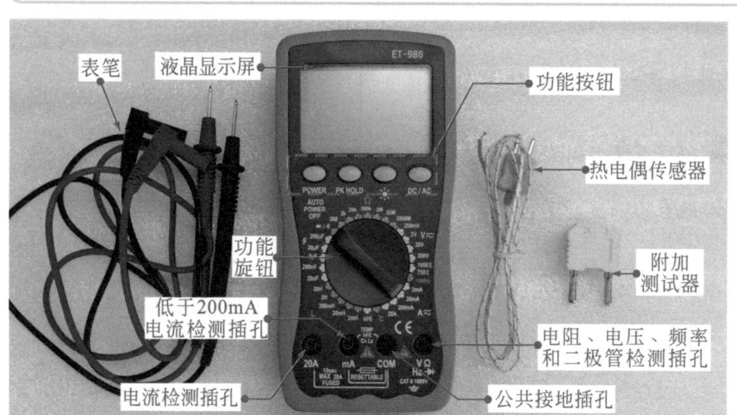

图 1-12　数字万用表的类别

如图 1–12 所示，数字万用表的功能旋钮周围标注有万用表的测量项目及挡位量程。旋转功能旋钮使之对应相应的挡位量程后，即可实现相应的测量功能。目前，数字万用表主要分为手动量程选择式数字万用表和自动量程变换式数字万用表两大类。

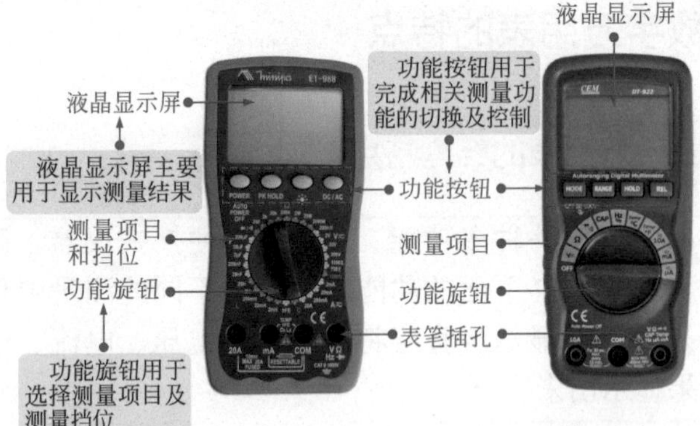

手动量程选择式数字万用表　　自动量程变换式数字万用表

数字万用表配有一个热电偶传感器和附加测试器。热电偶传感器主要用来测量物体或环境温度；附加测试器主要用来代替表笔检测待测器件。

图 1-13　数字万用表的热电偶传感器

如图 1-13 所示，检测时，通过万用表表笔或附加测试器进行连接，实现数字万用表对温度的测量。

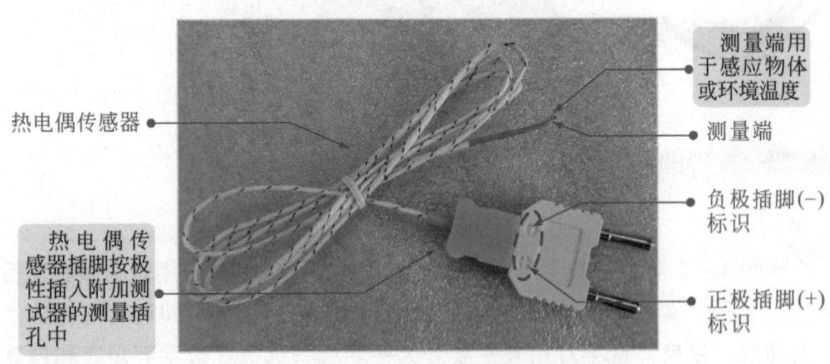

图 1-14　数字万用表的附加测试器

图 1-14 为数字万用表的附加测试器。

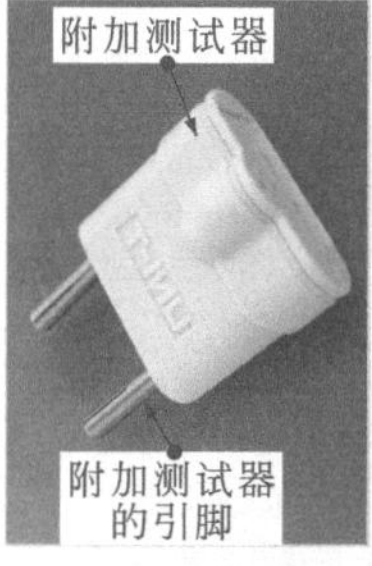

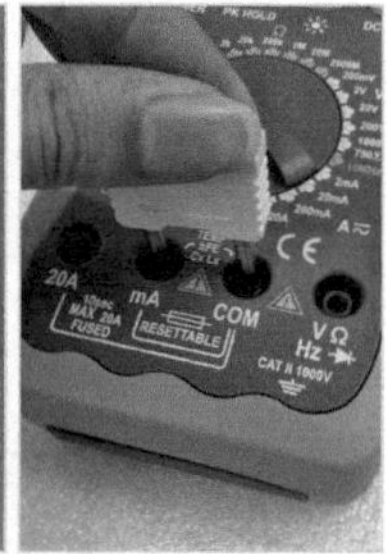

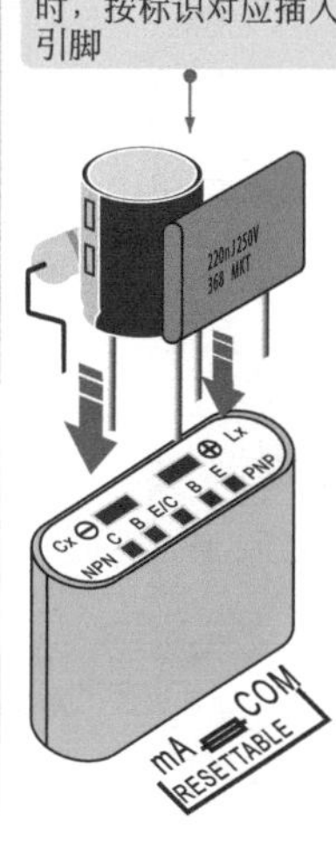

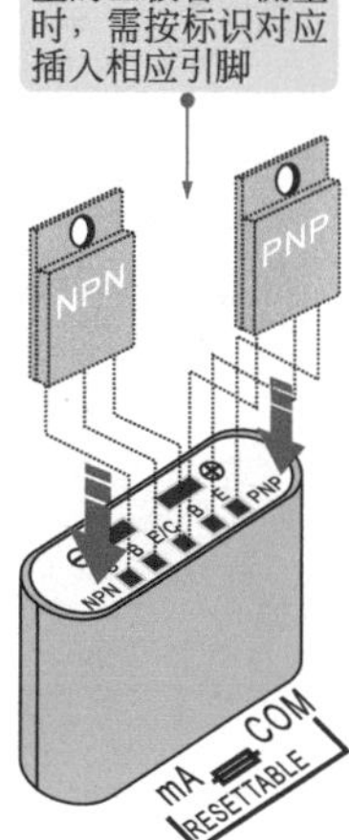

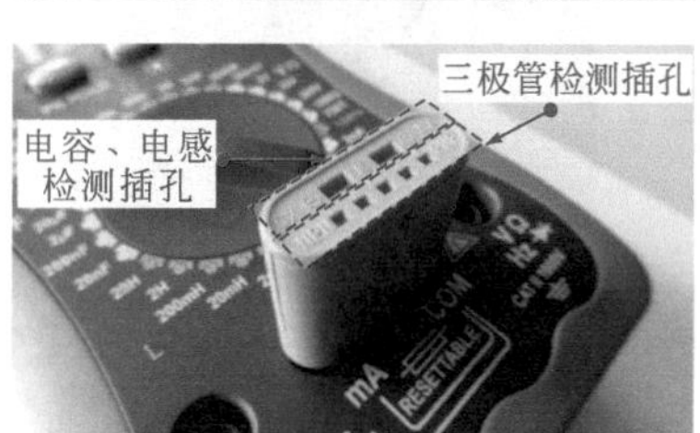

1.2.2　数字万用表的外部组成

数字万用表主要是由液晶显示屏、功能旋钮、电源按钮、峰值保持按钮、背光灯按钮、交 / 直流切换按钮、表笔插孔（电流检测插孔，低于 200mA 电流检测插孔，公共接地插孔，电阻、电压、频率和二极管检测插孔）构成的。

图 1-15　典型数字万用表的外部组成

图 1-15 为典型数字万用表的外部组成。

开关机按键
液晶显示屏
液晶显示屏
交/直流切换按钮
背光灯按钮
峰值保持按钮
电源按钮
功能按钮
读数保持按键
功能旋钮
负极性表笔插孔
200mA～20A电流检测插口
电压和电阻检测表笔插孔
μA、mA电流检测插口
公共接地插孔
低于200mA电流检测插孔
电流检测插孔
电阻、电压、频率和二极管检测插孔

1 液晶显示屏

图 1-16　数字万用表的液晶显示屏

如图 1-16 所示，数字万用表的液晶显示屏可以直观显示测量的数值结果、单位及其他警告或表示信息。由于数字万用表的功能很多，因此在液晶显示屏上会有许多标识。它会根据用户选择的不同测量功能显示不同的测量状态。

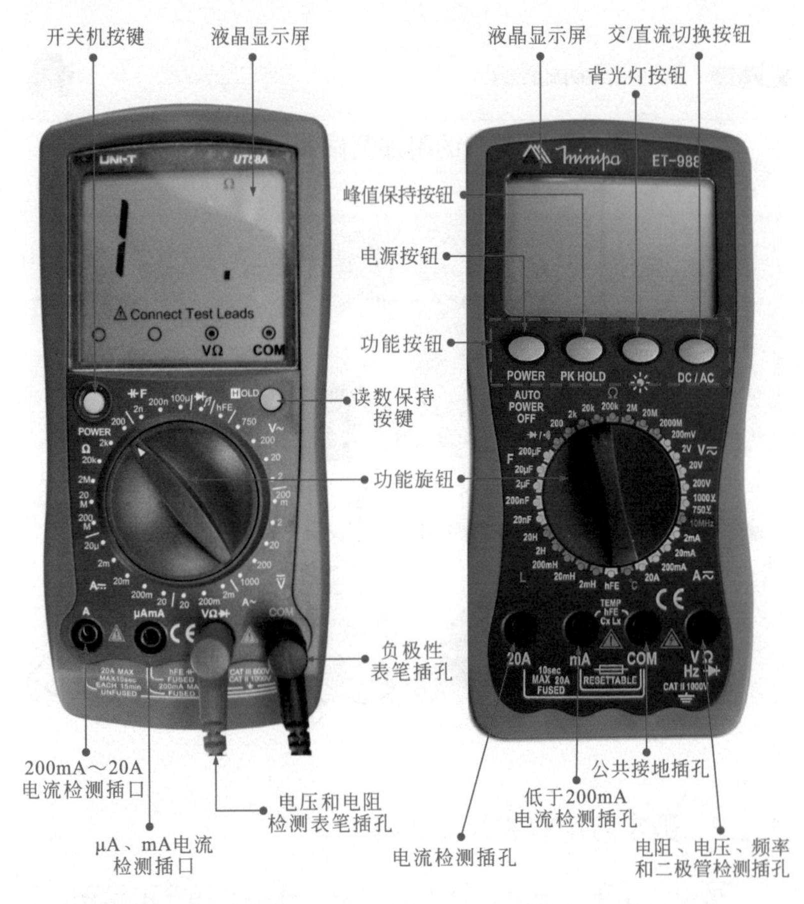

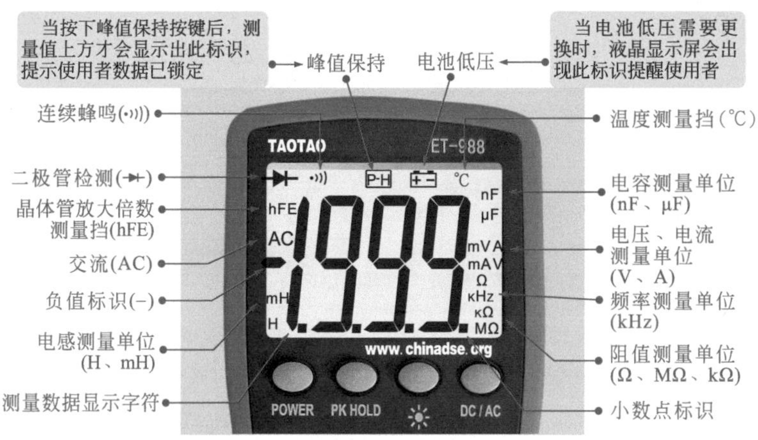

2 功能旋钮

图 1-17 数字万用表的功能旋钮

如图 1-17 所示，功能旋钮位于数字万用表的主体位置（面板），通过旋转功能旋钮可选择不同的测量项目及测量挡位。在功能旋钮的圆周上有多种测量功能标识，测量时，仅需要旋动中间的功能旋钮，使其指示到相应的挡位，即可进入相应的状态进行测量。

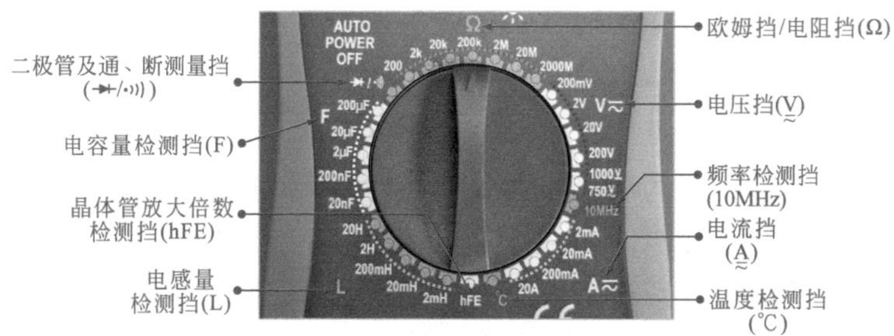

电压挡（V）

测量电压时选择该挡位，根据被测电压值的不同，可调整的量程范围有200mV、2V、20V、200V、750V、1000V。

欧姆挡/电阻挡（Ω）

欧姆挡位于数字万用表中的最上端，测量电阻时选择该挡位，根据被测的电阻值，可调整的量程范围有200kΩ、2kΩ、20kΩ、200kΩ、2MΩ、20MΩ、2000MΩ。

二极管及通、断测量挡

使用数字万用表检测二极管性能是否良好或检测通、断情况时，可将数字万用表的挡位调至该挡位进行测量。

温度检测挡（℃）

当使用数字万用表检测温度时，可将功能旋钮调至该挡位，并对温度进行检测。

电流挡（A）

测量电流时选择该挡位，根据被测电流值的不同，可调整的范围有2mA、20mA、200mA、20A。

晶体管放大倍数检测挡（hFE）

使用数字万用表检测晶体三极管的放大倍数时，需要将功能旋钮调至该挡位。

电容量检测挡（F）

使用数字万用表检测电容器的电容量时，可将功能旋钮调至该挡位。

电感量检测挡（L）

使用数字万用表检测电感器的电感量时，可将功能旋钮调至该挡位。

频率检测挡（10MHz）

使用数字万用表检测频率时，可选择该挡位。

3 功能按钮

图1-18 数字万用表的功能按钮

数字万用表的功能按钮位于数字万用表液晶显示屏与功能旋钮之间，测量时，只需按动功能按钮，即可完成相关测量功能的切换及控制，如图1-18所示。数字万用表的功能按钮主要包括电源按钮、峰值保持按钮、背光灯按钮及交/直流切换按钮。每个按键可以完成不同的功能。

电源按钮周围通常标识有"POWER"，用来启动或关断数字万用表的供电电源。很多数字万用表都具有自动断电功能，长时间不使用时，万用表会自动切断电源

峰值保持按钮周围通常标识有"HOLD"，用来锁定某一瞬间的测量结果，方便使用者记录数据

按下背光灯按钮后，液晶显示屏会点亮5s，然后自动熄灭，方便使用者在黑暗的环境下对测量观察数据

电源按钮　峰值保持按钮　背光灯按钮　交/直流切换按钮

由于数字式万用表启动后，时刻都在消耗电池电量，因此使用万用表后，一定要关断电源，以节约电量

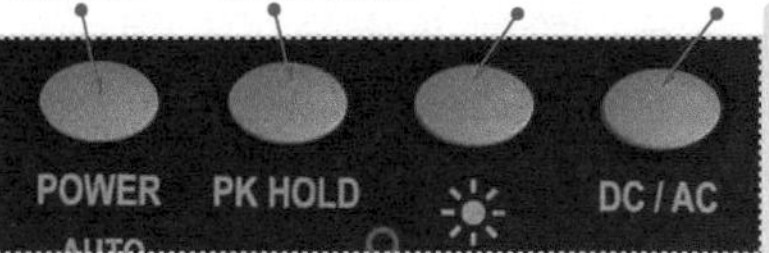

在交/直流切换按钮未按下的情况下，该数字万用表测量直流电；当按下按钮后，该数字万用表测量交流电

图 1-19　自动量程变换式数字万用表的功能按钮

图 1–19 为自动量程变换式数字万用表的功能按钮，包括量程按钮、模式按钮、数据保持按钮、相对值按钮，测量时只需按动功能按钮，即可完成相关测量功能的切换及控制。

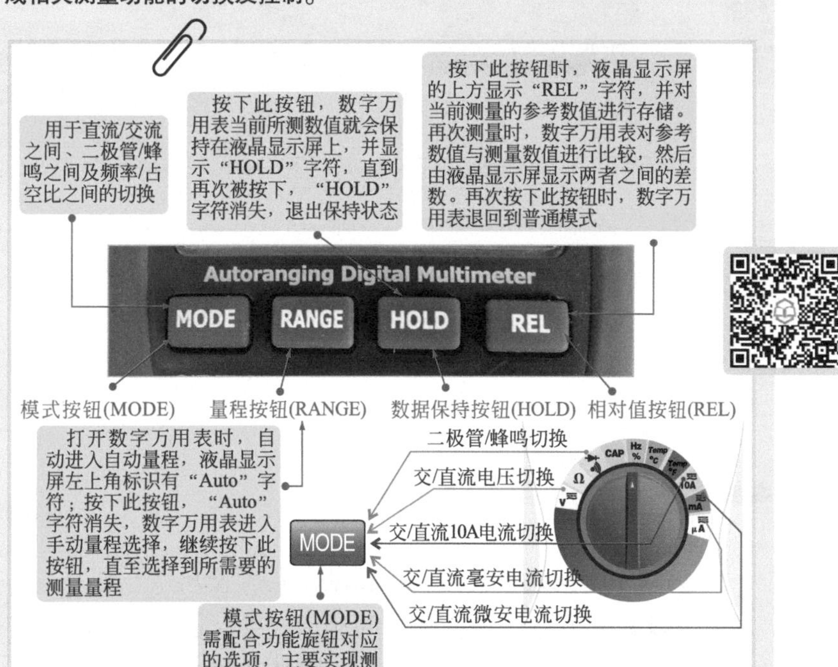

用于直流/交流之间、二极管/蜂鸣之间及频率/占空比之间的切换

按下此按钮，数字万用表当前所测数值就会保持在液晶显示屏上，并显示"HOLD"字符，直到再次被按下，"HOLD"字符消失，退出保持状态

按下此按钮时，液晶显示屏的上方显示"REL"字符，并对当前测量的参考数值进行存储。再次测量时，数字万用表对参考数值与测量数值进行比较，然后由液晶显示屏显示两者之间的差数。再次按下此按钮时，数字万用表退回到普通模式

Autoranging Digital Multimeter

MODE　RANGE　HOLD　REL

模式按钮(MODE)　量程按钮(RANGE)　数据保持按钮(HOLD)　相对值按钮(REL)

打开数字万用表时，自动进入自动量程，液晶显示屏左上角标识有"Auto"字符；按下此按钮，"Auto"字符消失，数字万用表进入手动量程选择，继续按下此按钮，直至选择到所需要的测量量程

二极管/蜂鸣切换

交/直流电压切换

交/直流10A电流切换

交/直流毫安电流切换

交/直流微安电流切换

MODE

模式按钮(MODE)需配合功能旋钮对应的选项，主要实现测量功能的选择切换

④ 表笔插孔

图 1-20　数字万用表的表笔插孔

如图 1-20 所示，检测及表笔插孔通常位于数字万用表的下方，用于连接测量表笔或附加测试器。

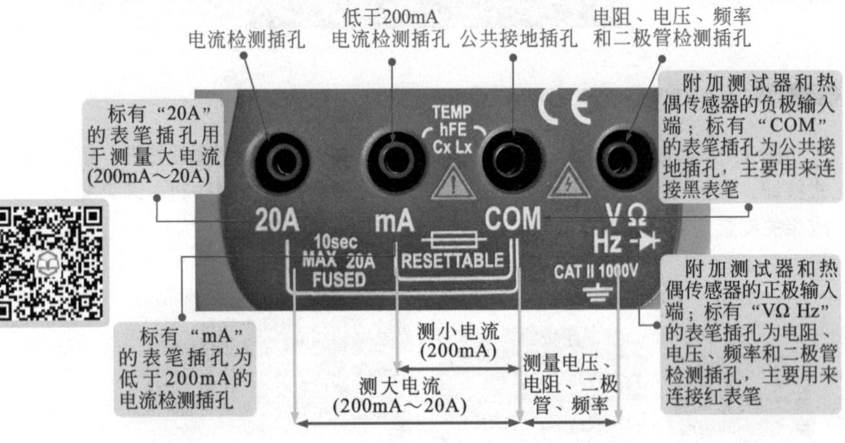

1.2.3　数字万用表的性能参数

数字万用表的主要性能参数包括显示特性、测量特性和技术特性。

图 1-21　数字万用表的最大显示数

如图 1-21 所示，显示特性包括显示方式和最大显示。显示方式及数字万用表测量结果的显示效果。目前，数字万用表多采用液晶显示方式。最大显示则是指数字万用表显示屏所能显示数值的最大位数。

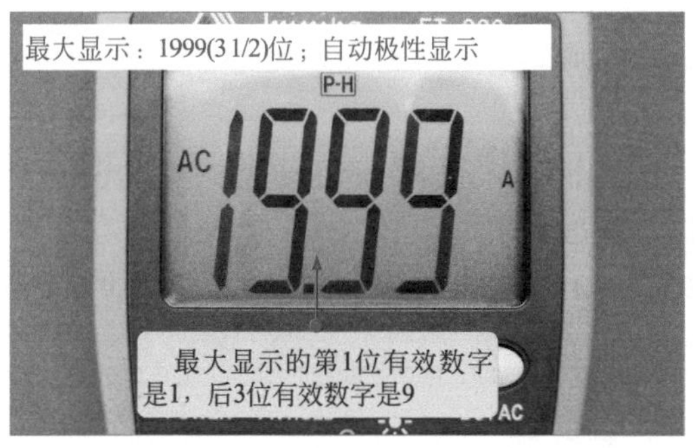

数字万用表的最大显示为 1999（3 1/2），也就是说，可以显示 4 位有效数字，第 1 位有效数字最大为 1。“1999”表示显示的最大数值为 1 个 1、3 个 9；“3 1/2”表示数字万用表有 3 位完整的有效数字和 1 位最大显示数值为 1 的有效数字。

图 1-22　Mnipa ET-988 型数字万用表各量程的精确度（分辨率）

图 1-22 为 Mnipa ET-988 型数字万用表各量程的精确度（分辨率）。测量精确度（分辨率）是指数字万用表所能识别的最小值，是数字万用表的重要测量特性。

【直流电压DCV和交流电压ACV】的精确度

200mV	2V	20V	200V	直流1000V/交流750V
0.1mV	0.001V	0.01V	0.1V	1V

【直流电流DCA和交流电流ACA】的精确度

2mA	20mA	200mA	20A
0.001mA	0.01A	0.1A	0.01A

【电容量F】的精确度

20nF	200nF	2μF	20μF	200μF
0.01nF	0.1nF	0.001μF	0.01μF	0.1μF

【电感量H】的精确度

2mH	20mH	200mH	2H	20H
0.001mH	0.01mH	0.1mH	0.001H	0.01H

【温度℃】的精确度

−20～399.999℃	400～1000℃
1	1

图 1-23 Mnipa ET-988 型数字万用表可以实现的测量功能

数字万用表的技术特性主要是指实现的测量功能及在相应功能下的测量准确度。

图 1-23 为 Mnipa ET-988 型数字万用表可以实现的测量功能。

功能	
直流电压DCV	电容量F
交流电压ACV	温度℃
直流电流DCA	频率Hz
交流电流ACA	电感量H
电阻Ω	自动断电
二极管/通断	背光显示
三极管放大倍数hFE	峰值保持

在通常情况下，数字万用表具有检测电压值、电流值、电阻值的功能，型号不同，功能也有差异。例如，Mnipa ET–988 型数字万用表还可以检测二极管的通断、三极管的放大倍数、电容量、温度、频率、电感量等，还具有背光显示和峰值保持功能。

图 1-24 Mnipa ET–988 型数字万用表各量程的准确度（精度）

数字万用表的准确度一般也称为精度，即指示值与实际值之差，是衡量测量准确程度的重要参数。

图 1-24 为 Mnipa ET-988 型数字万用表各量程的准确度。

【电容量F】的量程和准确度

20nF	200nF	2μF	20μF	200μF
±(2.5%+20字)				±(5.0%+20字)

【电感量H】的量程和准确度

2mH	20mH	200mH	2H	20H
±(2.5%+30字)				

【直流电压DCV】的量程和准确度

200mV	2V	20V	200V	1000V
±(0.5%+3字)				±(1.0%+10字)

【交流电压ACV】的量程和准确度

200mV	2V	20V	200V	750V
±(0.8%+5字)				±(1.2%+10字)

【直流电流DCA】的量程和准确度

2mA	20mA	200mA	20A
±(0.8%+10字)		±(1.2%+10字)	±(2.0%+10字)

【交流电流ACA】的量程和准确度

2mA	20mA	200mA	20A
±(1.0%+15字)		±(2.0%+15字)	±(3.0%+20字)

【温度℃】的量程和准确度

-20～399.999℃	400～1000℃
±(1.0%+4字)	±(1.5%+15字)

第2章
万用表的使用方法

2.1 指针万用表的使用方法

2.1.1 指针万用表使用前的准备

在使用指针万用表前，应首先了解指针万用表使用前的一些准备工作，如连接测量表笔、表头校正、设置测量范围、零欧姆调整等操作。

❶ 连接测量表笔

图 2-1 连接测量表笔

如图 2-1 所示，指针万用表有两支表笔，分别有红色和黑色标识，测量时，将其中红色的表笔插到正极性插孔中，黑色的表笔插到负极性插孔中。

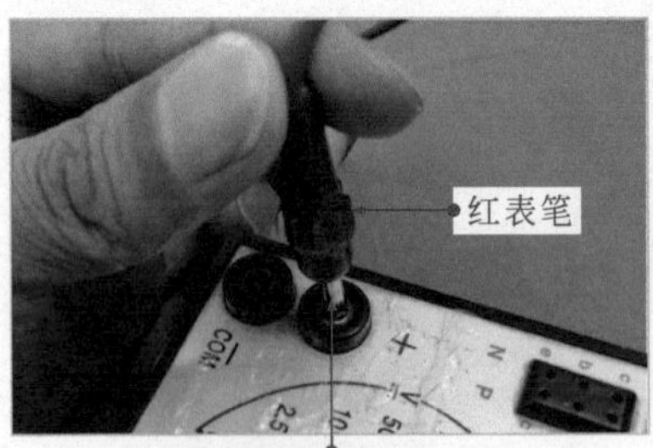
红表笔
COM
通常，红表笔插入“+”极性标识的表笔插孔中

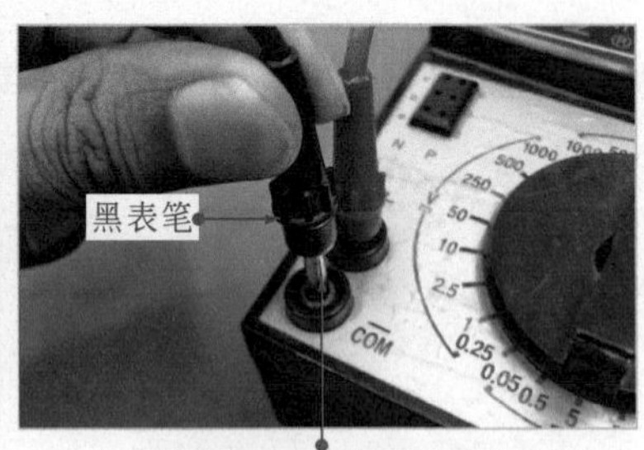
黑表笔
COM
通常，黑表笔插入“–”极性标识的表笔插孔中

图 2-2 带有高电压和大电流检测插孔的指针万用表

如图 2–2 所示，指针万用表上除了“+”插孔外，在有些指针万用表上还带有高电压和大电流的检测插孔，检测高电压或大电流时，需将红表笔插入相应的插孔内。

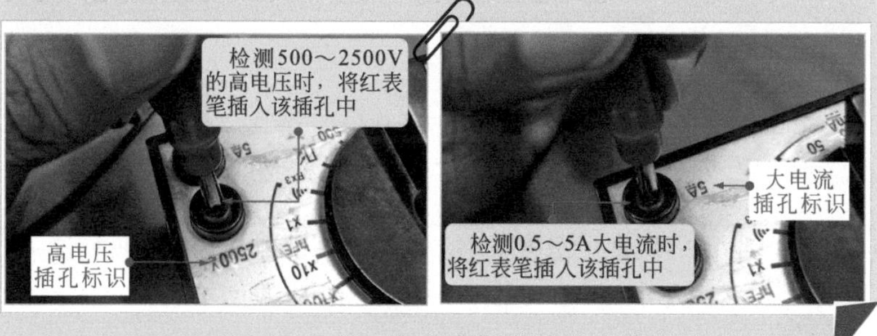

为了确保测量准确，在使用指针万用表前应对万用表进行表头校正（机械调零）。

❷ 表头校正(机械调零)

图 2-3 指针万用表表头校正（机械调零）的方法

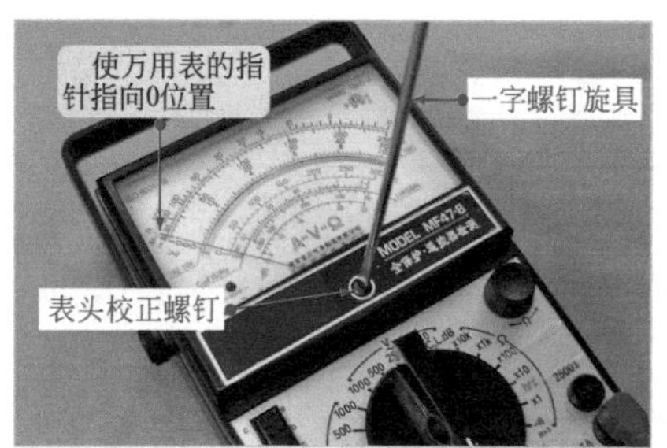

如图 2-3 所示，指针万用表的表笔开路时，指针应指在 0 的位置，如果指针没有指到 0 的位置，可用螺钉旋具微调校正螺钉，使指针处于 0 位，这就是使用指针万用表测量前进行的表头校正，又称机械调零。

将万用表置于水平位置，表笔开路，观察指针是否位于刻度盘的零位，如表针偏正或者偏负，都应微调螺钉，使指针准确地对准零位。校正后能保持很长时间不用调整，通常只有在万用表受到较大的冲击、振动后才需要重新校正。如万用表在使用过程中超过量程出现“打表”的情况，则可能引起表针错位，需要注意。

图 2-4 指针万用表的供电电池

如图 2-4 所示，指针万用表的供电电池一般位于电池仓内，由一节 9V 电池和一节 2 号 1.5V 电池或两节 5 号 1.5V 电池构成。

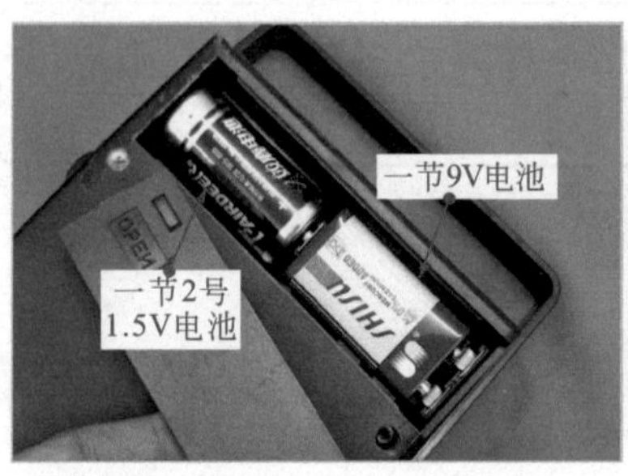

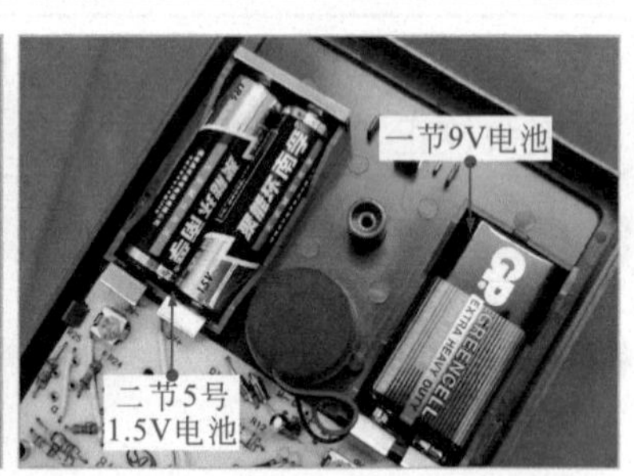

2.1.2 指针万用表的量程选择

使用指针万用表测量时，根据被测量值选择合适的量程才能获得精确的值，如果量程选择得不适当，会引起较大的误差。

图 2-5 量程范围的设置方法

图 2-5 为量程范围的设置方法。根据测量的需要，无论是测量电流、电压还是电阻，均需要对量程范围进行设置，调整指针万用表的功能旋钮，将功能旋钮调整到相应的测量状态，这样无论是测量电流、电压还是电阻都可以通过功能旋钮轻松地切换。

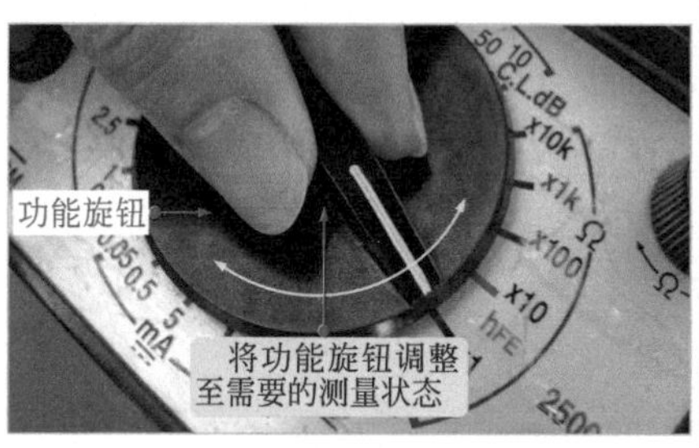

使用指针万用表测量时，根据被测量值选择合适的量程才能获得精确的值，如果量程选择得不适当，会引起较大的误差。

例如，使用指针万用表检测5号电池的电压值。5号电池的标称值为1.5V，新电池的电压应大于1.6V，在该检测试验中所使用指针万用表的直流电压量程一共有8个量程挡位，即0.25V/1V/2.5V/10V/50V/250V/500V/1000V。

如果选择500V（或1000V）挡检测5号电池的电压，每一小格相当于10V，表针微微摆动一点，就很难准确读出所测电压值。

图 2-6 双旋钮指针万用表调整量程的方法

如图 2–6 所示，有些指针万用表的功能旋钮为两个，即双旋钮指针万用表，将测量挡位与测量量程分开设置，在设置这类指针万用表的量程时，需要相互协调完成调整。

采用双旋钮调整方式的指针万用表：左侧的旋钮多用于调整测量项目；右侧的旋钮多为量程调整旋钮，用以设定量程

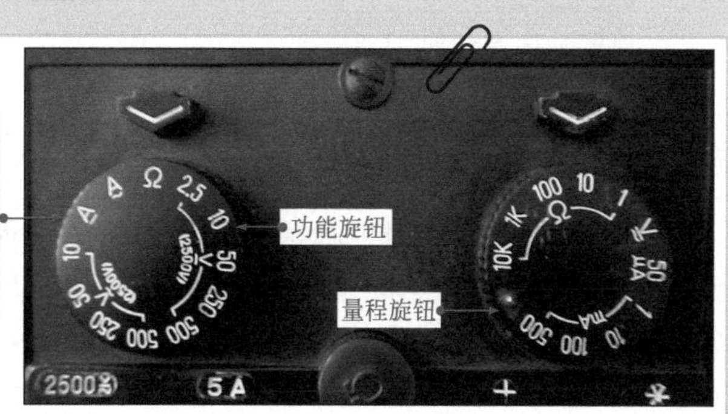

被测电路或元器件的参数不能预测时，必须将指针万用表调到最大量程，先测大约的值，然后再切换到相应的测量范围进行准确的测量。这样既能避免损坏指针万用表，又可减少测量误差。

使用指针万用表测量之前，必须明确要测量的项目是什么，采取什么具体的测量方法，然后选择相应的测量模式和适合的量程。每次测量时，务必要对测量的各项设置进行仔细核查，以避免因错误设置而造成仪表损坏。

由于指针万用表是靠指针的偏摆角度与刻度盘对应读取测量数值的，因此在测量时选择正确的量程对于测量的准确度非常重要。通常，在指针偏摆角度很小的情况下，读数的误差较大。

图 2-7 指针万用表测量电阻时的量程选择

图 2-7 为指针万用表测量电阻时的量程选择。

①测量小于200Ω的电阻时，应选R×1Ω挡。
②测量200～400Ω的电阻时，应选R×10Ω挡。
③测量400Ω～5kΩ的电阻时，应选R×100Ω挡。
④测量5～50kΩ的电阻时，应选R×1kΩ挡。
⑤测量大于50kΩ的电阻时，应选R×10kΩ挡。
⑥测量二极管或三极管时，通常选R×1kΩ挡，也可选R×10kΩ挡。

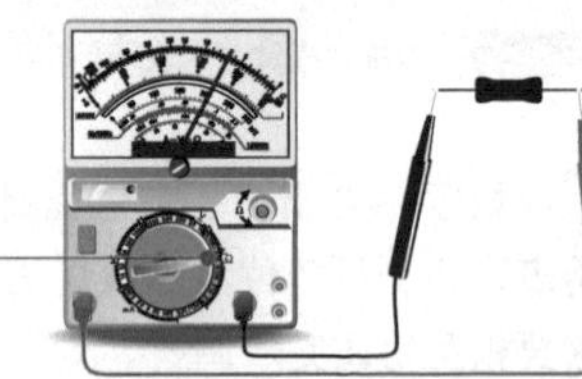

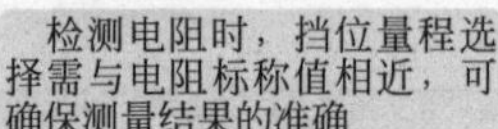
检测电阻时，挡位量程选择需与电阻标称值相近，可确保测量结果的准确

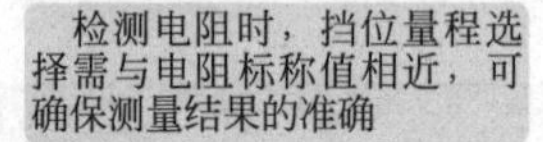

图 2-8 指针万用表测量直流电压时的量程选择

图 2-8 为指针万用表测量直流电压时的量程选择。在检测电压之前，往往很难预测所测电压的范围，所以先选较大的量程试测。例如，先选 500V 挡试测，如果表针偏摆很小，再换量程为 50V，如表针偏摆不足 10V，再改量程为 10V 挡，即可测出小于 10V 的实测直流电压值。

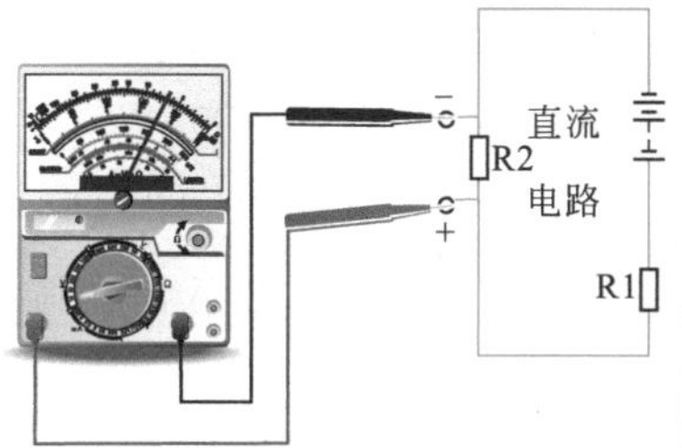

①小于0.25V的直流电压选0.25V挡。
②大于0.25V小于1V的直流电压选择1V挡。
③1～2.5V的直流电压选择2.5V挡。
④2.5～10V的直流电压选择10V挡。
⑤10～50V的直流电压选择50V挡。
⑥50～250V的直流电压选择250V挡。
⑦250～500V的直流电压选择500V挡。
⑧500～1000V的直流电压选择1000V挡。
⑨1000～2500V的直流电压应使用2500V专用插口。

图 2-9　指针万用表测量交流电压时的量程选择

图 2-9 为指针万用表测量交流电压时的量程选择。量程调整与直流电压类似，应从大量程逐挡测试。

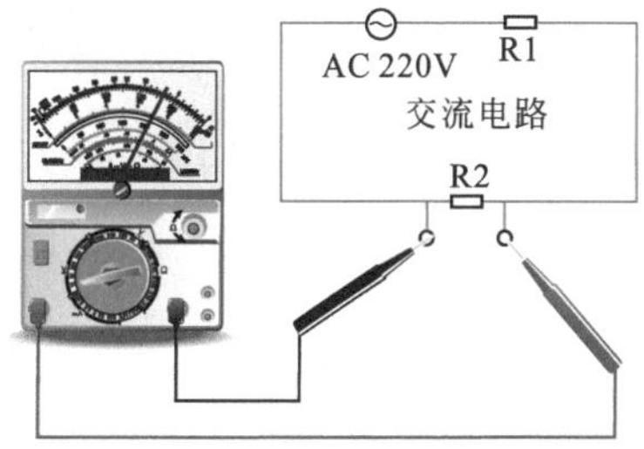

①测量10V以下的交流电压选择0～10V挡。
②测量10～50V交流电压选择50V挡。
③测量50～250V交流电压选择250V挡。
④测量250～500V交流电压选择500V挡。
⑤测量500～1000V交流电压选择1000V挡。
⑥测量1000～2500V的交流电压时，选用大电压检测专用插口。

图 2-10　指针万用表测量直流电流时的量程选择

图 2-10 为指针万用表测量直流电流时的量程选择。测量直流电流前可对检测的值进行预测，如不能预测出电流的范围，也应先选择较大的量程，以免损坏万用表，因为过大的电流会引起表针或线圈损坏。

一般来说，普通指针万用表直流电流的最大量程为 500mA，可用最大量程试测，观察表针的摆动情况，如发现表针摆幅小于 50mA，则将万用表量程调至 50mA 挡再进行测量，即可测出准确的值。

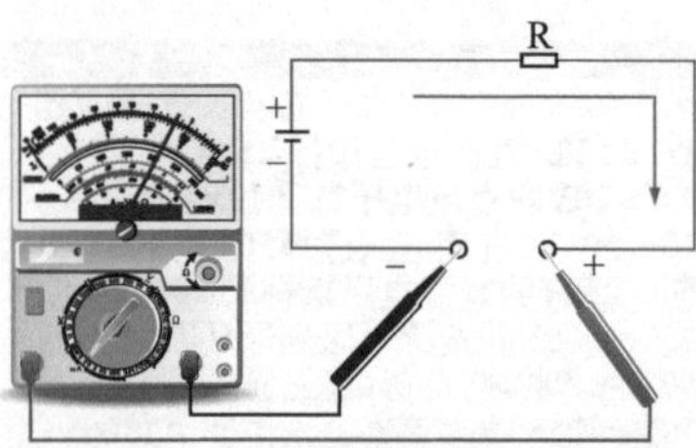

①测量小于0.25mA的电流选择0.25mA挡。
②测量0.25～0.5mA的电流选择0.5mA挡。
③测量0.5～5mA的电流选择5mA挡。
④测量5～50mA的电流选择50mA挡。
⑤测量50～500mA的电流选择500mA挡。
⑥如测量电流很大，超过500mA，小于5A，则应用大电流检测插口。

2.1.3 指针万用表的测量方法

❶ 指针万用表测量电阻的方法

图 2-11 指针万用表欧姆调零的操作方法

图 2-11 为指针万用表欧姆调零的操作方法。使用指针万用表测量阻值时要根据测量情况调整设置挡位量程，然后进行欧姆调零，才可进行测量操作。

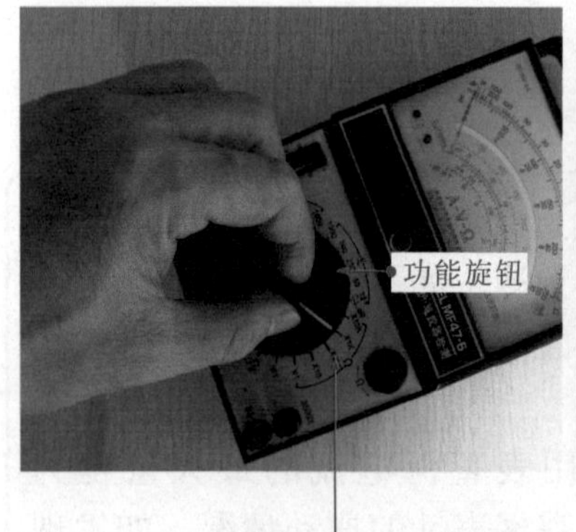

①调整功能旋钮至相应的电阻挡位量程

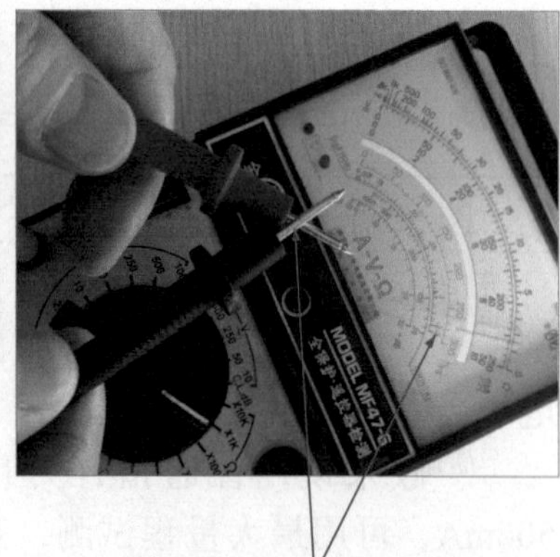

②将红、黑两表笔短接，观察表盘上表针的指示位置，未指向零位

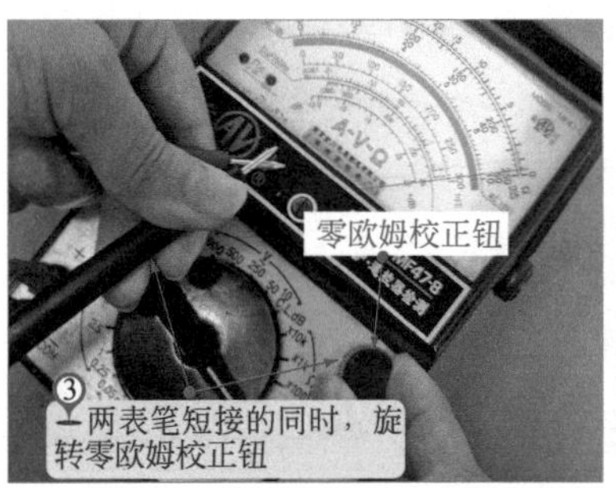

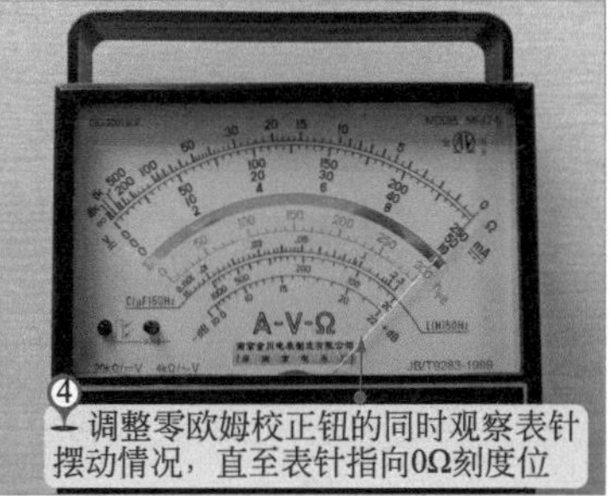

在测量电阻值时，每变换一次挡位或量程，就需要重新通过零欧姆校正钮进行零欧姆调整，这样才能确保测量电阻值的准确。测量电阻值以外的其他量时不需要进行零欧姆调整。

图 2-12　**使用指针万用表测量电阻的操作方法**

图 2-12 为使用指针万用表测量电阻的操作方法。

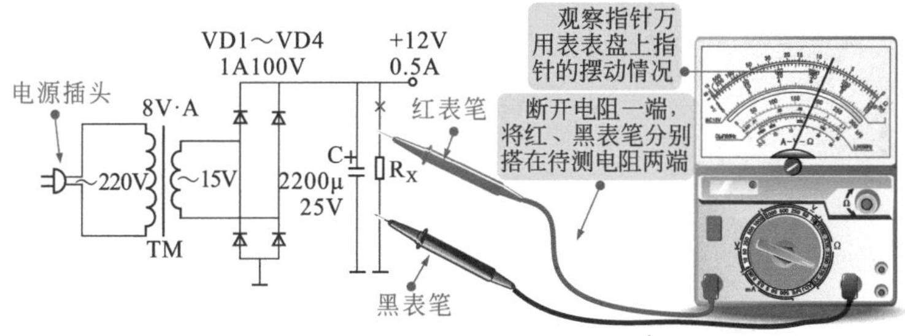

图 2-13　**选择“×10”欧姆挡量程时的读数方法**

图 2-13 为选择“×10”欧姆挡量程时的读数方法。

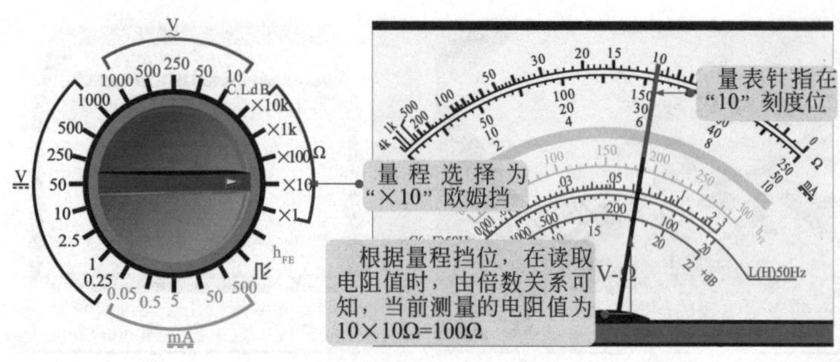

图 2-14　选择“×1k”欧姆挡量程时的读数方法

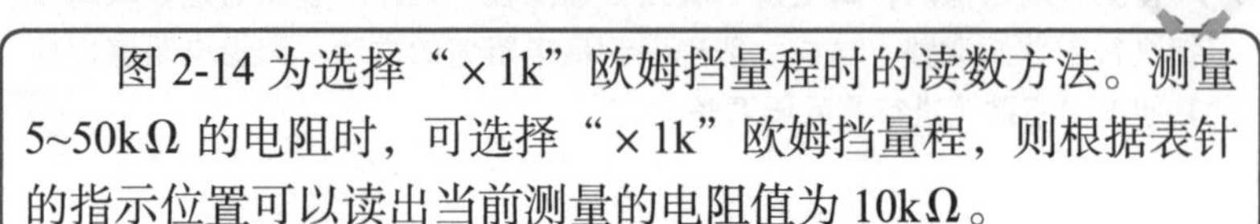

图 2-14 为选择“×1k”欧姆挡量程时的读数方法。测量 5~50kΩ 的电阻时，可选择“×1k”欧姆挡量程，则根据表针的指示位置可以读出当前测量的电阻值为 10kΩ。

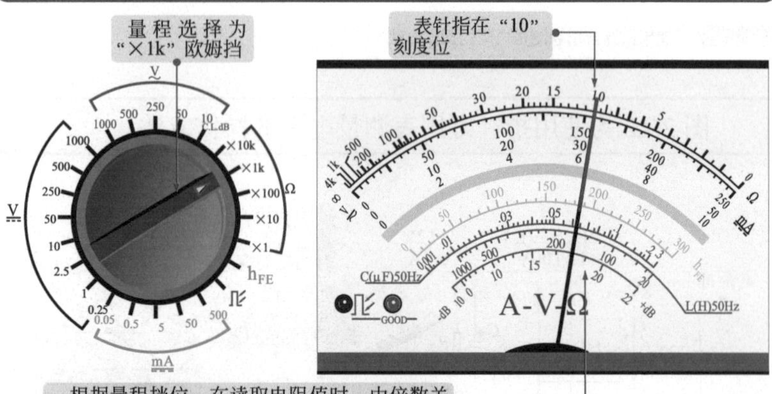

❷ 指针万用表测量直流电压的方法

图 2-15　使用指针万用表测量直流电压的操作方法

图 2-15 为使用指针万用表测量直流电压的操作示意图。当红、黑表笔测量直流电压时，指针万用表表盘上的表针便会摆动，直至停在一个固定位置，这时便可根据表针所指示的刻度值，结合所选择的量程读出测量结果。

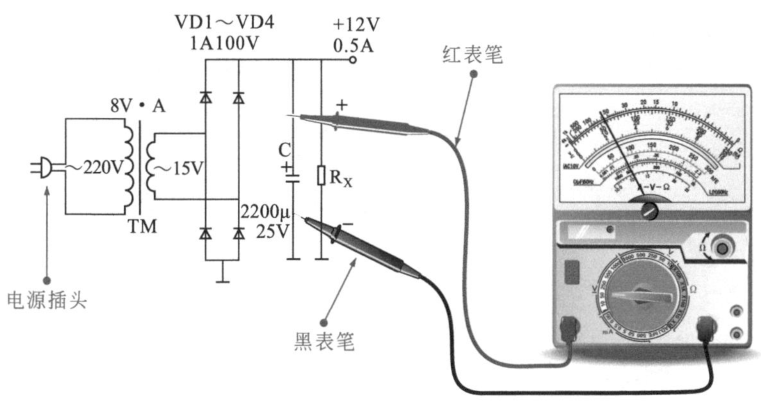

图 2-16 选择直流“2.5V”电压挡量程时的读数方法

图 2-16 为选择直流“2.5V”电压挡量程时的读数方法。若选择直流“2.5V”电压挡，则根据表针的指示位置可以读出当前测量的电压值为 1.75 V。

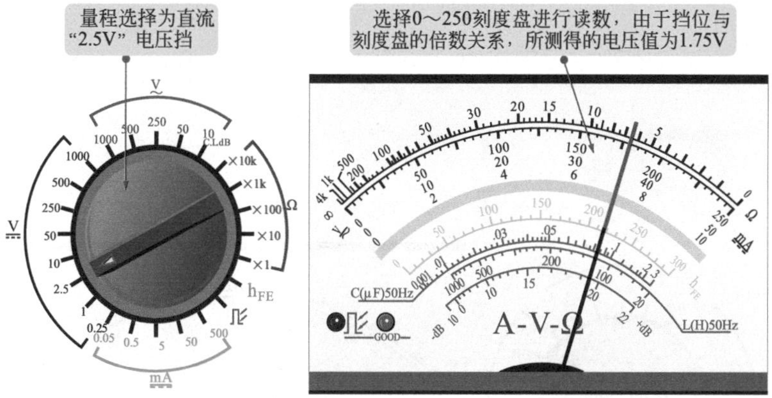

图 2-17 选择直流“10V”电压挡量程时的读数方法

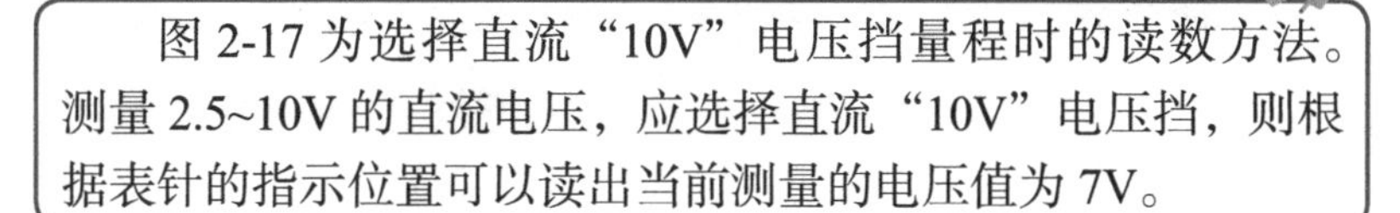

图 2-17 为选择直流“10V”电压挡量程时的读数方法。测量 2.5~10V 的直流电压，应选择直流“10V”电压挡，则根据表针的指示位置可以读出当前测量的电压值为 7V。

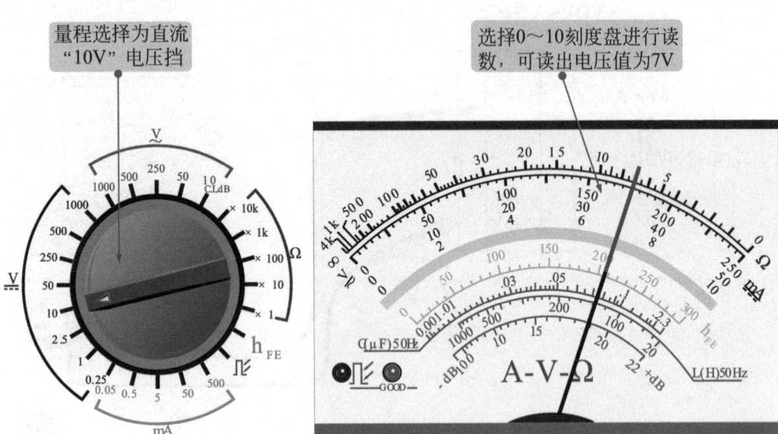

图 2-18 选择直流"50V"电压挡量程时的读数方法

图 2-18 为选择直流"50V"电压挡量程时的读数方法。测量 10 ～ 50V 的直流电压，应选择直流"50V"电压挡，则根据表针的指示位置可以读出当前测量的电压值为 17.5 V。

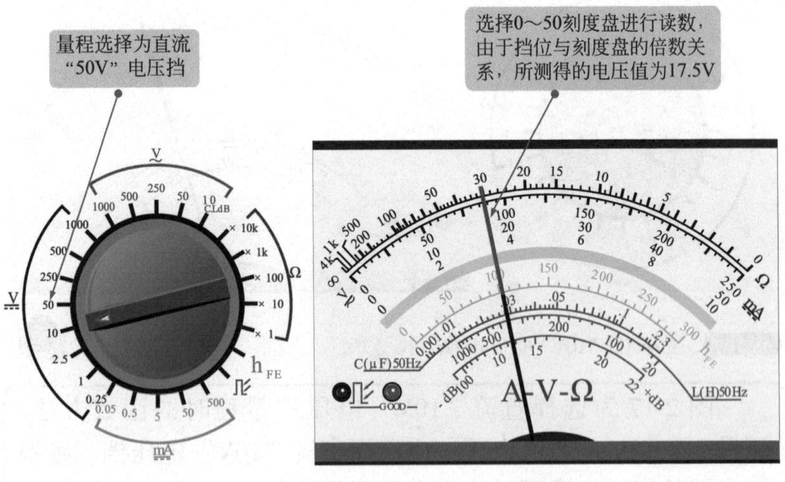

❸ 指针万用表测量交流电压的方法

图 2-19　使用指针万用表测量交流电压的操作方法

图 2-19 为使用指针万用表测量交流电压的操作示意图。当红、黑表笔测量交流电压时，指针万用表表盘上的表针便会摆动，直至停在一个固定位置，这时便可根据表针所指示的刻度值，结合所选择的量程读出测量结果。

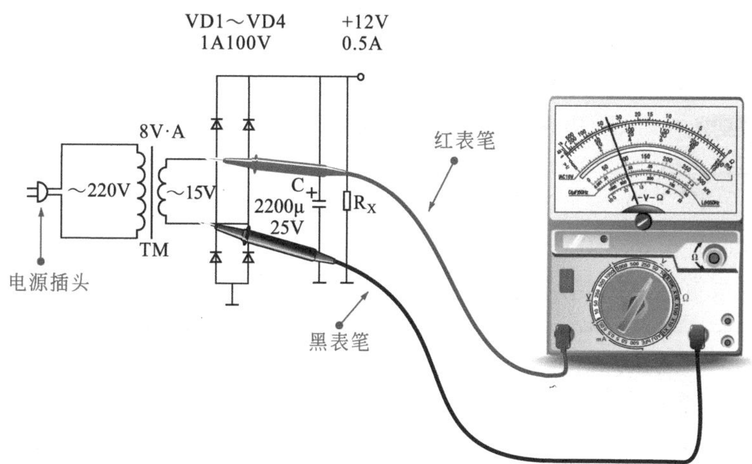

图 2-20　选择交流“50V”电压挡量程时的读数方法

图 2-20 为选择交流“50V”电压挡量程时的读数方法。若选择交流“50V”电压挡，则根据表针的指示位置可以读出当前测量的电压值为 15V。

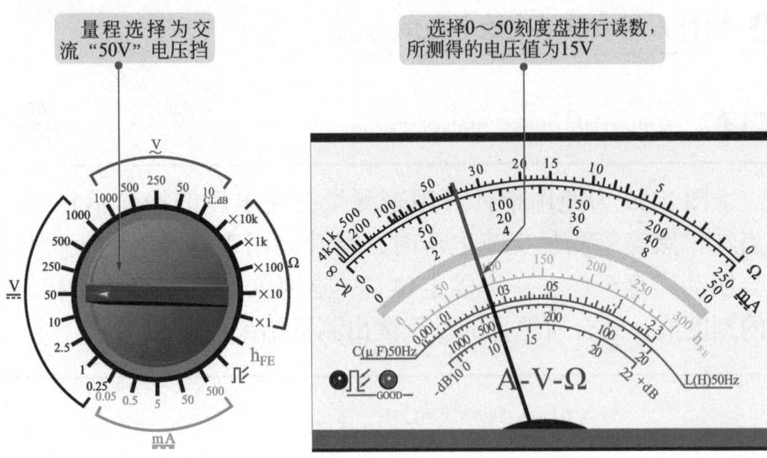

图 2-21 选择交流"1000V"电压挡量程时的读数方法

图 2-21 为选择交流"1000V"电压挡量程时的读数方法。如测量交流250～1000V的电压，应选择交流"1000V"电压挡，则根据表针的指示位置可以读出当前测量的电压值为 300 V。

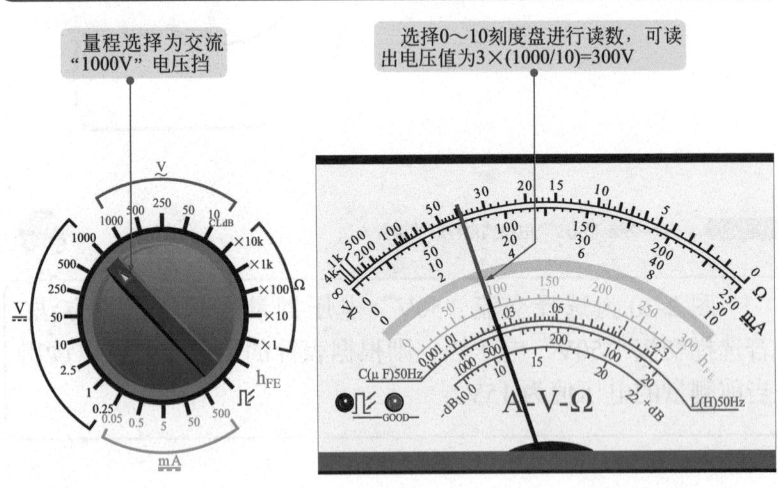

❹ 指针万用表测量直流电流的方法

图 2-22　指针万用表测量直流电流的操作方法

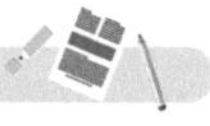

图 2-22 为指针万用表测量直流电流的操作方法。使用指针万用表可以检测电路的直流电流，检测时，需将万用表串入电路中。

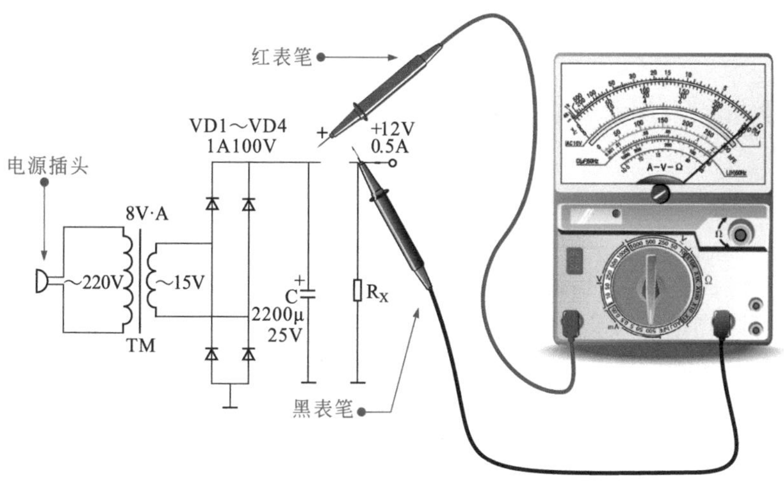

图 2-23　选择“直流 0.05mA（50μA）”电流挡量程时的读数方法

图 2-23 为选择“直流 0.05mA（50μA)”电流挡量程时的读数方法。若选择直流“0.05mA（50μA)”电流挡检测时，则根据表针的指示结合 0 ～ 10mA 刻度数识读测量结果，所测得的电流值为 34μA。

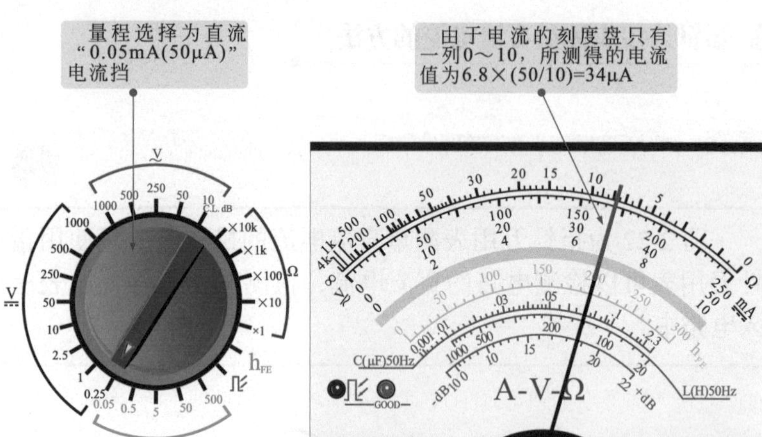

❺ 指针万用表测量交流电流的方法

图 2-24 指针万用表测量交流电流的方法

图 2-24 为指针万用表测量交流电流的方法。有些万用表可以测量低频交流电流（50 ～ 500Hz），有些万用表可以测量 20kHz 的交流电流。其测量方法与测量直流电流相同，将万用表串接在交流线路中即可。

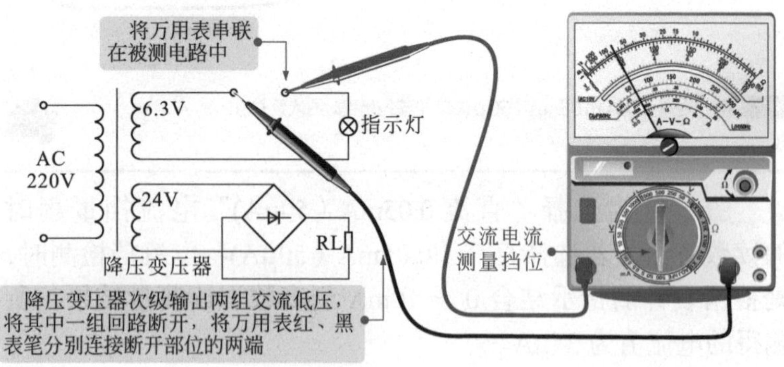

高压交流电流的检测都使用钳形电流表（大电流检测仪表），钳住一根导线就可以测出交流电流值，不用切断线路，安全性好，操作方便。对于低压交流电流的检测，在实用场合，常常采用测量负载上的交流电压和电阻值，再换算出交流电流值。因而目前市场上很多万用表没有直接测量交流电流的功能。

6 指针万用表测量晶体管放大倍数的方法

图 2-25　使用指针万用表测量晶体管放大倍数的方法

图 2-25 为使用指针万用表测量晶体管放大倍数的方法。将万用表的挡位调整至晶体管测量挡进行检测即可，若指针指向图中的位置，则读取数值时，通过晶体管放大倍数刻度（hFE）盘直接进行读数即可。

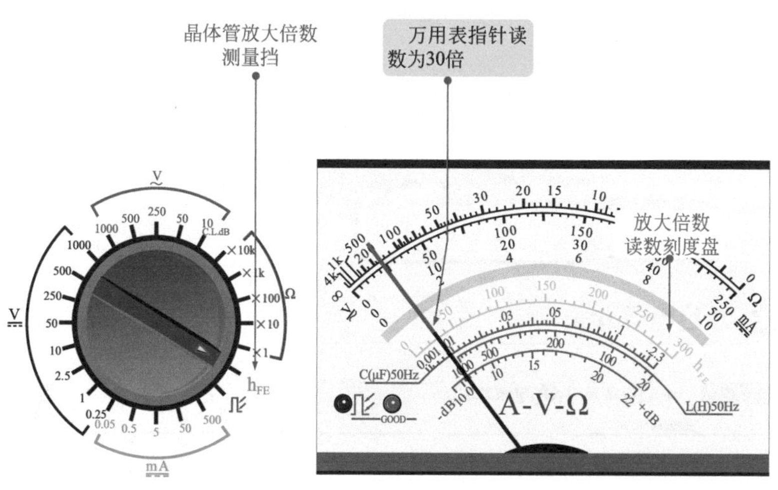

2.2 数字万用表的使用方法

2.2.1 数字万用表使用前的准备

在使用数字万用表前，应首先了解数字万用表使用前的一些准备工作，如连接测量表笔、量程设定、开启电源开关、设置测量模式、连接附加测试器等操作。

❶ 连接测量表笔

图 2-26 连接测量表笔

如图 2-26 所示，使用数字万用表之前，先应了解万用表的接口及功能，黑色的表笔作为公共端插到“COM”插孔中，其余三个插孔对应不同的功能。

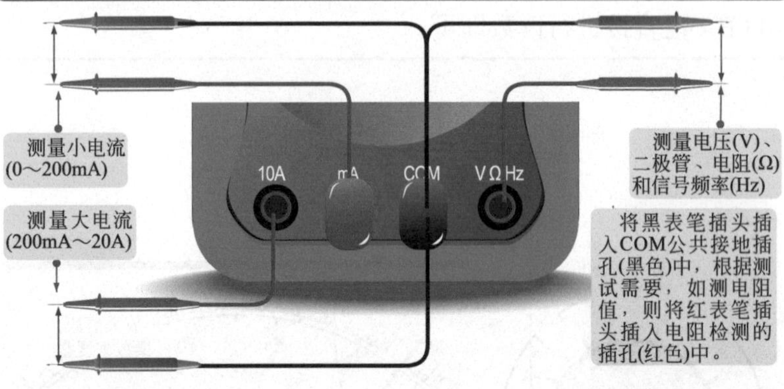

❷ 开启电源开关

图 2-27 开启数字万用表的电源开关

如图 2-27 所示，电源开关通常位于液晶显示屏的下方，功能旋钮带有“POWER”标识。

在正常情况下，按下电源按钮，液晶显示屏应显示出相应的字符

电源按钮

按下电源按钮，数字万用表工作，液晶显示屏显示出测量单位(如Ω、V等)或测量功能(如AC、DC、hFE等)

某些数字万用表不带有电源按钮，而是在挡位上设有一个关闭挡，当选择检测的功能或量程时，数字万用表便直接通电启动

❸ 量程设定

图 2-28　数字万用表量程设定的方法

如图 2-28 所示，数字万用表在使用前不用像指针万用表那样需要表头零位较正和零欧姆调整，只需要根据测量的需要，调整数字万用表的功能旋钮，将数字万用表调整到相应的测量状态。无论是测量电流、电压还是电阻，都可以通过功能旋钮轻松地切换。

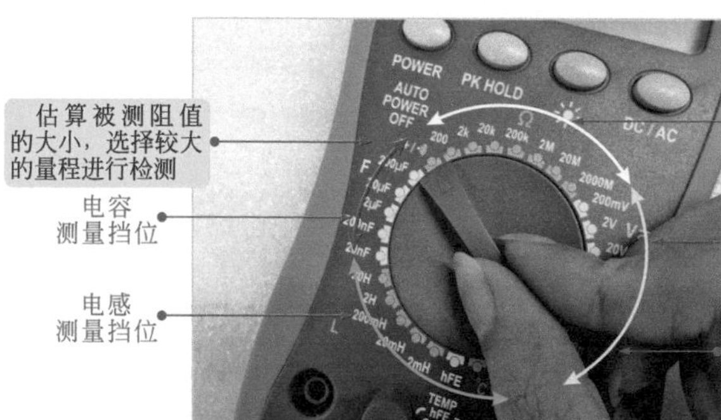

估算被测阻值的大小，选择较大的量程进行检测

电容测量挡位

电感测量挡位

电阻测量挡位

电压测量挡位

调整数字万用表的量程时，除了选取正确的测量挡位外，还要根据实际测量情况，预估并选择合适的测量范围(量程)

数字万用表设置量程时，应尽量选择大于待测参数的范围，并且最接近的测量挡位。若选择的量程范围小于待测参数，则数字万用表液晶屏显示“1L”或“0L”，表示已超范围；若选择的量程范围远大于待测参数，则可能造成测量数据读数不准确

图 2-29 自动选择量程的数字万用表

如图 2–29 所示，有一些数字万用表的功能设定较为简单，具有自动选择量程的功能，因此检测之前，只需要根据被测的数值类型选择测量的挡位即可，如电阻挡、电压挡、电容挡等，不用调整量程的范围。

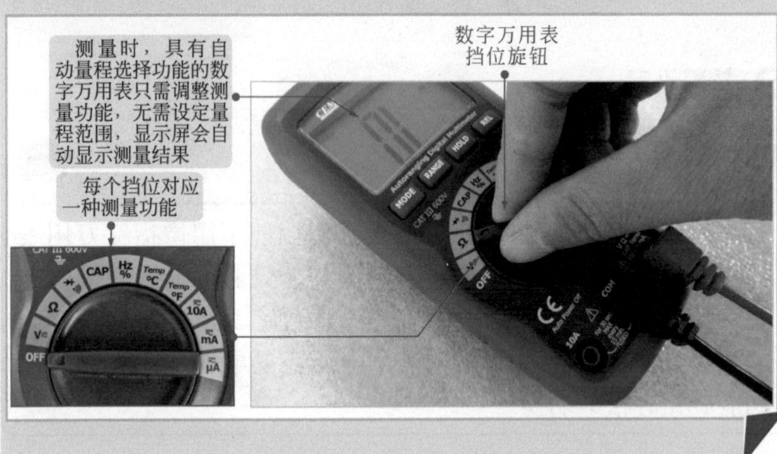

❹ 测量模式的设定

图 2-30 数字万用表测量模式的设定

如图 2-30 所示，若数字万用表的一个挡位上具有两种测量状态，则需要根据具体的测量类型，设置数字万用表的测量模式，如电流测量挡具有交流电流和直流电流两种测量状态。若需要使用数字万用表检测交流电流，则需要设定测量模式。

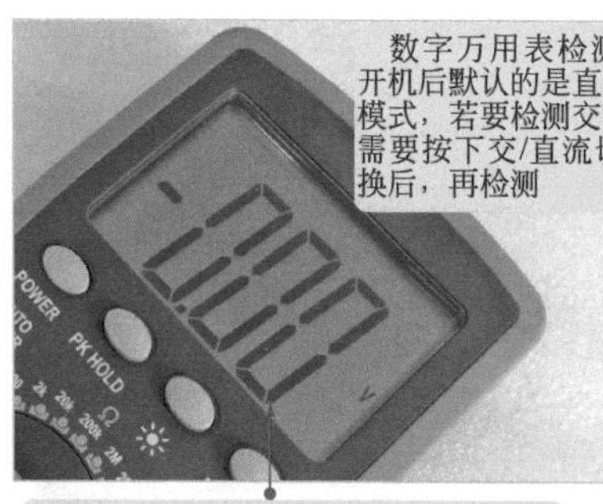

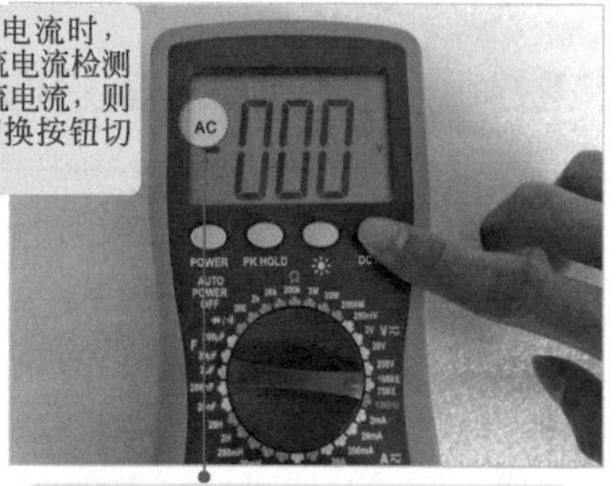

图 2-31　自动量程数字万用表测量模式的设定

如图 2-31 所示，不同类型的数字万用表，测量模式设定方式可能不同，自动量程数字万用表设定测量模式的方法比较简单。

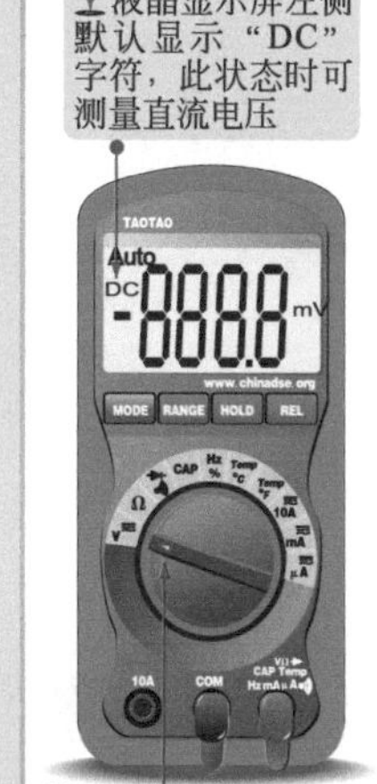

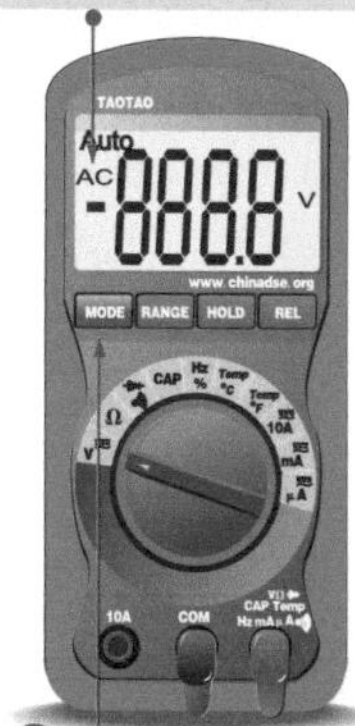

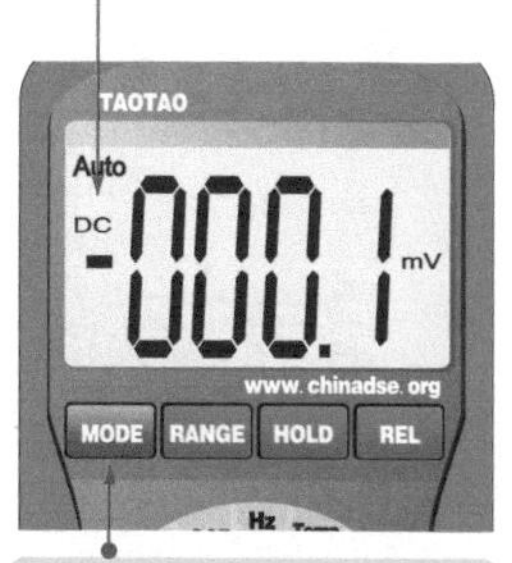

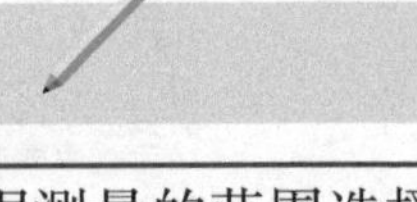

2.2.2 数字万用表的量程选择

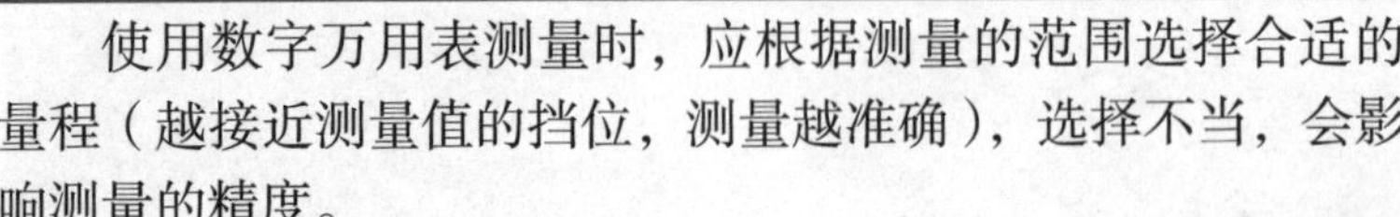
使用数字万用表测量时，应根据测量的范围选择合适的量程（越接近测量值的挡位，测量越准确），选择不当，会影响测量的精度。

图 2-32 选择直流 1000V 电压挡测量电池电压

图 2-32 为选择直流 1000V 电压挡测量 5 号电池的电压值。1000V 挡是测量电压不超过 1000V 的直流电压挡，不能显示小数点以后的值，测量结果为 1V。

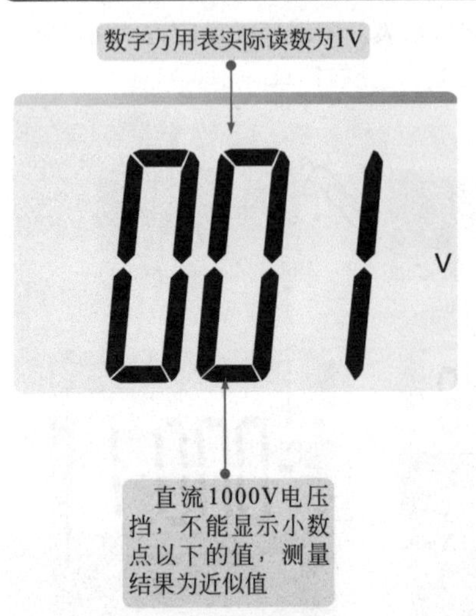

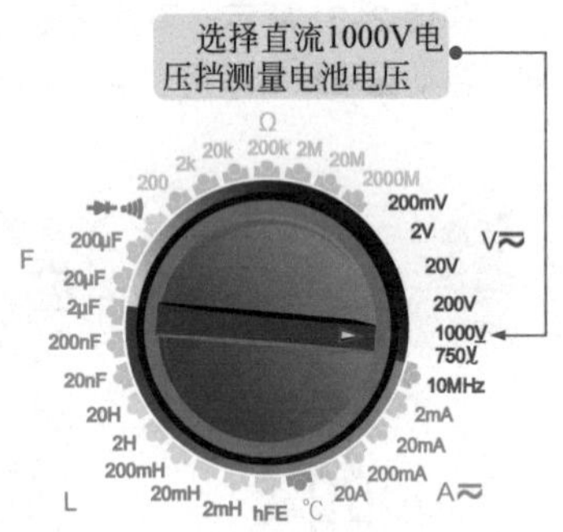

图 2-33 选择直流 200mV 电压挡测量电池电压

图 2-33 为选择直流 200mV 电压挡检测 5 号电池的电压。该挡会显示出“OL”符号（过载），表明测量值已超出了测量范围，不能使用该挡位进行测量。

数字万用表实际读数为OL

直流200mV电压挡，测量值超出测量范围，测不出电压值

选择直流200mV电压挡测量电池电压

2.2.3　数字万用表的测量方法

图 2-34　数字万用表的测量方法

如图 2-34 所示，数字万用表的测量方法与指针万用表的测量方法相似。打开数字万用表，调整好量程后，即可将检测表笔搭在相应的检测部位，完成检测。

使用数字万用表的通断测量功能检测线路有无断路情况

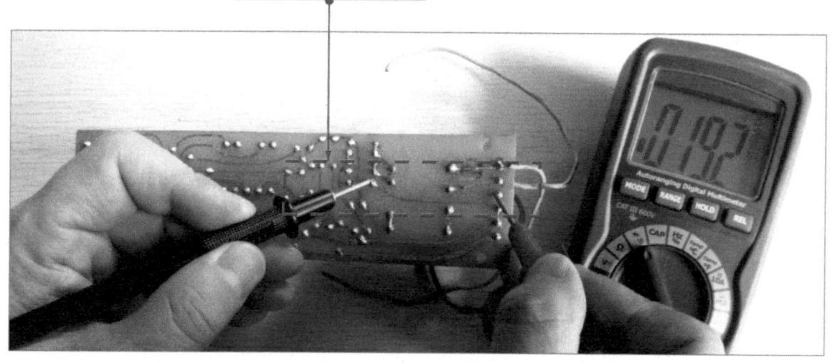

使用数字万用表可对电子产品或电气设备中电容器的容量进行检测

CBB65A-1
30 μF ±5% SH
450 VAC 50/60 Hz
如果电容器正常，则万用表可检测到与标称值相近的电容量值
30.43
使用数字万用表对电容器的电容量进行检测

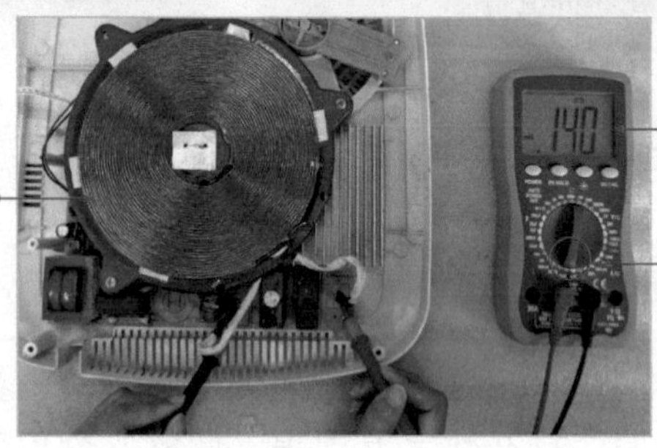
电磁炉炉盘线圈的电感量一般为135μH或140μH
使用数字万用表检测电磁炉炉盘线圈可测得炉盘线圈的电感量
.140
电感测量功能挡位

第3章 万用表检测基础元件

3.1 万用表检测电阻器

电阻器是一种以阻值为主要特征参数的基础电子元器件。利用万用表阻值测量功能检测电阻器的阻值，即可判断出电阻器是否良好。

3.1.1 万用表检测色环电阻器

图 3-1 使用数字万用表检测色环电阻器的方法

色环电阻器是一种典型的固定阻值电阻器。它通过色环标注的方式标注阻值。使用万用表检测色环电阻器时首先要根据色环标识识读待测电阻器的标称阻值，然后根据标称值选择调整万用表的挡位量程。最后完成对待测电阻器的阻值测量。

图 3-1 为使用数字万用表检测色环电阻器的方法。

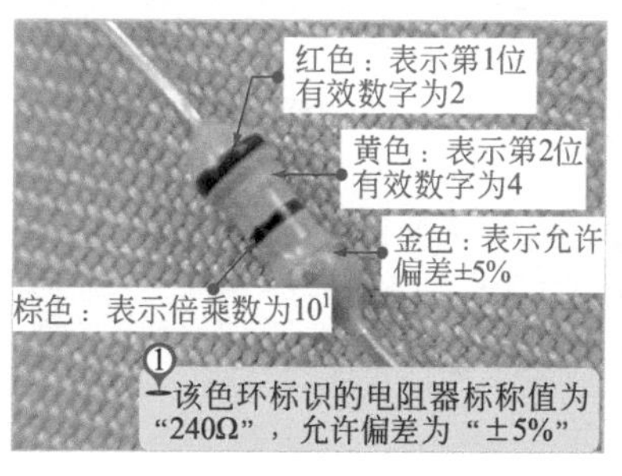

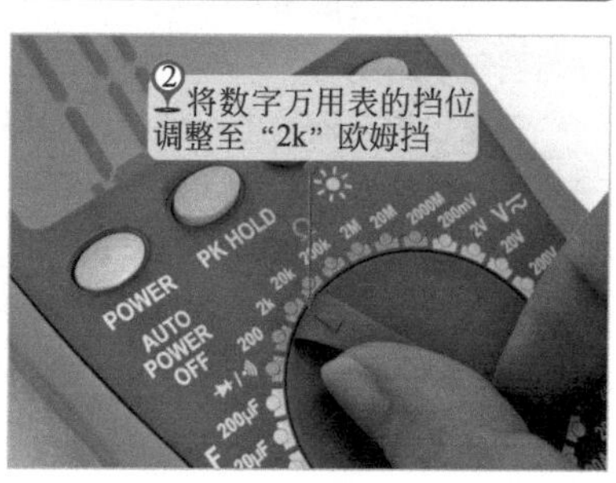

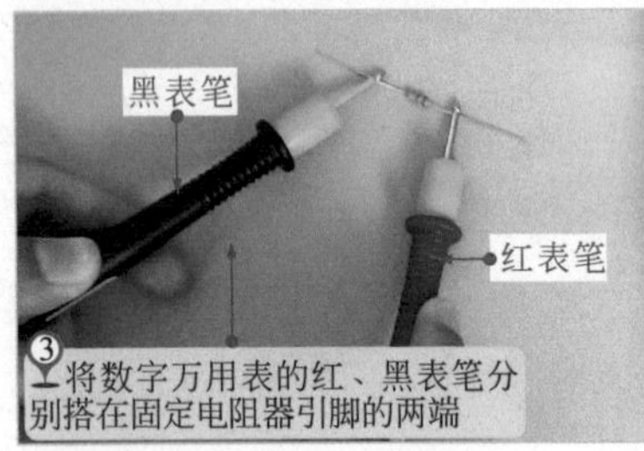

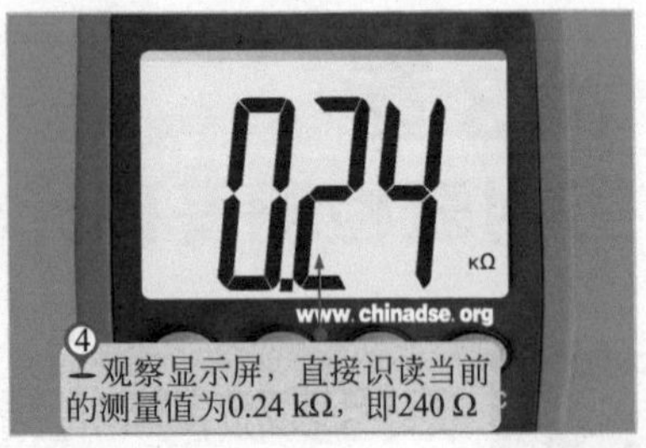

无论是使用指针万用表还是数字万用表，在设置量程时，尽量要选择与测量值相近的量程以保证测量值的准确。如果设置的量程范围与待测值之间相差过大，则不容易测出准确值。

3.1.2 万用表检测光敏电阻器

图 3-2 使用指针万用表检测光敏电阻器的方法

光敏电阻器的阻值会随外界光照强度的变化而随之发生变化。可使用万用表通过测量待测光敏电阻器在不同光线下的阻值来判断光敏电阻器是否损坏。图 3-2 为使用指针万用表检测光敏电阻器的方法。

使用万用表的电阻测量挡，分别在明亮条件下和暗淡条件下检测光敏电阻器阻值的变化。

若光敏电阻器的电阻值随着光照强度的变化而发生变化，表明待测光敏电阻器性能正常；

若光照强度变化时，光敏电阻器的电阻值无变化或变化不明显，则多为光敏电阻器感应光线变化的灵敏度低或本身性能不良。

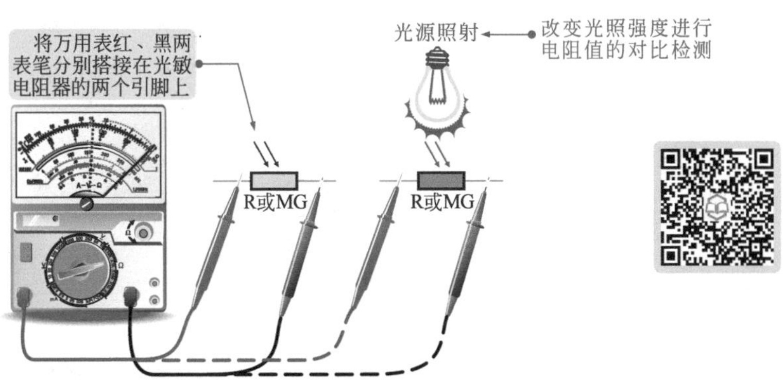

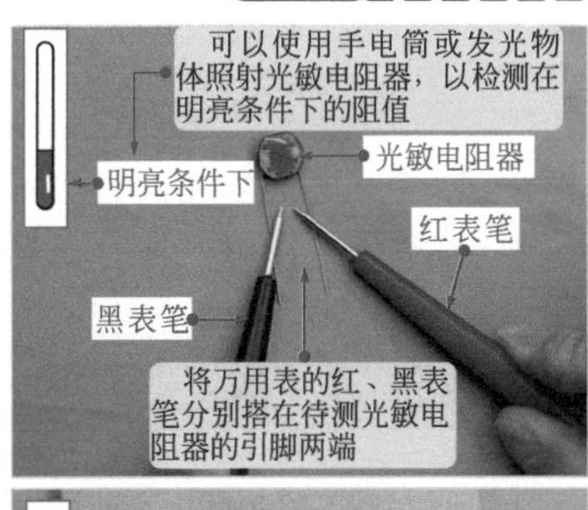

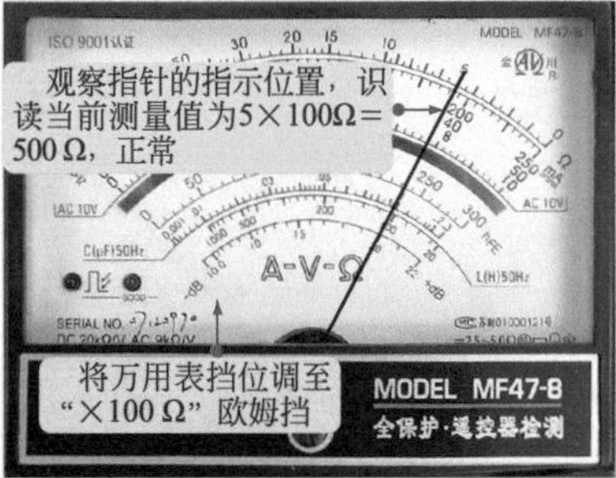

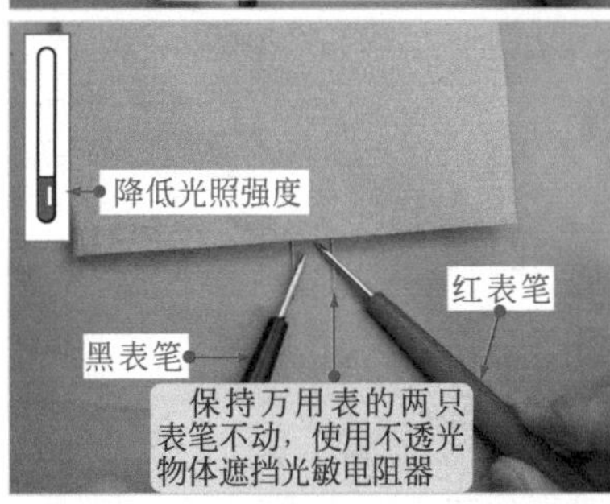

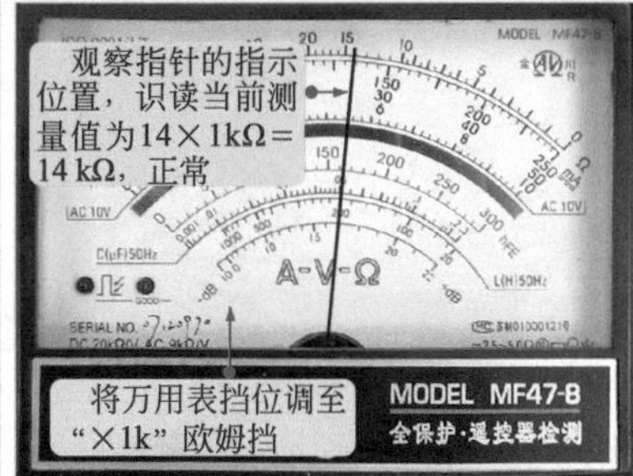

3.1.3　万用表检测热敏电阻器

图 3-3　**使用指针万用表检测热敏电阻器的方法**

图 3-3 为使用指针万用表检测热敏电阻器的方法。

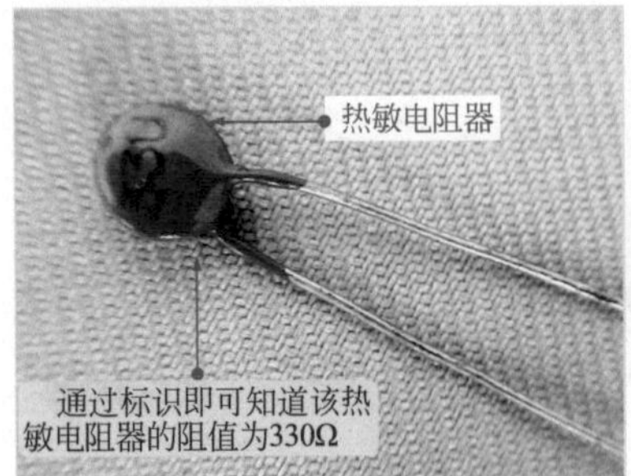

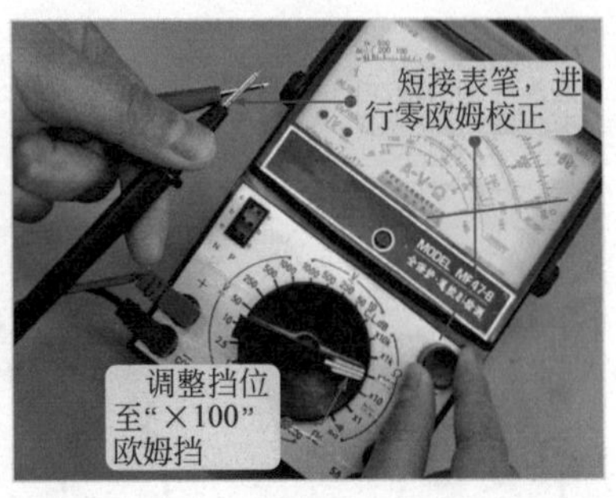

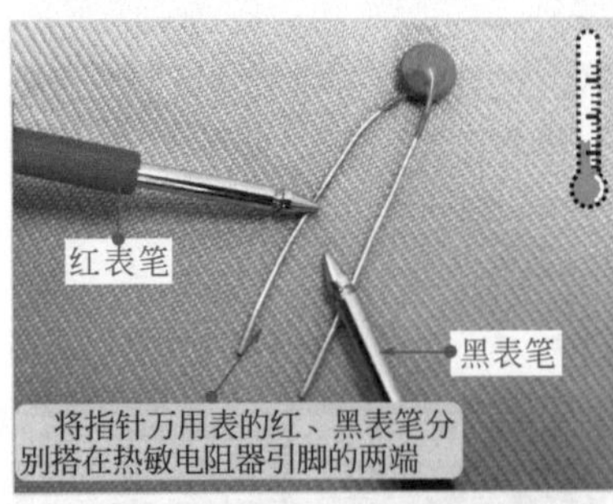

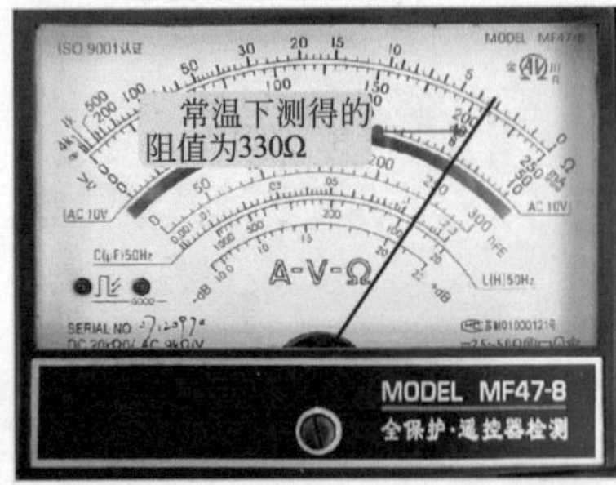

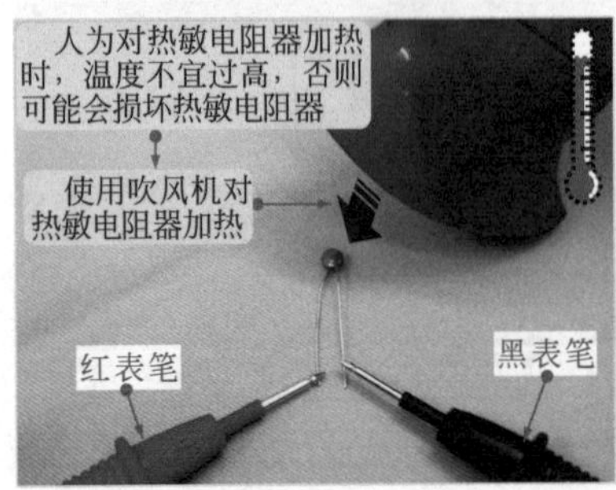

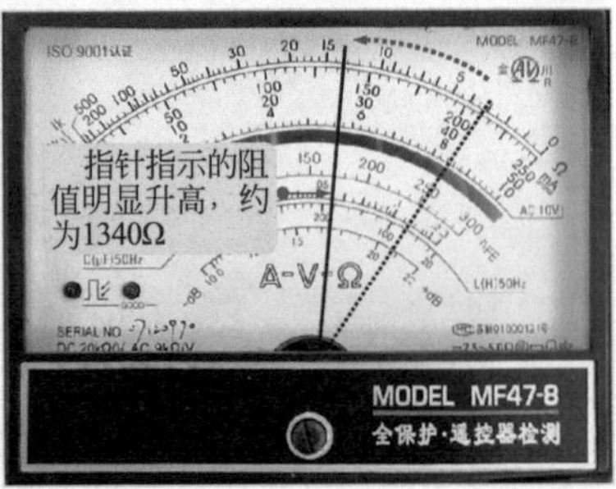

万用表指针随温度的变化而摆动，表明热敏电阻器基本正常；若温度变化，阻值不变，则说明该热敏电阻器性能不良。

正温度系数热敏电阻器的阻值随温度的升高而增大；负温度系数热敏电阻器的阻值随温度的升高而降低。

3.2 万用表检测电容器

3.2.1 万用表检测普通电容器

图 3-4　待测普通电容器的电容量标注

使用数字万用表检测普通电容器的电容量时，可先识读待测电容器的标称电容量。如图 3-4 所示，当前待测普通电容器的电容量标注为 220nF。

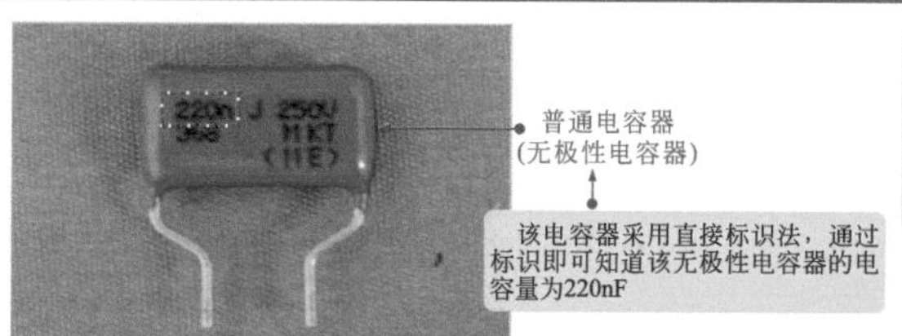

图 3-5　使用数字万用表检测普通电容器的方法

图 3-5 为使用数字万用表检测普通电容器的方法。根据待测普通电容器的标称电容量选择相应的挡位量程，然后将数字万用表的附加测试器安装到对应插孔中，将待测电容器插入附加测试器电容测量孔内，直接读取测量结果即可。

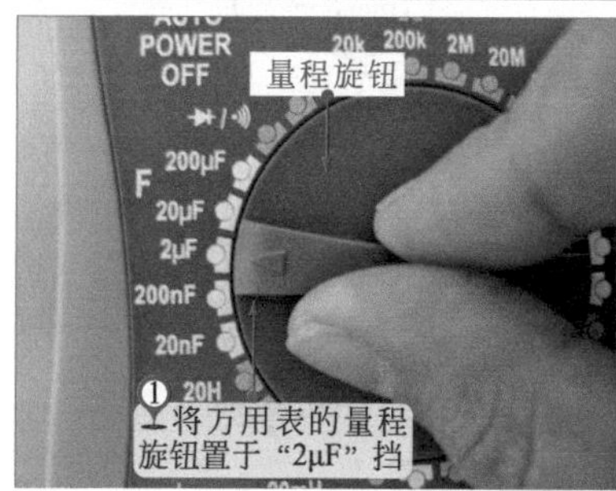

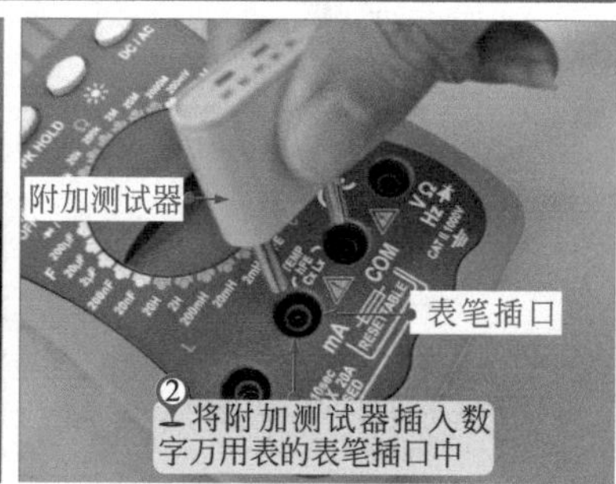

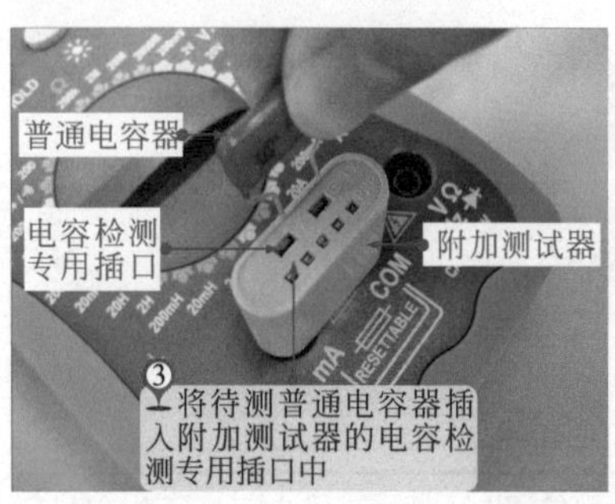

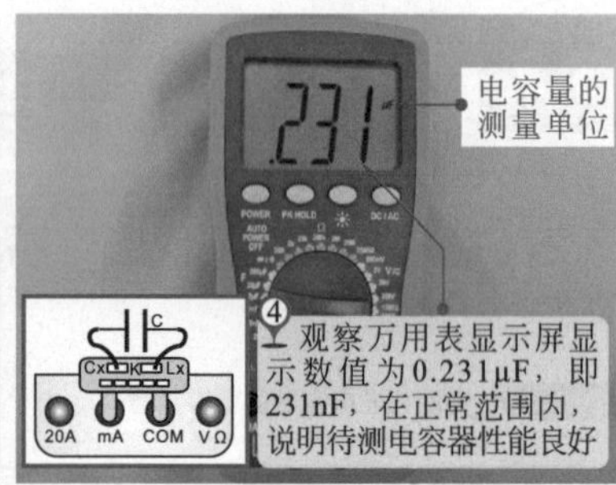

3.2.2 万用表检测电解电容器

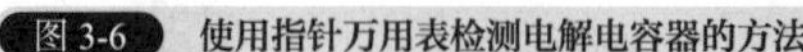

图 3-6 使用指针万用表检测电解电容器的方法

除使用数字万用表的电容量测量功能检测电容器外，如果使用指针万用表，也可采用阻值测量功能通过检测电容器的充、放电状态来判别待测电容器的性能。

图 3-6 为使用指针万用表检测电解电容器的方法。

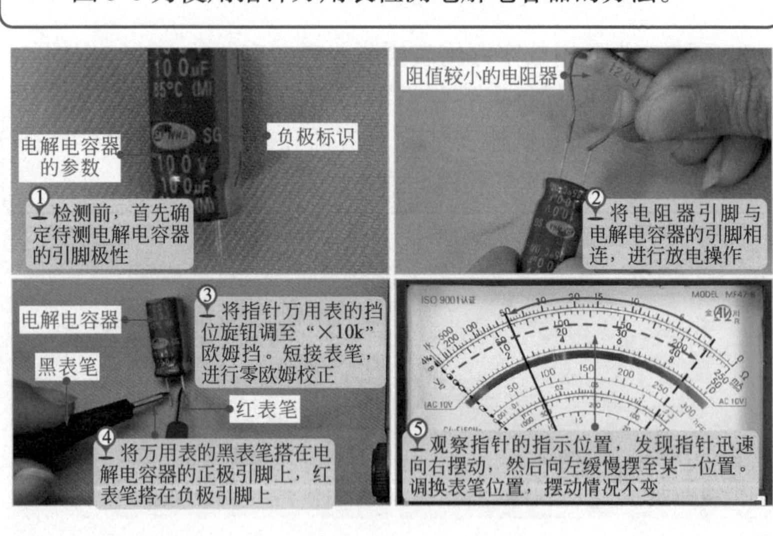

图 3-7 电解电容器损坏的原因

通常，在检测电解电容器的直流电阻时会遇到几种不同的检测结果，如图 3–7 所示，通过不同的检测结果可以大致判断电解电容器的损坏原因。

使用万用表检测时，若表笔接触到电解电容器的引脚后，表针摆动到一个角度后随即向回稍微摆动一点，即未摆回到较大的阻值，此时可以说明该电解电容器漏电严重。

若万用表的表笔接触到电解电容器的引脚后，表针即向右摆动，并无回摆现象，指针指示一个很小的阻值或阻值趋近于零欧姆，则说明当前所测电解电容器已被击穿短路。

若万用表的表笔接触到电解电容器的引脚后，表针并未摆动，仍指示阻值很大或趋于无穷大，则说明该电解电容器中的电解质已干涸，失去电容量。

3.3 万用表检测电感器

3.3.1 万用表检测色环电感器

图 3-8 使用数字万用表检测色环电感器的方法

一般情况下，常使用数字万用表的电感测量功能检测电感器的电感量。以色环电感器为例，在检测前首先根据色环标识识读当前待测色环电感的标称值，根据标称值选择适当的挡位量程后即可完成对电感量的检测。图 3-8 为使用数字万用表检测色环电感器的方法。

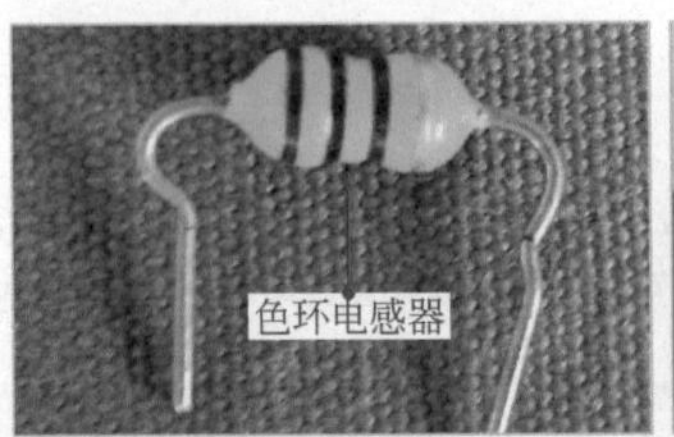

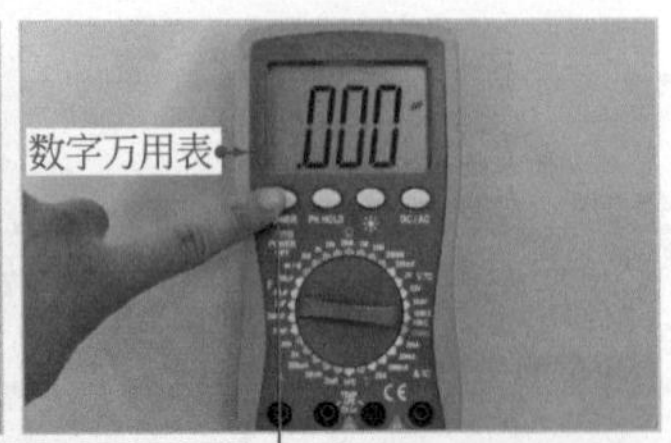

① 根据电感器的色环标识法，识读待测电感器的标称电感量：100μH±10%

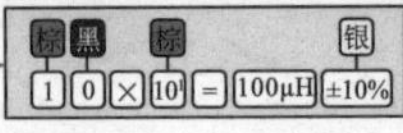

② 按下万用表的电源按钮，将万用表开机

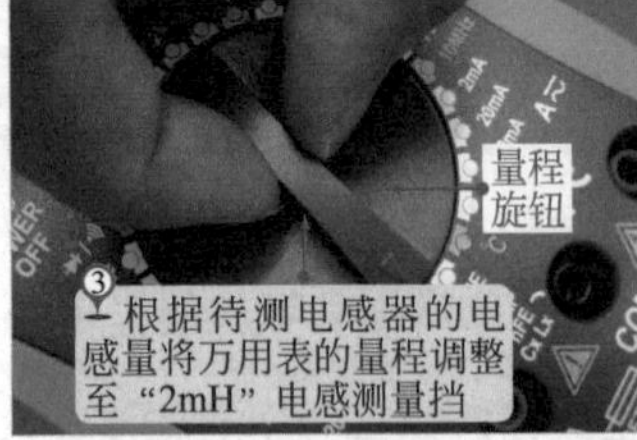

③ 根据待测电感器的电感量将万用表的量程调整至“2mH”电感测量挡

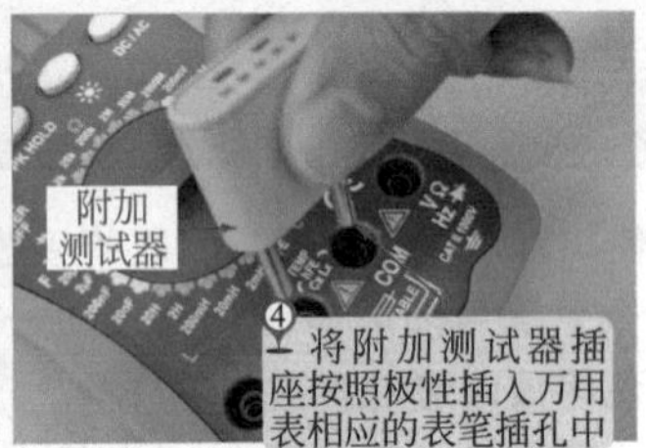

④ 将附加测试器插座按照极性插入万用表相应的表笔插孔中

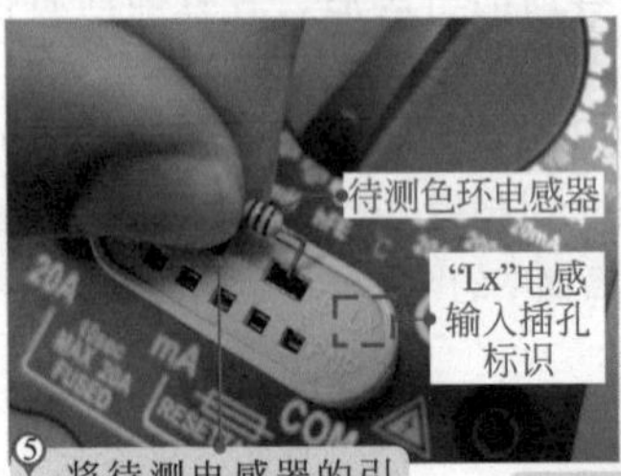

⑤ 将待测电感器的引脚插入附加测试器的“Lx”电感测量插孔中

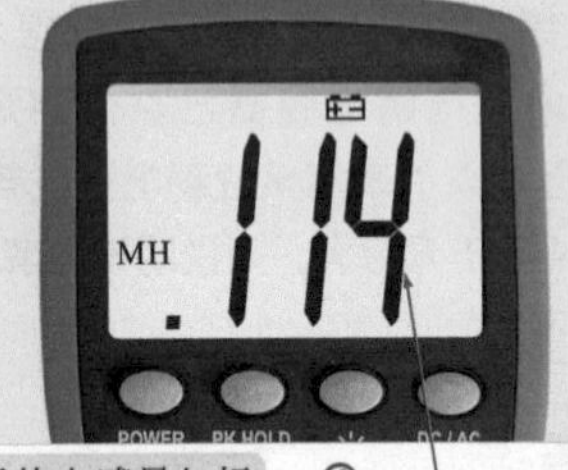

当测得的电感量与标称电感量相差较大时，说明电感器性能不良

⑥ 观察显示屏读出实测数值为0.114mH=114μH

3.3.2 万用表检测电感线圈

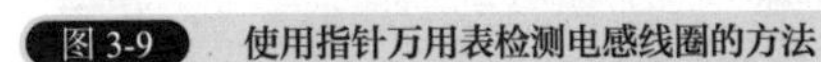

图 3-9 使用指针万用表检测电感线圈的方法

电感线圈的阻值很小，可使用万用表的阻值测量功能完成对电感线圈的检测。图 3-9 为使用指针万用表检测电感线圈的方法。调整设置好挡位量程后，将指针万用表的红、黑表笔搭在电感器两引脚上，观察指针的摆动情况。

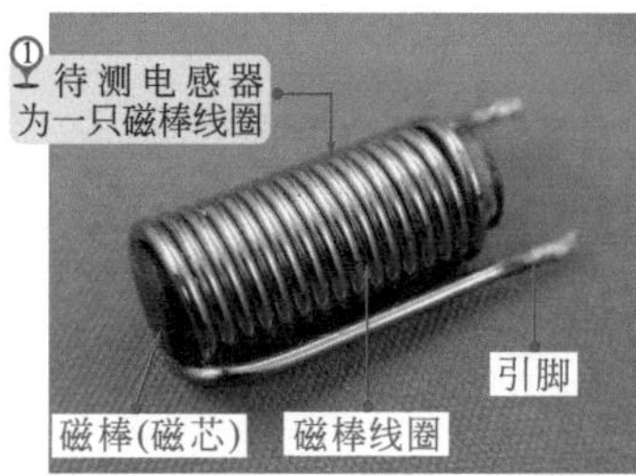

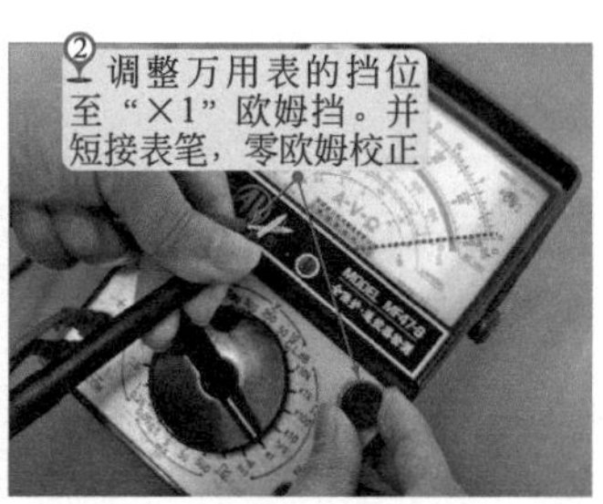

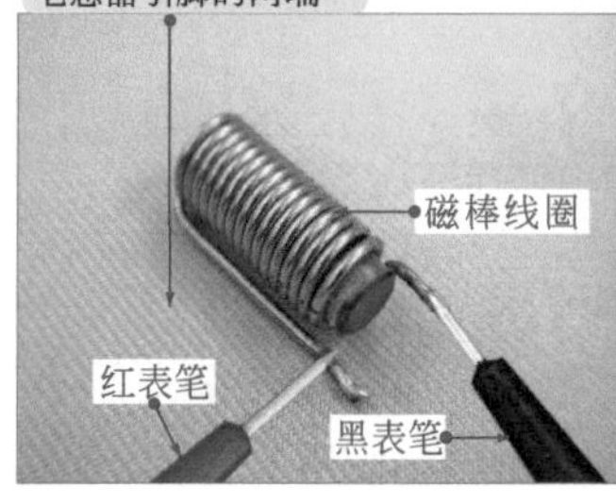

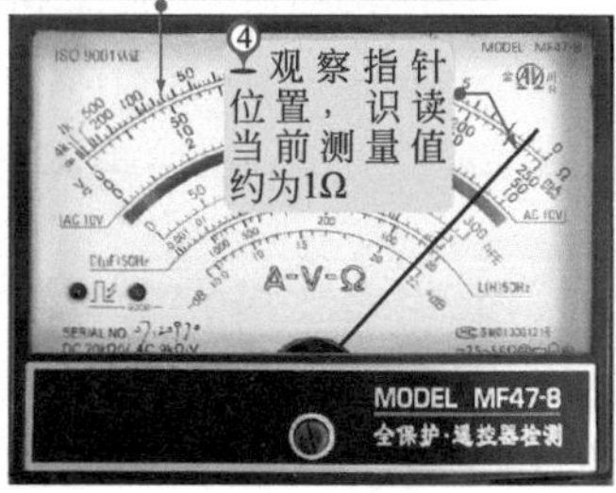

图 3-10　使用数字万用表检测电感器阻值的方法

使用数字万用表检测电感器阻值的方法与指针万用表的检测操作方法相同。

在检测结果上略有不同，数字万用表的显示结果具有直观、精确度高和读取方便的特点，因此，使用数字万用表测量电感器阻值的结果要比指针万用表检测出的结果更加精确，如图 3-10 所示。

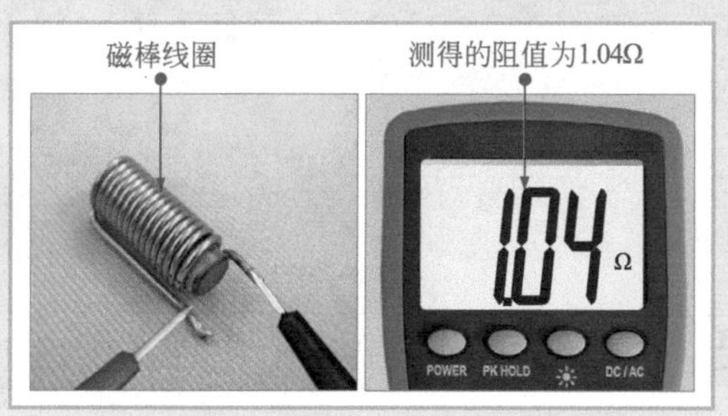

第4章 万用表检测半导体器件

4.1 万用表检测二极管

4.1.1 万用表检测整流二极管

图 4-1 使用数字万用表检测整流二极管导通电压的方法

利用万用表二极管测量功能检测二极管导通时的管压降是数字万用表一项主要的功能。图 4-1 为使用数字万用表二极管测量功能检测二极管（以整流二极管为例）的正向导通和反向截止的方法。该方法是通过数字万用表上的二极管测量挡位，检测二极管正向导通时的管压降，在正常情况下，正向检测时，二极管导通，应有固定的电压值，反向检测二极管处于截止状态，所测的电压值应为无穷大。

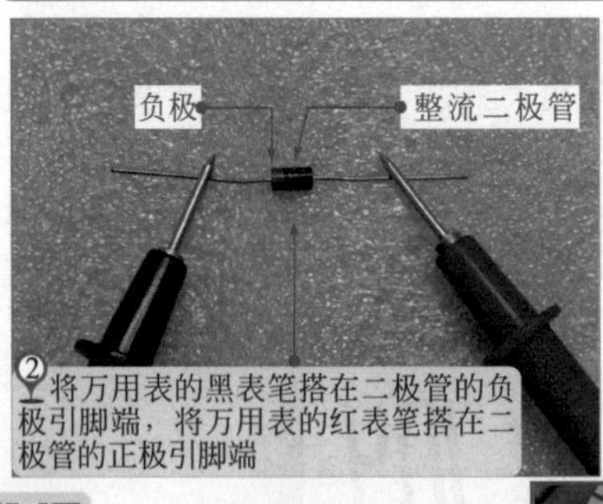

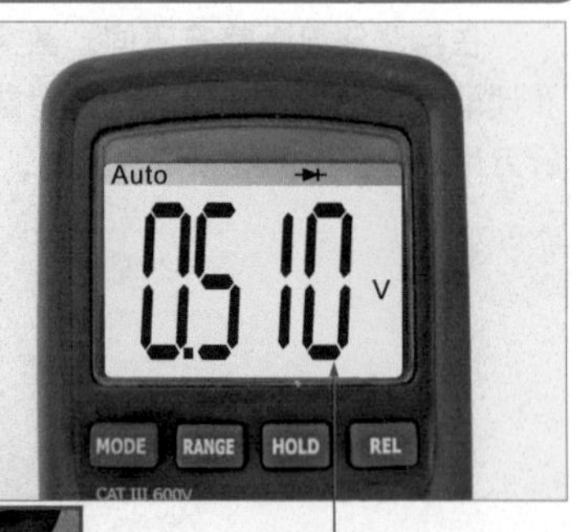

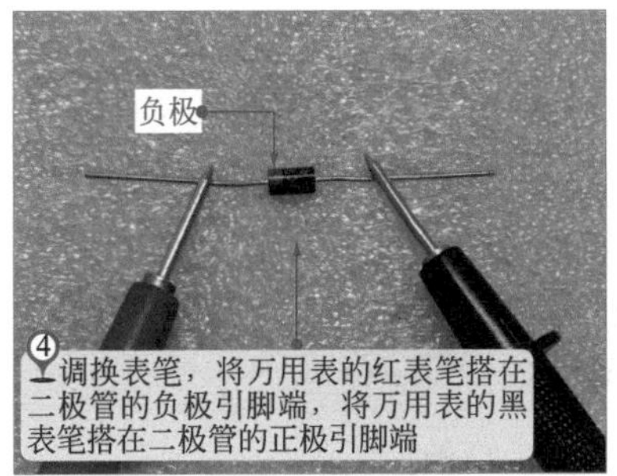

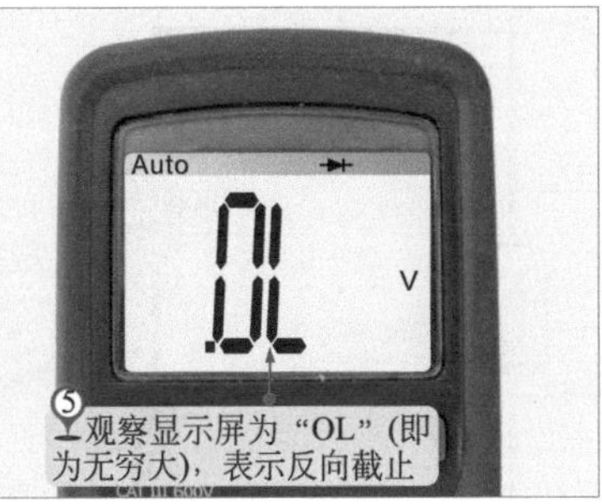

4.1.2　万用表检测稳压二极管

图 4-2　使用指针万用表检测稳压二极管的方法

图 4-2 为使用指针万用表检测稳压二极管的方法。检测时可通过指针万用表阻值测量功能检测稳压二极管的正、反向阻值。

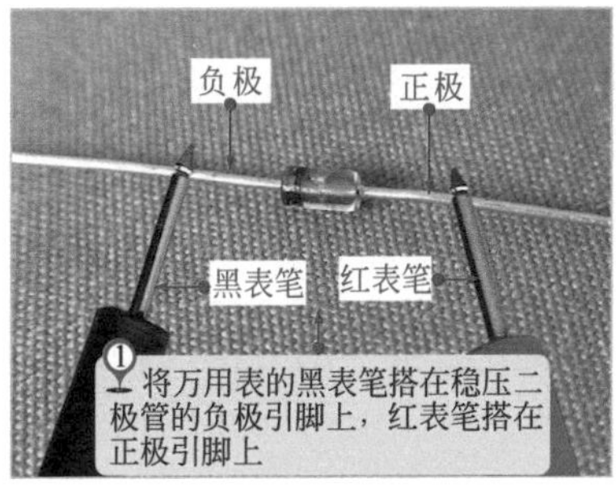

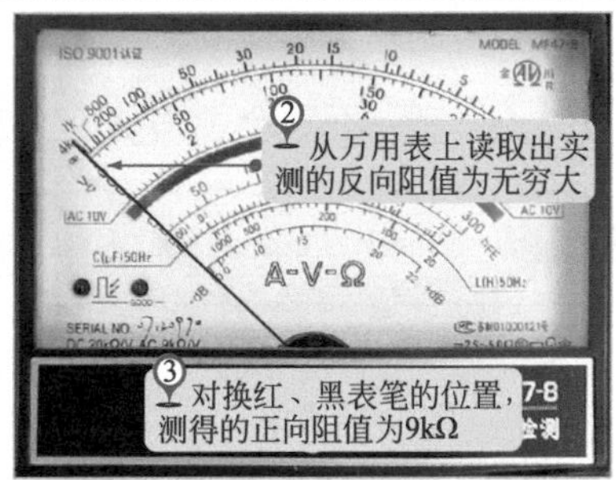

图 4-3　使用数字万用表检测稳压二极管的方法

对于稳压二极管的检测也可通过检测稳压值的方法来判别。图 4-3 为使用数字万用表检测稳压二极管的稳压值。检测稳压二极管的稳压值，必须在外加偏压（提供反向电流）的条件下进行。将稳压二极管（稳压值为 6V）与 12V 供电电源、限流电阻（1kΩ）搭成检测电路。

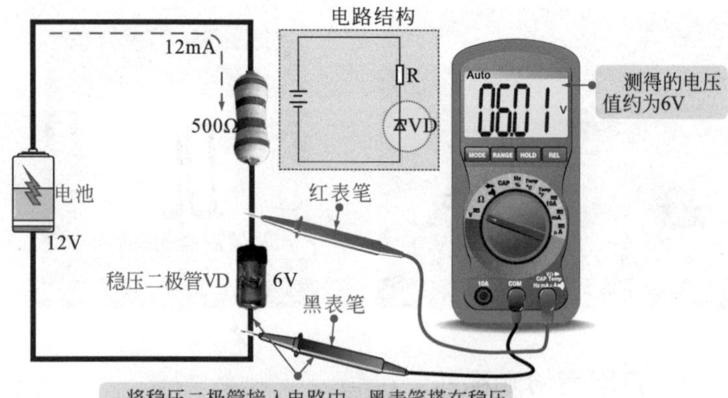

在正常情况下，万用表所测的电压值应与稳压二极管的额定稳压值相同，若检测的电压与稳压二极管的稳压规格不一致，则说明稳压二极管不良。

4.1.3 万用表检测发光二极管

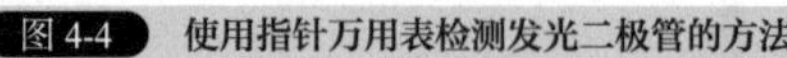

图 4-4 使用指针万用表检测发光二极管的方法

图 4-4 为使用指针万用表检测发光二极管的方法。将万用表调至欧姆挡（电阻挡），检测发光二极管两引脚间的正、反向阻值。

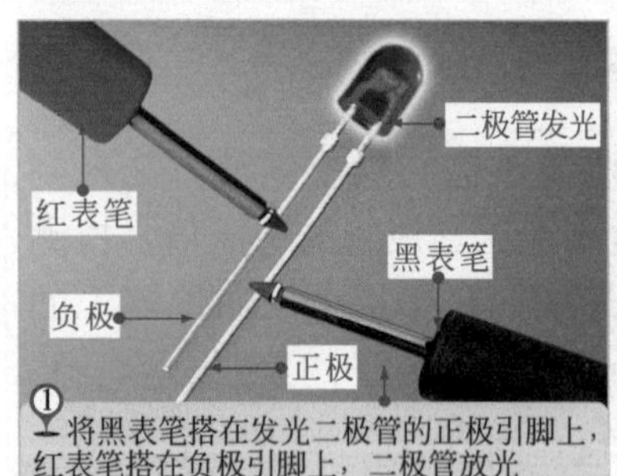

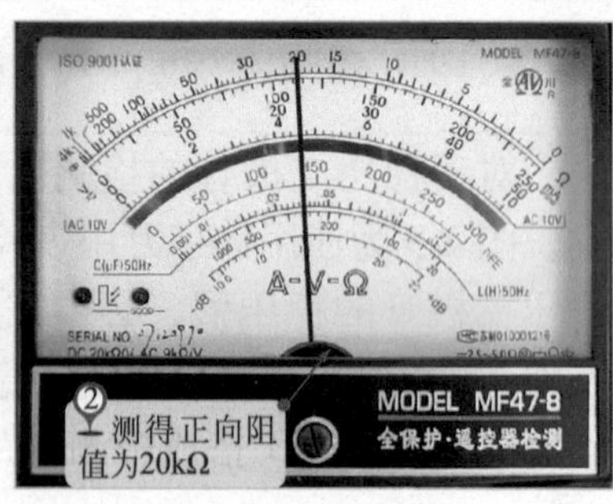

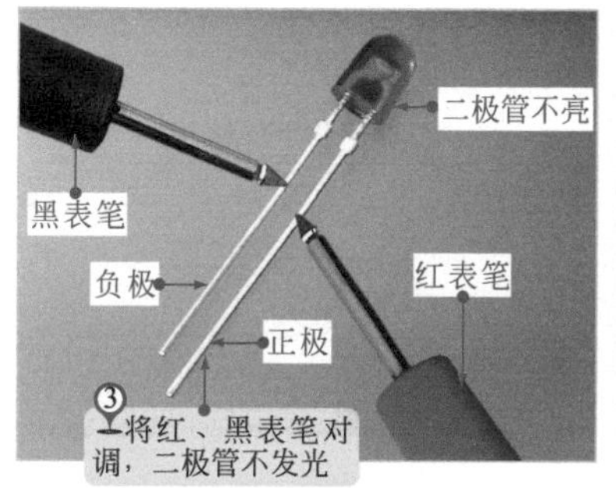

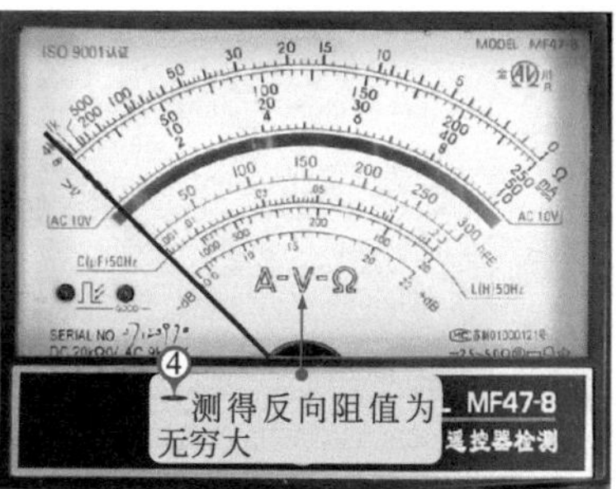

图 4-5　选择不同欧姆挡量程时发光二极管的光线亮度

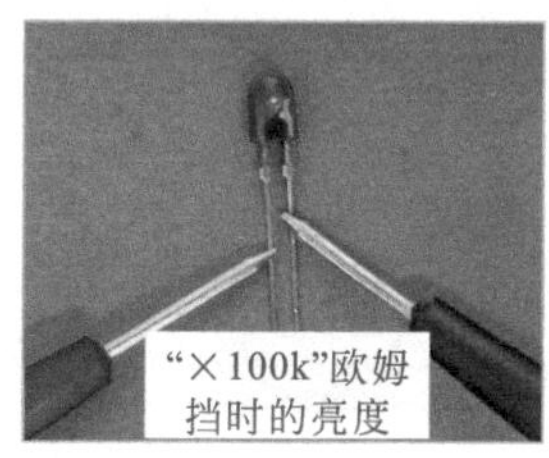

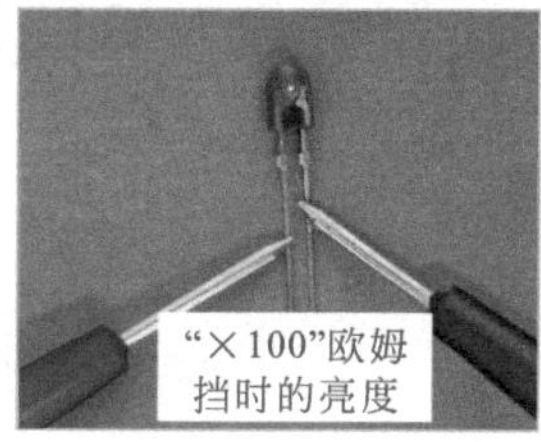

在检测发光二极管的正向阻抗时，选择不同的欧姆挡量程，发光二极管所发出的光线亮度也会不同。通常，所选量程的输出电流越大，发光二极管的光线越亮。图 4–5 为选择不同欧姆挡量程时发光二极管的光线亮度。

4.1.4　万用表检测光敏二极管

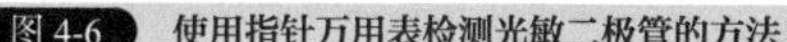

图 4-6　使用指针万用表检测光敏二极管的方法

光敏二极管的阻值会随光照情况的变化而发生变化，检测时可通过改变光照条件观察阻值变化情况从而实现对光敏二极管的检测。图 4-6 为使用指针万用表检测光敏二极管的方法，检测前先将万用表挡位调至“×10k”欧姆挡。

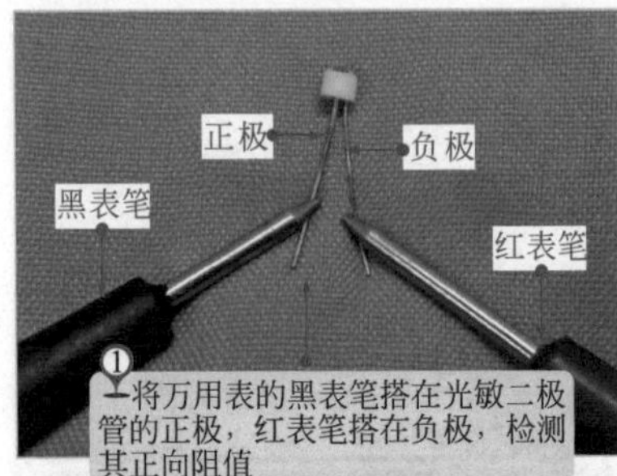
正极
负极
黑表笔
红表笔
①将万用表的黑表笔搭在光敏二极管的正极，红表笔搭在负极，检测其正向阻值

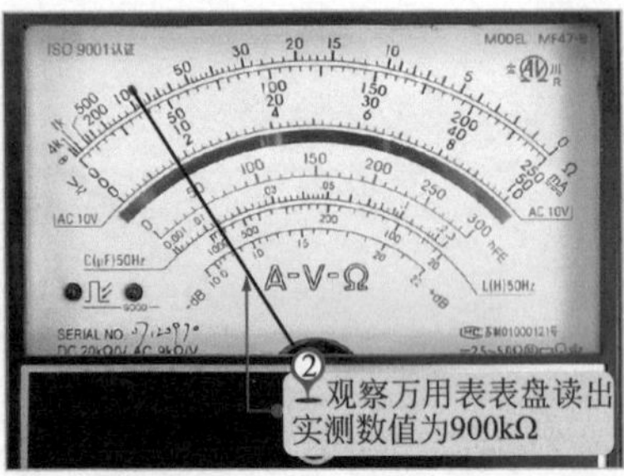
②观察万用表表盘读出实测数值为900kΩ

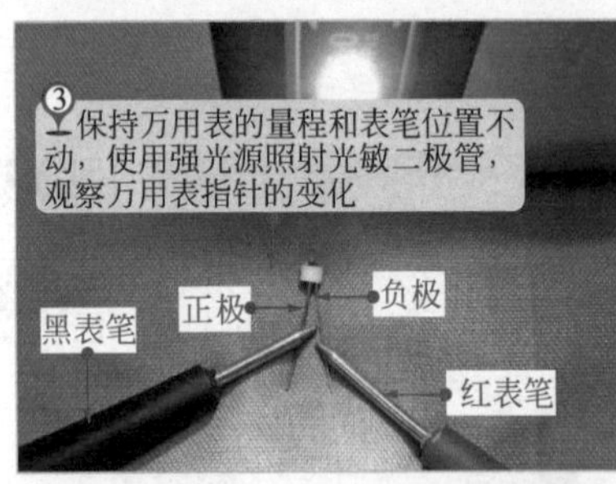
③保持万用表的量程和表笔位置不动，使用强光源照射光敏二极管，观察万用表指针的变化
正极
负极
黑表笔
红表笔

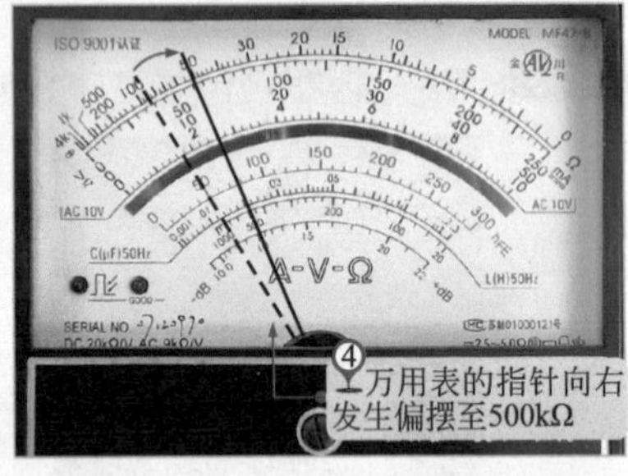
④万用表的指针向右发生偏摆至500kΩ

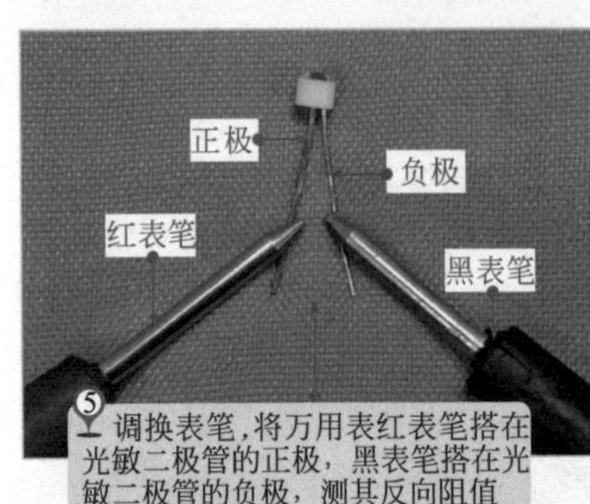
正极
负极
红表笔
黑表笔
⑤调换表笔，将万用表红表笔搭在光敏二极管的正极，黑表笔搭在光敏二极管的负极，测其反向阻值

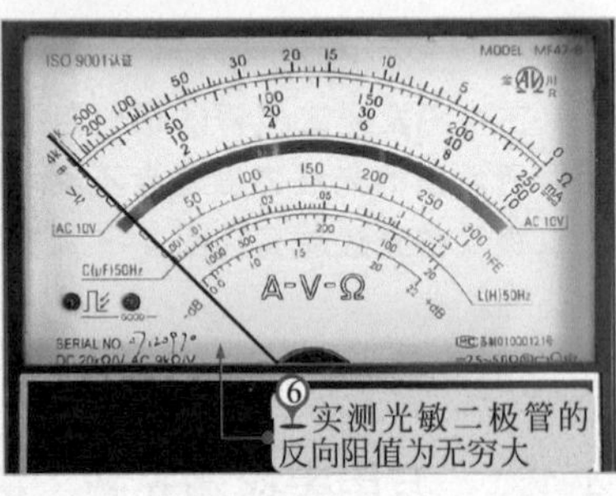
⑥实测光敏二极管的反向阻值为无穷大

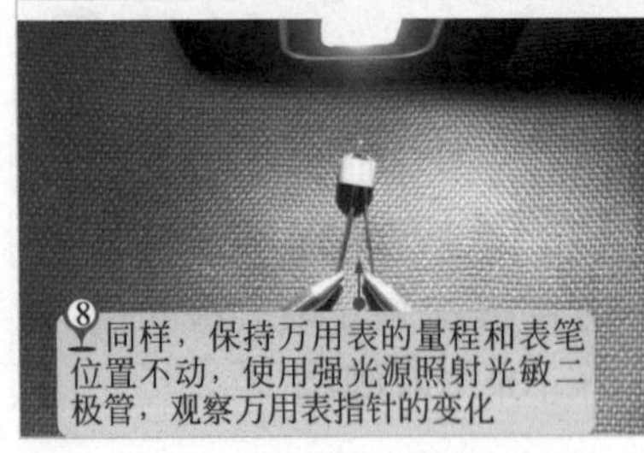
⑧同样，保持万用表的量程和表笔位置不动，使用强光源照射光敏二极管，观察万用表指针的变化

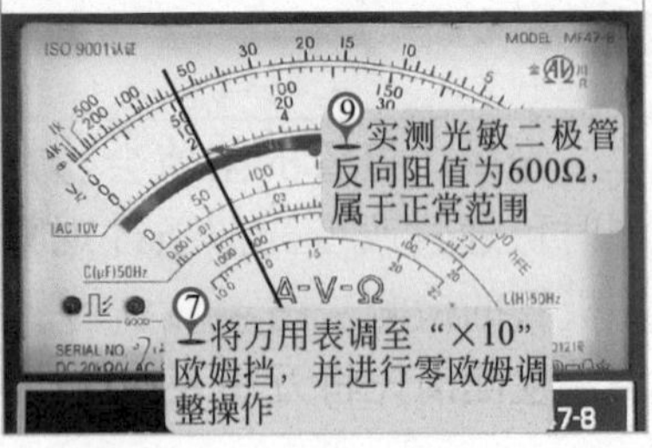
⑨实测光敏二极管反向阻值为600Ω，属于正常范围
⑦将万用表调至“×10”欧姆挡，并进行零欧姆调整操作

4.2 万用表检测三极管

4.2.1 万用表检测三极管的好坏

图 4-7　使用指针万用表检测三极管的好坏

三极管是电子产品中常见的半导体元器件，一般可借助万用表检测三极管引脚间阻值的方法判断好坏。例如，图 4-7 为使用指针万用表检测 NPN 型三极管好坏的判断方法。

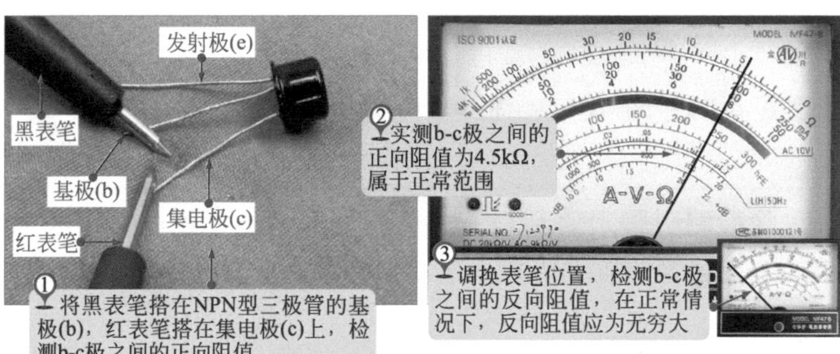

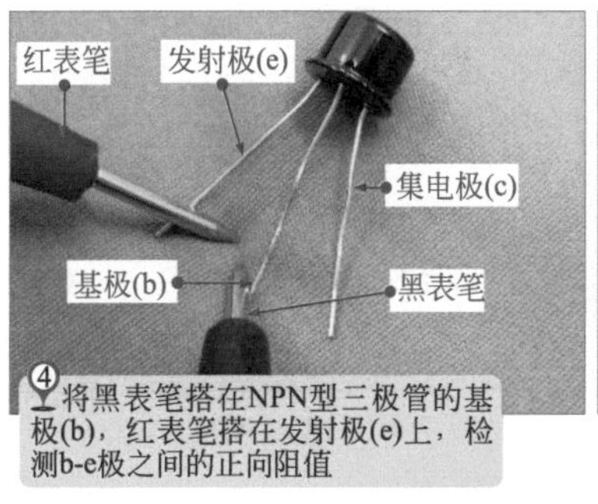

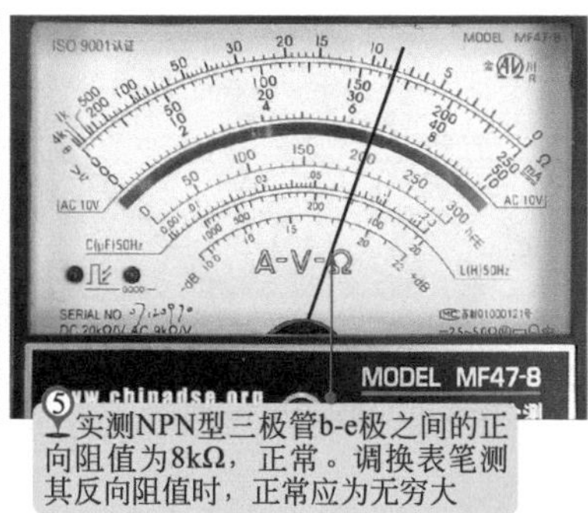

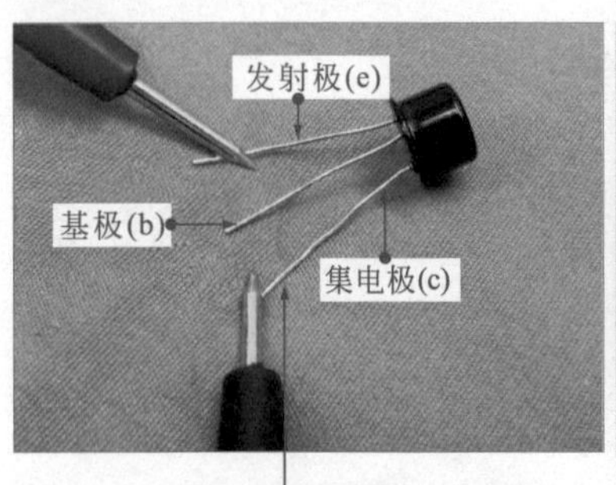

⑥调换表笔，检测NPN型三极管集电极(c)与发射极(e)之间的正反向电阻值

⑦在正常情况下，c-e极之间的正、反向阻值应均为无穷大

4.2.2 万用表检测三极管的放大倍数

图 4-8 使用数字万用表检测三极管放大倍数的方法

除检测引脚阻值判别三极管好坏外，还可利用万用表直接检测三极管的放大倍数。这种测量方法更为准确。图 4-8 为使用数字万用表检测三极管放大倍数的方法。

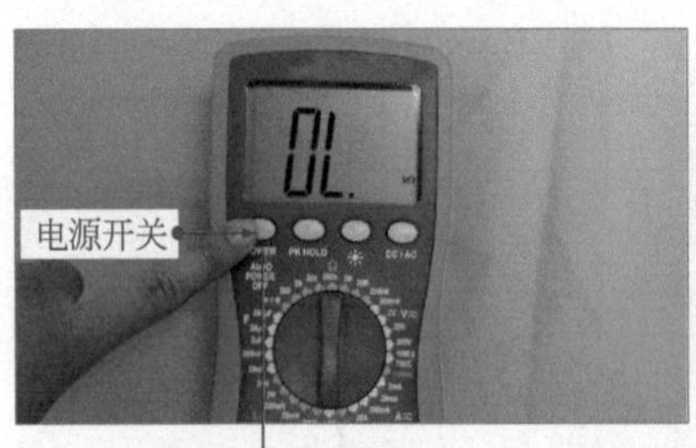

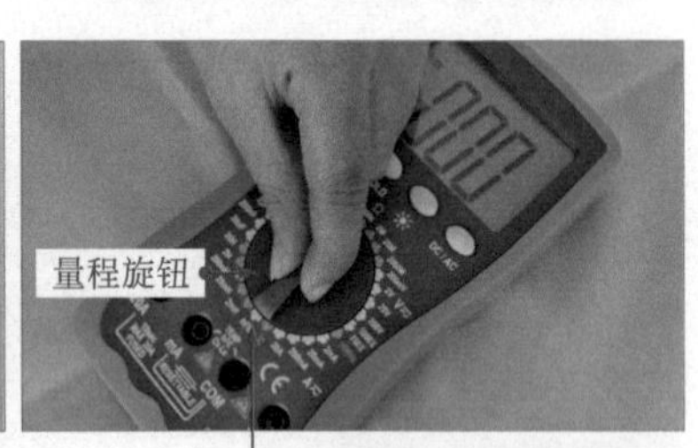

①打开数字万用表的电源开关，启动万用表

②将万用表的量程旋钮调整至“hFE”挡(三极管放大倍数挡)

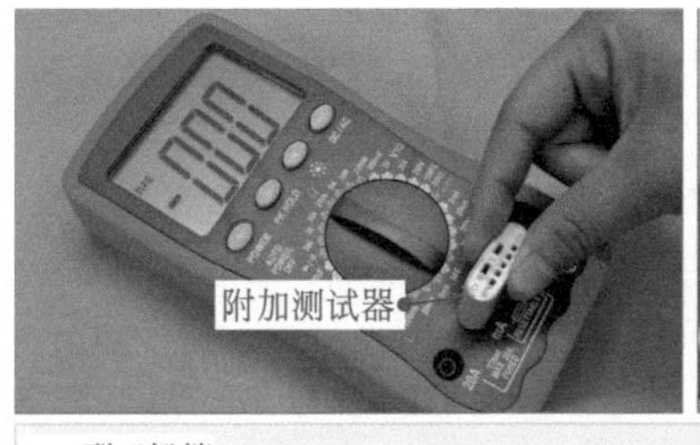

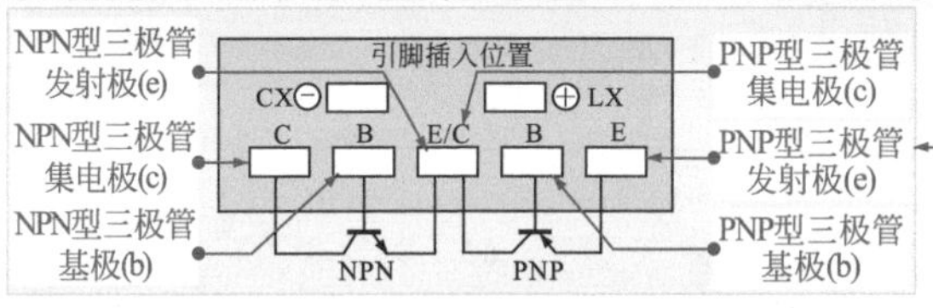

③将附加测试器插入数字万用表的表笔插口中，将待测PNP型晶体三极管插入附加测试器的相应位置。

插入PNP型晶体三极管时，应注意引脚的插入方向

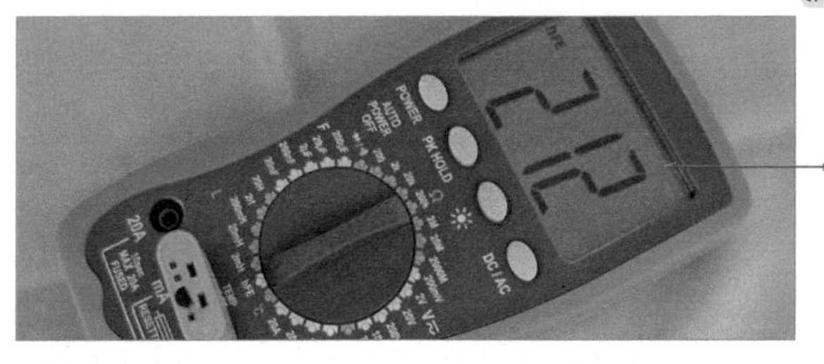

④结合挡位设置观察数字万用表显示的数值，读取测量值。当前所测得的PNP型三极管的放大倍数为212

4.3 万用表检测三端稳压器

三端稳压器是常用的一种中小功率的集成稳压电路，它们之所以被称为三端稳压器，是因为它只有3个端，即1脚输入端（接整流滤波电路的输出端）、2脚输出端（接负载）与3脚公共端（接地）。

下面以AN7805型三端稳压器为例介绍检测的具体方法。

表 4-1 为 AN7805 型三端稳压器的引脚功能参数。

表 4-1　AN7805 型三端稳压器的引脚功能参数

引脚号	英文缩写	集成电路引脚功能	备注	电阻参数 /kΩ		直流电压参数 /V
				正笔接地	负笔接地	
1	IN	直流电压输入	F-2 型	8.2	3.5	8
2	OUT	稳压输出 +5V	——	1.5	1.5	5
3	GND	接地	——	0	0	0

图 4-9　使用指针万用表检测三端稳压器的准备

检测三端稳压器是否完好，可以使用万用表检测其引脚的输入、输出电压及各引脚间的阻值是否正常，若匀正常，则说明三端稳压器正常。图 4-9 为使用指针万用表检测三端稳压器的准备。

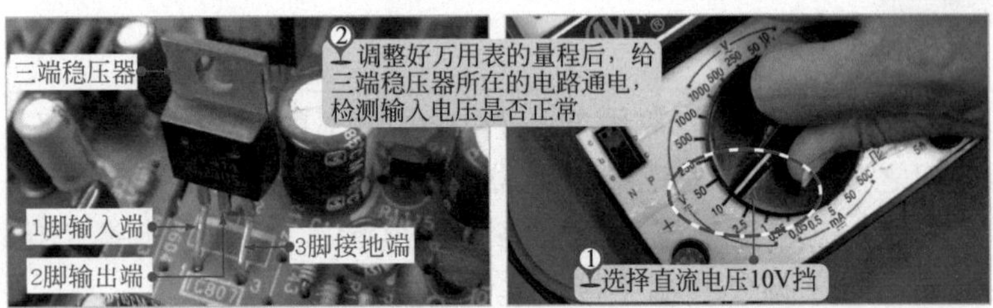

图 4-10　使用指针万用表检测三端稳压器输入电压的方法

图 4-10 为使用指针万用表检测三端稳压器输入电压的方法。

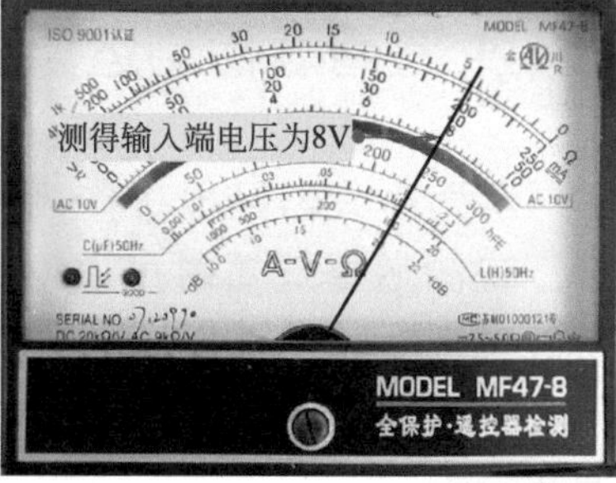

图 4-11　使用指针万用表检测三端稳压器输出电压的方法

图 4-11 为使用指针万用表检测三端稳压器输出电压的方法。

判断结果：若万用表的读数与表 4–1 中的直流电压参数近似或相同，则证明此三端稳压器是好的；若相差较大，则说明三端稳压器性能不良。

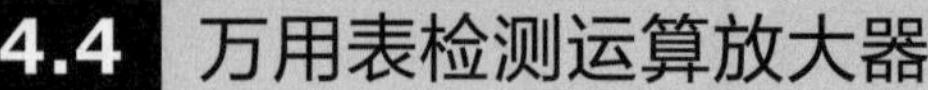

4.4 万用表检测运算放大器

运算放大器是电子产品中应用较为广泛的一类集成电路。检测运算放大器时可以通过万用表检测其各引脚的对地阻值，判断其是否损坏。

下面以 LM339 型运算放大器为例，介绍一下其检测方法。

图 4-12 LM339 型运算放大器的功能引脚及内部框图

图 4-12 为 LM339 型运算放大器的功能引脚及内部框图。在运算放大器中有 4 个放大器，其中 3 脚为电压输入端；12 脚为接地端，其他各引脚分别为放大器的输入、输出端。

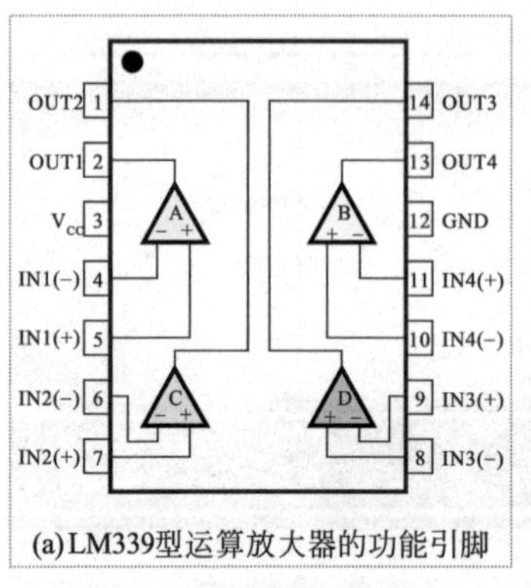

(a)LM339型运算放大器的功能引脚

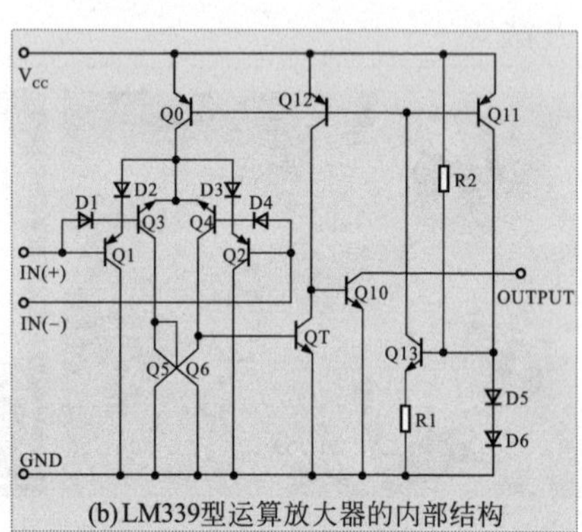

(b)LM339型运算放大器的内部结构

图 4-13 使用指针万用表检测 LM339 型运算放大器的方法

图 4-13 为使用指针万用表检测 LM339 型运算放大器的方法。

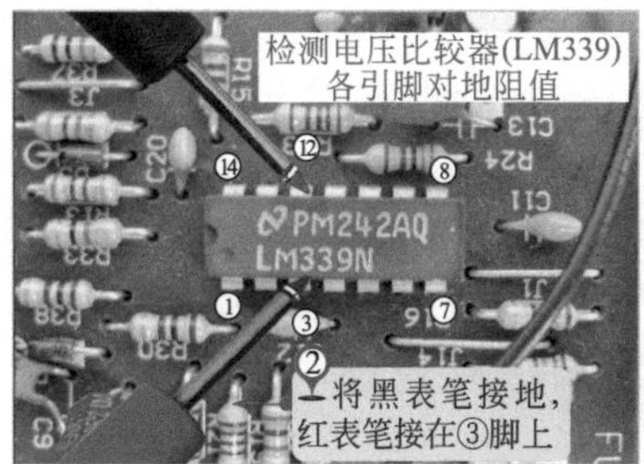

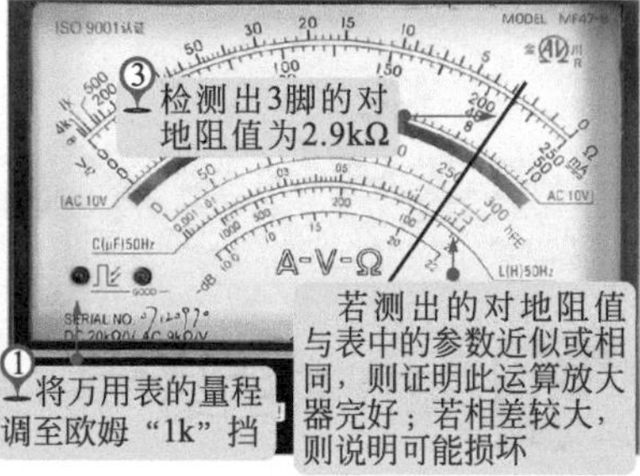

表 4-2 为 LM339 型运算放大器各个引脚对地阻值。

表 4-2　LM339 型运算放大器各个引脚对地阻值

引脚号	对地阻值/kΩ	引脚号	对地阻值/kΩ	引脚号	对地阻值/kΩ	引脚号	对地阻值/kΩ
1	7.4	5	7.4	9	4.5	13	5.2
2	3	6	1.7	10	8.5	14	5.4
3	2.9	7	4.5	11	7.4	—	—
4	5.5	8	9.4	12	0	—	—

第5章
万用表检修榨汁机

5.1 榨汁机的结构原理

5.1.1 榨汁机的结构特点

图 5-1 典型榨汁机的结构特点

图 5-1 为典型榨汁机的结构特点。典型榨汁机主要是由上盖、切削搅拌杯、杯槽、机座、控制部件（电源开关、启动开关）、切削电动机等部分构成的。

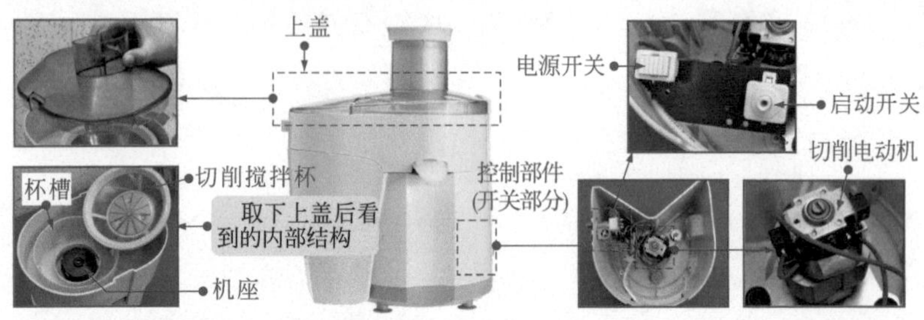

5.1.2 榨汁机的工作原理

图 5-2 典型榨汁机的工作原理示意图

同类型榨汁机的结构虽不同，但其基本过程大致相同。图 5-2 为典型榨汁机的工作原理示意图。

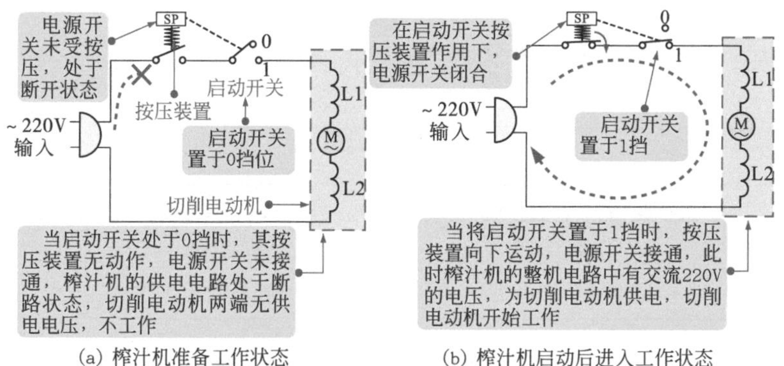

(a) 榨汁机准备工作状态　　(b) 榨汁机启动后进入工作状态

5.2 万用表检修榨汁机

5.2.1 榨汁机的检测要点

图 5-3　榨汁机的检测要点

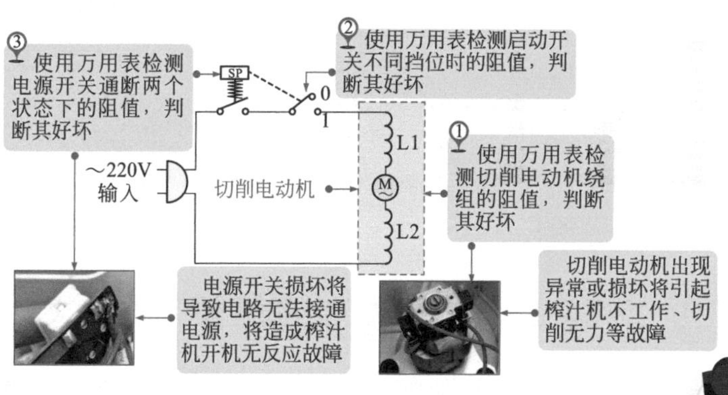

榨汁机的结构较简单、组成部件少，并且没有复杂的电路关系，使榨汁机维修也相对的简单方便，一般使用万用表检测其内部主要的功能部件即可判断好坏，从而找出故障原因，排除故障。图 5-3 为榨汁机的检测要点。

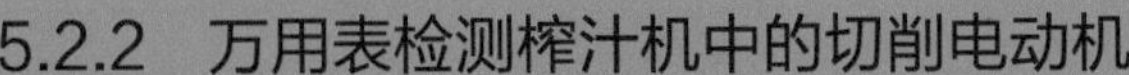

5.2.2 万用表检测榨汁机中的切削电动机

图 5-4 万用表检测切削电动机的方法

当切削电动机内部出现断路、短路的情况时，会造成榨汁机不工作的故障。一般可用万用表检测切削电动机，从而判断其性能的好坏。图 5-4 为万用表检测切削电动机的方法。

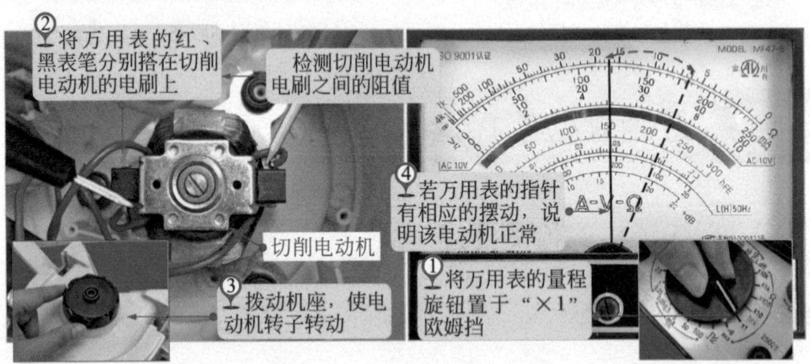

切削电动机的绕组连接电源供电端，因此还可以通过检测电路中两根供电引线之间的阻值（即绕组之间的阻值）来判断切削电动机绕组是否正常。一般榨汁机中切削电动机绕组的阻值为几十至几百欧姆。

5.2.3 万用表检测榨汁机中的电源开关

图 5-5 万用表检测电源开关的方法

电源开关内部装有复位弹簧，由于不停地按下、弹起动作，很容易造成电源开关的控制失灵。若榨汁机控制失常，应重点检查电源开关的内部连接情况。图 5-5 为万用表检测电源开关的方法。

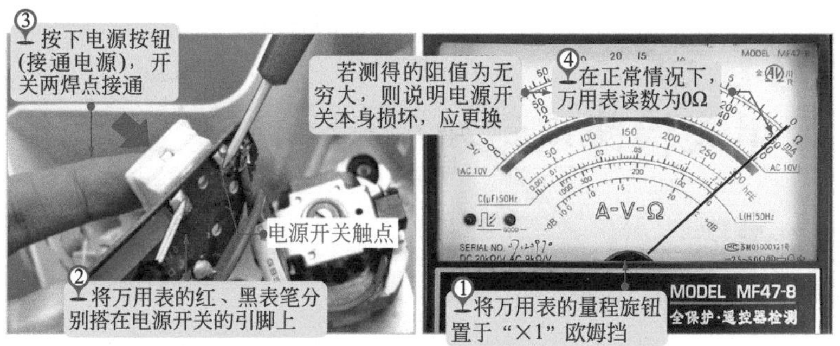

5.2.4　万用表检测榨汁机中的启动开关

图 5-6　万用表检测启动开关的方法

榨汁机的启动开关是控制榨汁机转速及工作状态的关键部件，对于开关组件的检测除观察其安装连接状态是否良好外，还应使用指针万用表检测不同状态下引脚间的阻值，进而判别启动开关是否正常。图 5-6 为万用表检测启动开关的方法。

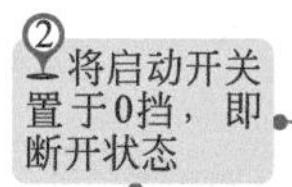

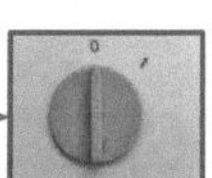

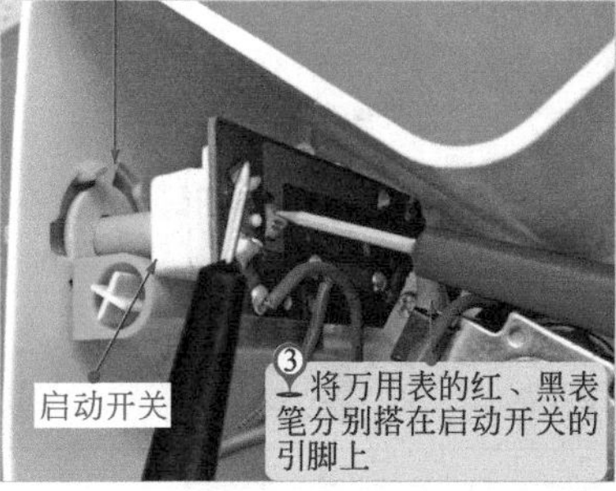

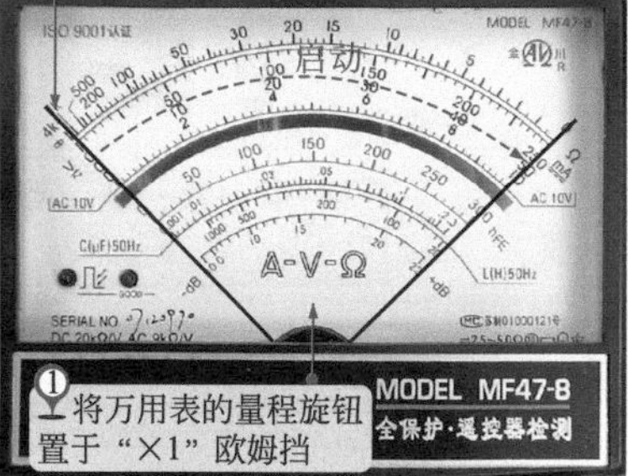

第6章 万用表检修电话机

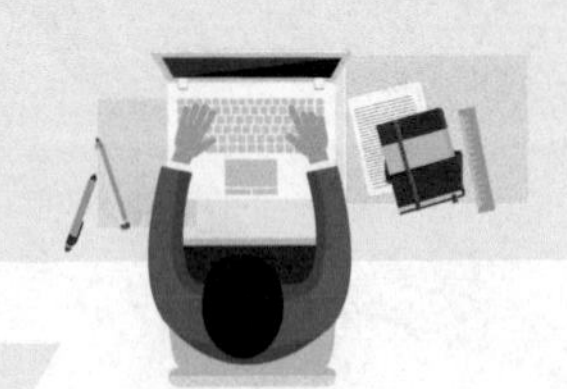

6.1 电话机的结构原理

6.1.1 电话机的结构特点

图 6-1 典型电话机的结构特点

图 6-1 为典型电话机的结构特点。电话机的结构相对比较简单，从外部来看，主要是由话机和主机两大部分构成的，分离话机和主机的塑料外壳后，即可看到内部的电路部分。

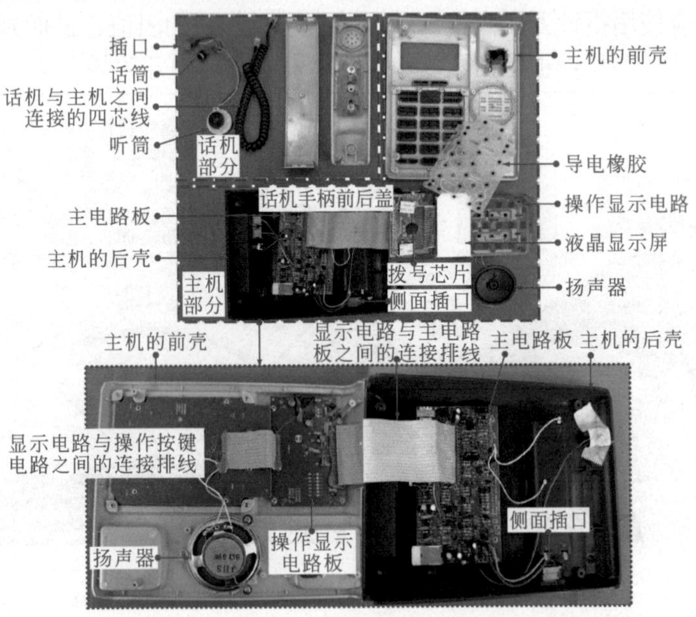

图 6-2 典型电话机中主电路的结构

电话机主电路一般安装在后壳上，是电话机的核心电路部分。电话机的大部分电路和关键器件都安装在该电路板上，如叉簧开关、极性保护电路、匹配变压器及大量分立元件构成的振铃电路、通话电路等。图6-2为典型电话机中主电路的结构。

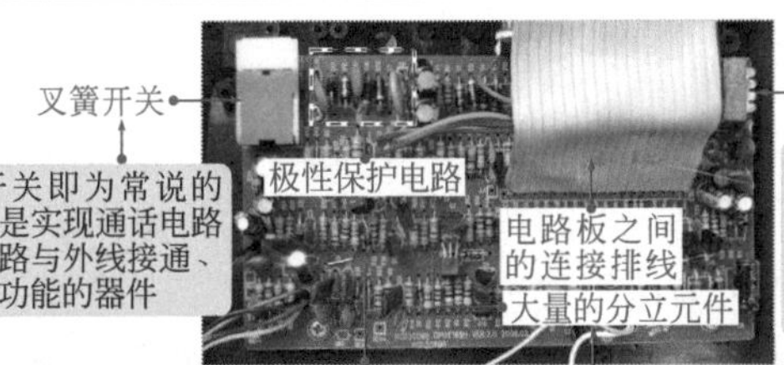

叉簧开关即为常说的挂机键，是实现通话电路和振铃电路与外线接通、断开转换功能的器件

匹配变压器通常位于扬声器的前一级，用于将振铃信号进行电流放大(阻抗匹配)，驱动扬声器发出铃声

极性保护电路是电话机输入级中的关键电路部分，主要作用是传导电话外线传来的有用信号，阻止反极性的电压和噪声进入后级电路，为电路板上的元器件提供稳定的工作电压

在主电路板上，密密麻麻排列着很多的分立元件，这些元件共同构成了电话机的各种单元电路，如振铃电路、通话电路等

图 6-3 典型电话机中主电路的内部结构

图6-3为典型电话机中主电路的内部结构。操作及显示电路主要是由操作按键印制线路板、导电橡胶、操作按键、液晶显示屏及显示屏下部的拨号芯片等部分构成的。

液晶显示屏主要用于显示当前日期、时间、来电号码、通话时间等信息

操作按键触点

液晶显示屏

操作按键印制线路板

操作按键和导电橡胶中有弹性胶垫的一侧与操作按键相连，有导电圆片的一侧与操作按键印制板相连，每一个导电圆片对应印制板上的一对接点

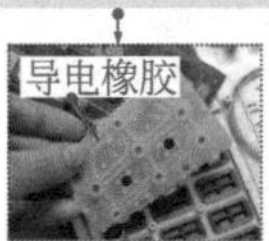

参数标识：8Ω 5W

将声音信号转换为振动声波的功能部件

扬声器也是一种可以将电信号转换为声波的电声器件，与话机中的听筒具有相同功能。在该电话机中，扬声器常常作为一个较独立的部件通过连接引线与电路板相连接

按键开关的触点以印制线的形式制成一个电路板，操作按键与印制线触点相对应，每个触点对应一个导电圆片，当用户按压操作按键时，导电圆片被压下接触到按键触点，此时触点接通，将按键信息通过印制线路送入电路中

6.1.2 电话机的工作原理

电话机是一种能够实现简单的双向通话功能的通信设备。简单来说，其主要是由内部电路控制人工指令信息，并进行电声、声电转换后实现的通话功能。

图 6-4 电话机的工作原理

图 6-4 为电话机的工作原理图。可以看到，在话机中，操作按键电路板是由主电路板上的拨号芯片控制的；操作显示电路板与主电路板之间通过连接排线进行数据传输；主电路板与话机部分通过 4 芯线连接，并通过 2 芯的用户电话线与外部线路通信。不同电话机的电路虽结构各异，但其基本工作过程大致相同。

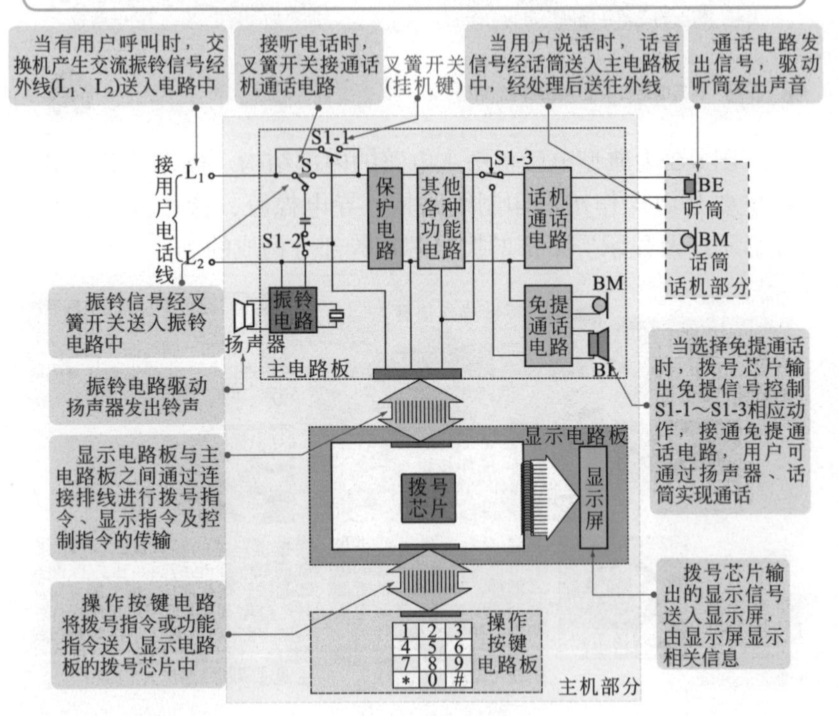

当有用户呼叫时，交换机产生交流振铃信号经外线(L_1、L_2)送入电路中

接听电话时，叉簧开关接通话机通话电路

叉簧开关(挂机键)

当用户说话时，话音信号经话筒送入主电路板中，经处理后送往外线

通话电路发出信号，驱动听筒发出声音

接用户电话线 L_1 L_2

S1-1 S S1-2 S1-3

保护电路

其他各种功能电路

话机通话电路

BE 听筒

BM 话筒

话机部分

振铃信号经叉簧开关送入振铃电路中

振铃电路

扬声器

免提通话电路

BM

BE

主电路板

振铃电路驱动扬声器发出铃声

当选择免提通话时，拨号芯片输出免提信号控制 S1-1～S1-3相应动作，接通免提通话电路，用户可通过扬声器、话筒实现通话

显示电路板与主电路板之间通过连接排线进行拨号指令、显示指令及控制指令的传输

显示电路板

拨号芯片

显示屏

拨号芯片输出的显示信号送入显示屏，由显示屏显示相关信息

操作按键电路将拨号指令或功能指令送入显示电路板的拨号芯片中

1 2 3
4 5 6
7 8 9
* 0 #

操作按键电路板

主机部分

6.2 万用表检修电话机

6.2.1 电话机的检测要点

图 6-5 电话机的检测要点

电话机在使用过程中经常会出现各种各样的故障，如振铃不响或异常、拨号失灵、受/送话功能失常、通话音量过小等。

使用万用表检测电话机时，要根据电话机的整机结构和工作过程确定主要的检测部位，这些检测部位是电话机检测时的关键点，使用万用表检测这些主要部位，即可查找到故障线索。图 6-5 为电话机的检测要点。

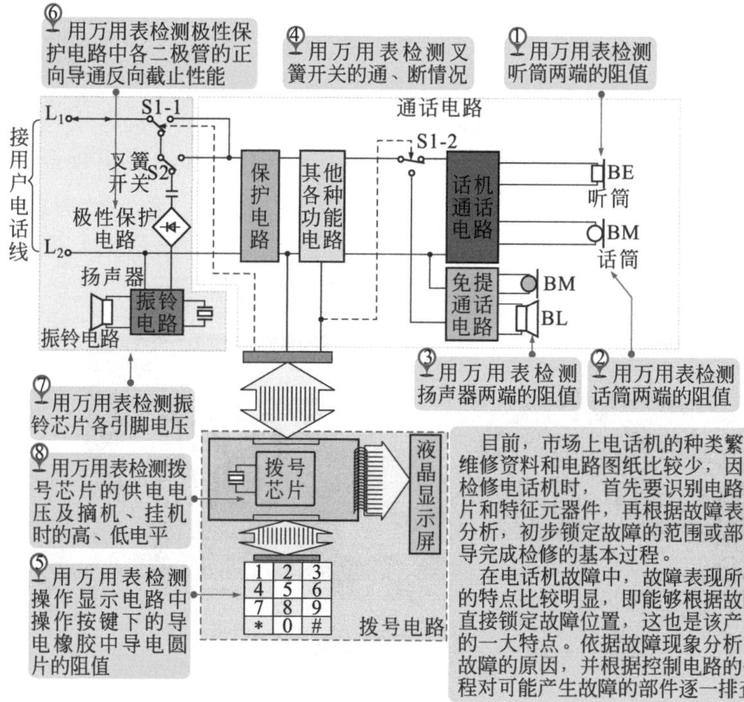

⑥用万用表检测极性保护电路中各二极管的正向导通反向截止性能

④用万用表检测叉簧开关的通、断情况

①用万用表检测听筒两端的阻值

接用户电话线
L1
L2
S1-1
S1-2
叉簧开关 S2
极性保护电路
保护电路
其他各种功能电路
通话电路
话机通话电路
BE 听筒
BM 话筒
免提通话电路
BM
BL
扬声器
振铃电路
振铃电路
拨号芯片
液晶显示屏
拨号电路

⑦用万用表检测振铃芯片各引脚电压

③用万用表检测扬声器两端的阻值

②用万用表检测话筒两端的阻值

⑧用万用表检测拨号芯片的供电电压及摘机、挂机时的高、低电平

⑤用万用表检测操作显示电路中操作按键下的导电橡胶中导电圆片的阻值

1 2 3
4 5 6
7 8 9
* 0 #

目前，市场上电话机的种类繁多，但维修资料和电路图纸比较少，因此，在检修电话机时，首先要识别电路中的芯片和特征元器件，再根据故障表现进行分析，初步锁定故障的范围或部件，指导完成检修的基本过程。

在电话机故障中，故障表现所体现出的特点比较明显，即能够根据故障表现直接锁定故障位置，这也是该产品检修的一大特点。依据故障现象分析出产生故障的原因，并根据控制电路的信号流程对可能产生故障的部件逐一排查当电话机出现无振铃音、振铃时断时续、振铃声音异常、振铃失真故障时，多是由振铃电路不良引起的，在该电路范围内，叉簧开关、极性保护电路、振铃芯片及外围保护电路是主要的检测部位。

当电话机出现不能拨号、部分按键不能拨号故障时，应将拨号电路作为主要检测点，如该电路范围内的叉簧开关、拨号芯片及外围保护电路、操作按键电路等。

当电话机出现通话异常，如无送话或无受话、送受话均无、免提功能失效、受送话音小等故障时，多为通话电路故障，重点对通话电路中相关部件进行检测即可，如电路供电电路、通话电路、免提开关、话机部分、主机与外线的连接部分等。

6.2.2 万用表检测电话机中的听筒

图 6-6 万用表检测听筒的方法

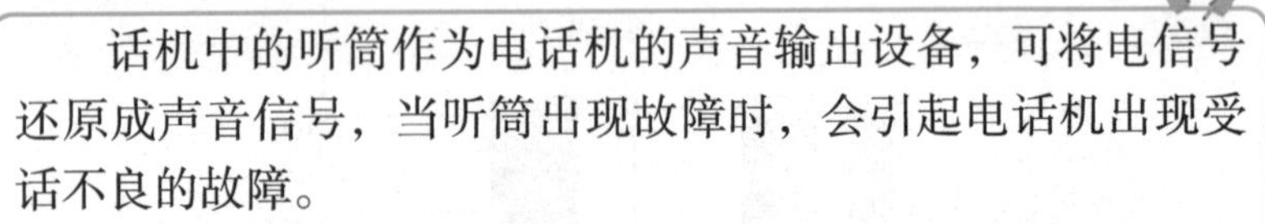

话机中的听筒作为电话机的声音输出设备，可将电信号还原成声音信号，当听筒出现故障时，会引起电话机出现受话不良的故障。

使用万用表检测时，可通过检测听筒两端的阻值来判断听筒是否损坏。万用表检测听筒的方法如图 6-6 所示。

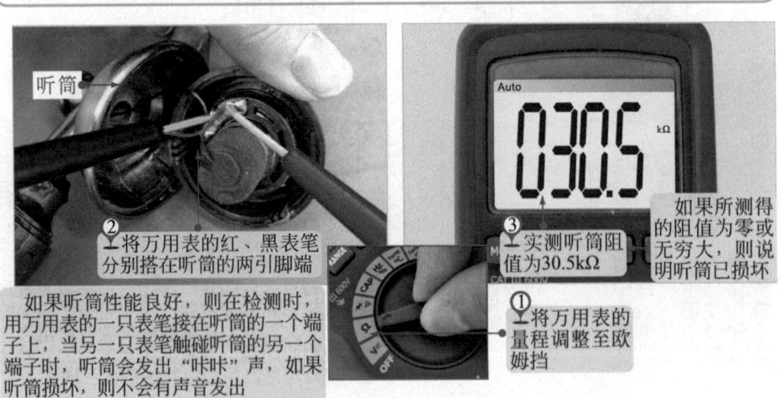

6.2.3 万用表检测电话机中的话筒

图 6-7 万用表检测话筒的方法

话机中的话筒作为电话机的声音输入设备，可将声音信号变成电信号，送到电话机的内部电路，经内部电路处理后送往外线。当话筒出现故障时，会引起电话机出现送话不良的故障。

使用万用表检测话筒两端的阻值即可判断话筒是否损坏，如图 6-7 所示。

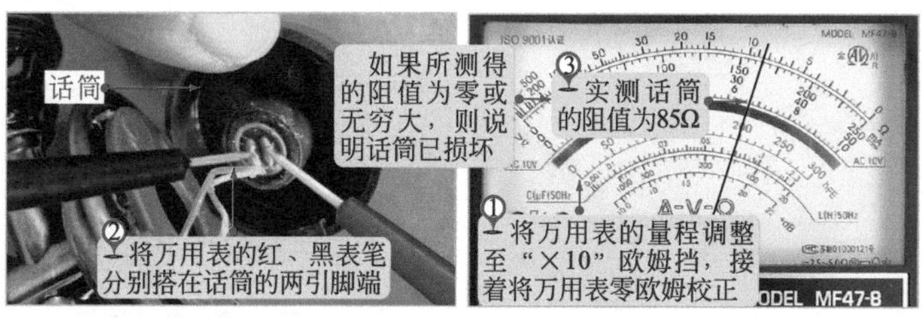

6.2.4 万用表检测电话机中的扬声器

图 6-8 万用表检测扬声器的方法

电话机中的扬声器一般作为电铃使用。当扬声器出现故障时，会引起电话机无响铃的故障。图 6-8 为万用表检测扬声器的方法。

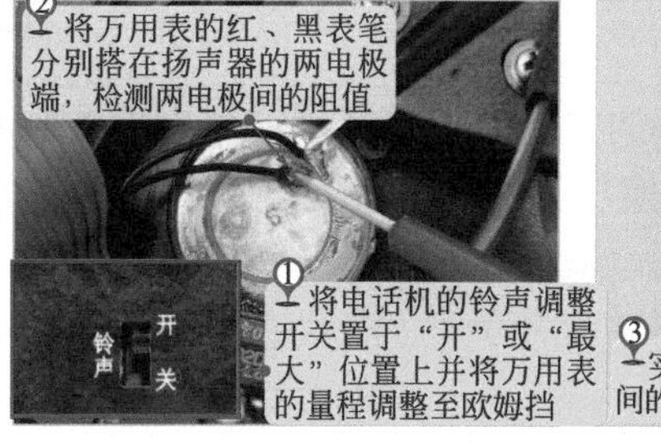

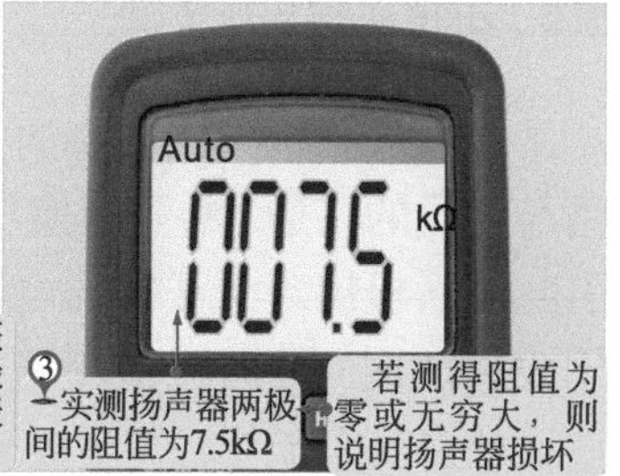

6.2.5 万用表检测电话机中的导电橡胶

图 6-9 万用表检测导电橡胶的方法

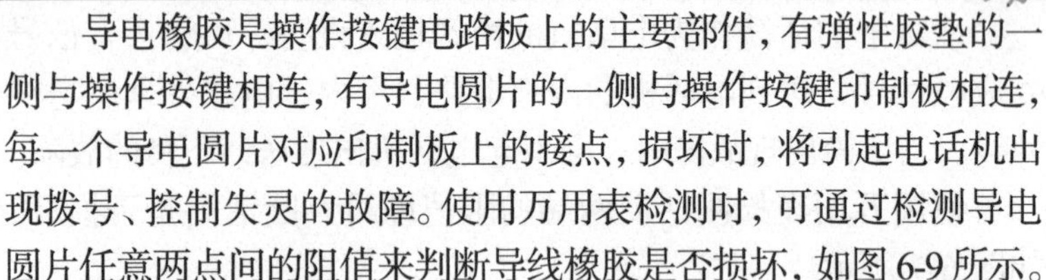

导电橡胶是操作按键电路板上的主要部件，有弹性胶垫的一侧与操作按键相连，有导电圆片的一侧与操作按键印制板相连，每一个导电圆片对应印制板上的接点，损坏时，将引起电话机出现拨号、控制失灵的故障。使用万用表检测时，可通过检测导电圆片任意两点间的阻值来判断导线橡胶是否损坏，如图 6-9 所示。

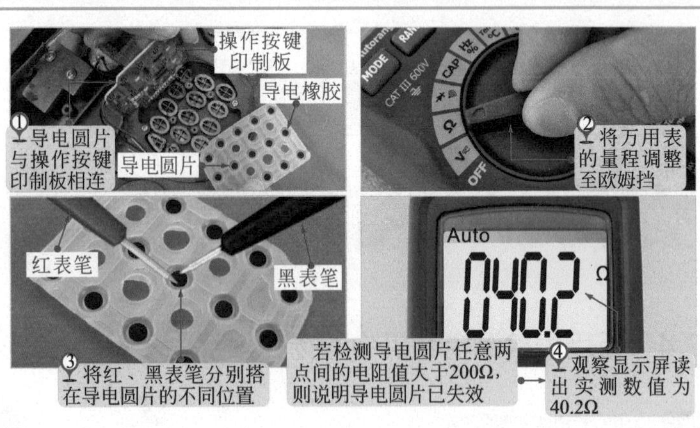

6.2.6 万用表检测电话机中的叉簧开关

图 6-10 万用表检测叉簧开关的方法

叉簧开关作为一种机械开关，是用于实现通话电路和振铃电路与外线的接通、断开转换功能的器件。若叉簧开关损坏，将会引起电话机出现无法接通电话或电话总处于占线状态。使用万用表检测时，可通过检测叉簧开关通、断状态下的阻值来判断叉簧开关是否损坏。图 6-10 为万用表检测叉簧开关的方法。

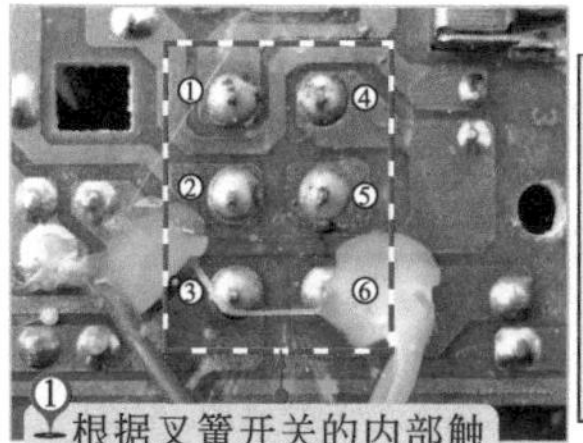

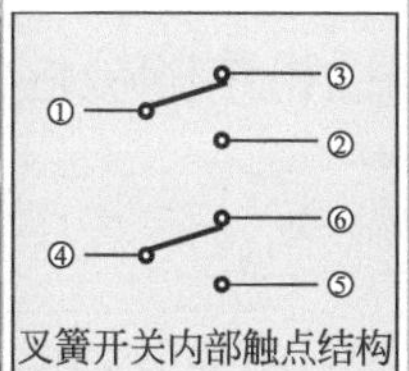

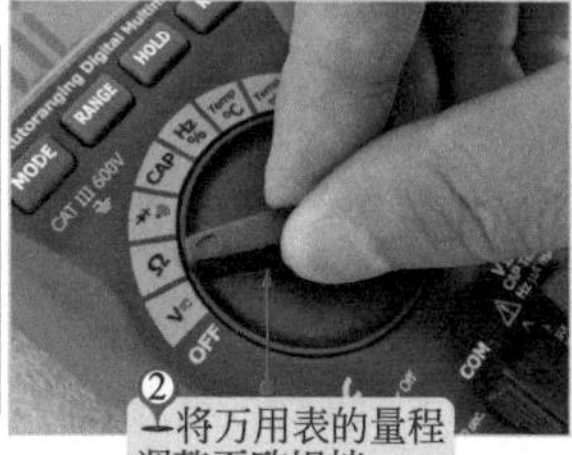

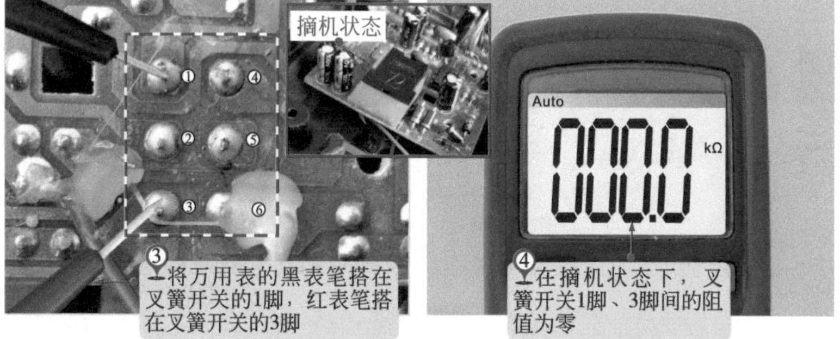

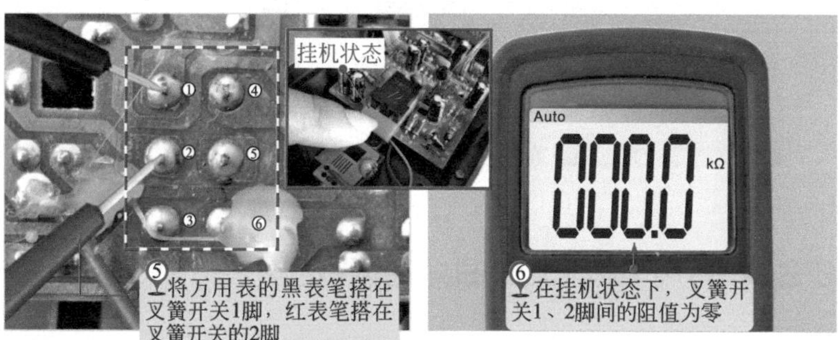

正常情况下，插簧开关在摘机状态下的 1、3 脚间的阻值为 0Ω，1、2 脚间阻值为无穷大；在挂机状态下的 1、3 脚间的阻值为无穷大，1、2 脚间阻值为 0Ω。

6.2.7 万用表检测电话机中的极性保护电路

图 6-11 万用表检测极性保护电路的方法

极性保护电路是由四只二极管构成的，位于电路板叉簧开关附近，主要用于将电话外线传来的极性不稳定的直流电压转换为极性稳定的直流电压。当极性保护电路损坏时，将会引起电话机出现不工作的故障。具体检测方法如图 6-11 所示。

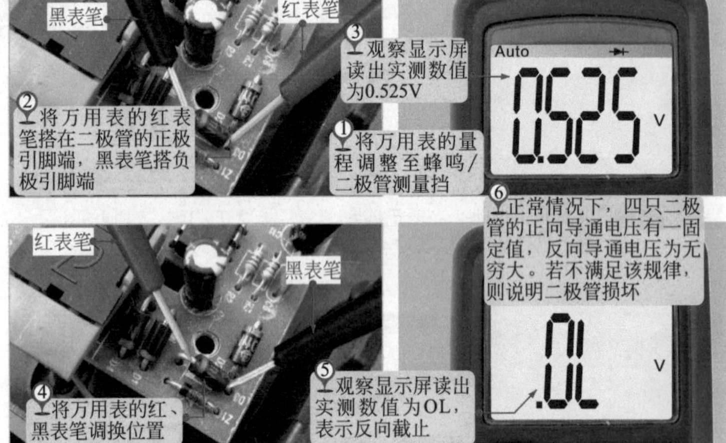

6.2.8 万用表检测电话机中的振铃芯片

图 6-12 待检测的振铃芯片外形及引脚功能

振铃芯片的作用是当外线电话线传来信号时驱动外接扬声器发声。当振铃芯片出现故障时，会引起电话机来电无振铃的故障。图 6-12 为待检测的振铃芯片外形及引脚功能。

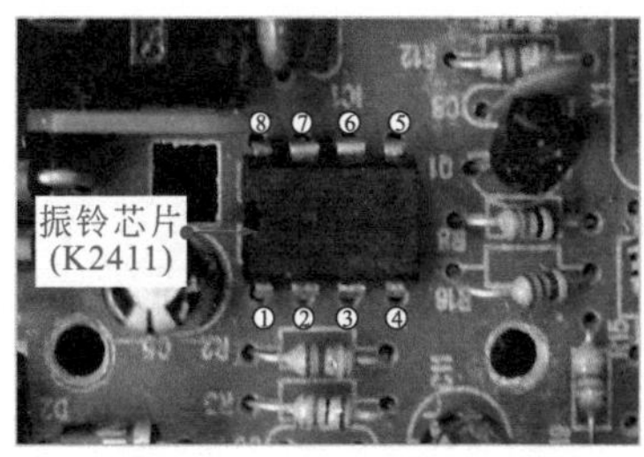

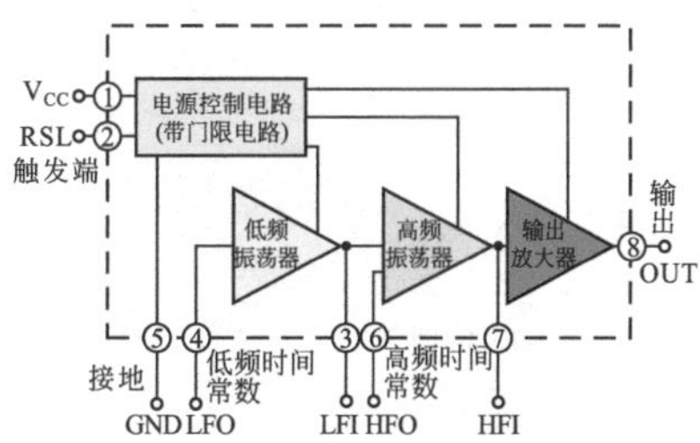

表 6-1 为 K2411 振铃芯片正常时各引脚的参数值，用于与实际检测结果进行比较，以判断振铃芯片是否损坏。

表 6-1　K2411 振铃芯片正常时各引脚参数值

引脚号	参考电压	引脚号	参考电压	引脚号	参考电压	引脚号	参考电压
1	25V	3	3.5V	5	0V	7	4.5V
2	5V	4	4V	6	4.5V	8	12V

图 6-13　万用表检测振铃芯片的方法

使用万用表检测时，可通过检测振铃芯片各引脚电压来判断振铃芯片是否损坏。图 6-13 为万用表检测振铃芯片的方法。

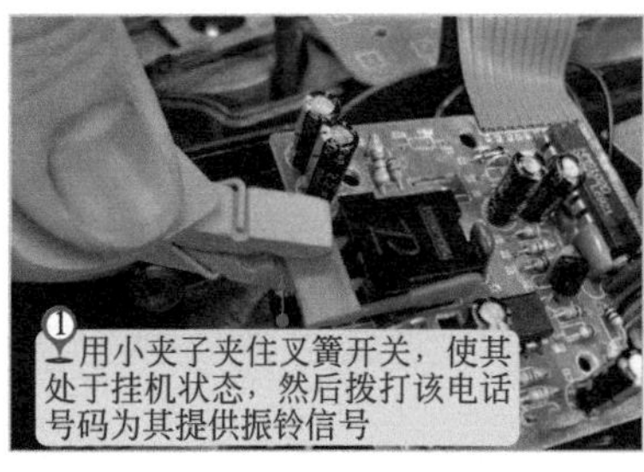

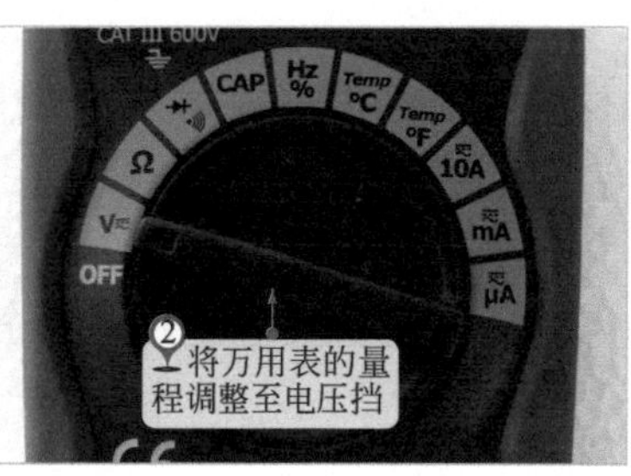

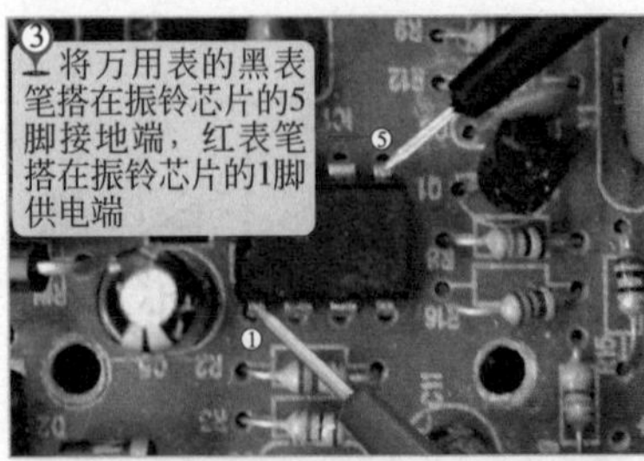

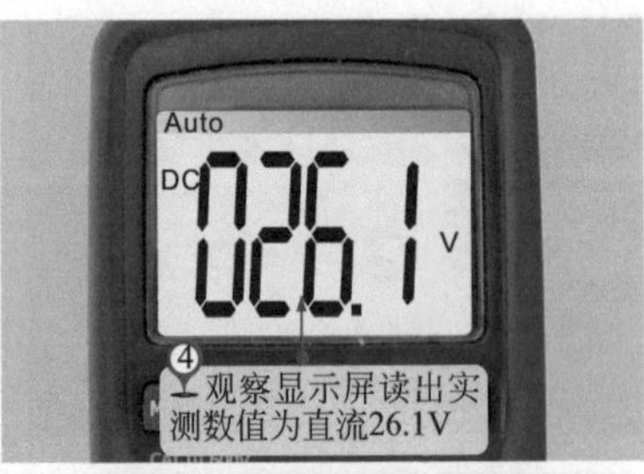

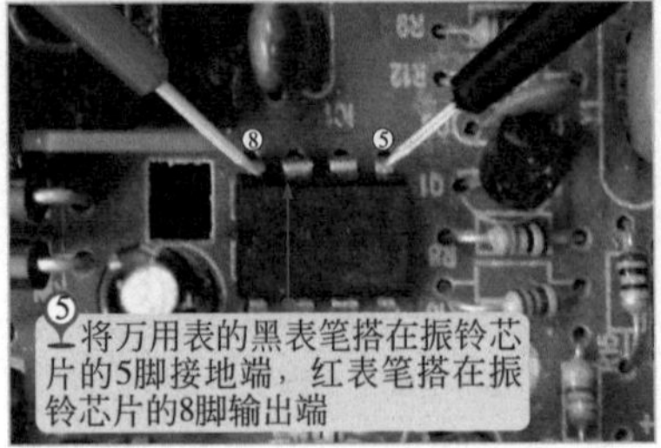

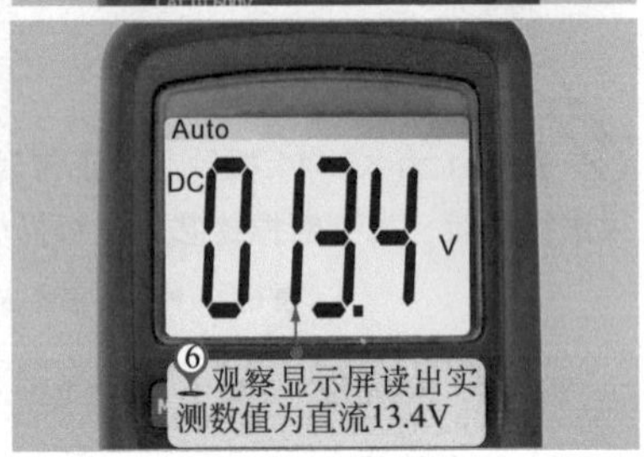

若振铃芯片输入电压正常，无输出，则说明振铃芯片损坏；若实际检测各引脚电压与参考值偏差较大，则多为振铃芯片本身损坏。

6.2.9 万用表检测电话机中的拨号芯片

图 6-14 万用表检测拨号芯片的方法

拨号芯片主要用于拨号控制。当拨号芯片出现故障时，会引起电话机拨号、控制失灵的故障。

使用万用表检测时，可通过检测拨号芯片关键引脚电压来判断拨号芯片是否损坏。图 6-14 为万用表检测拨号芯片的方法。

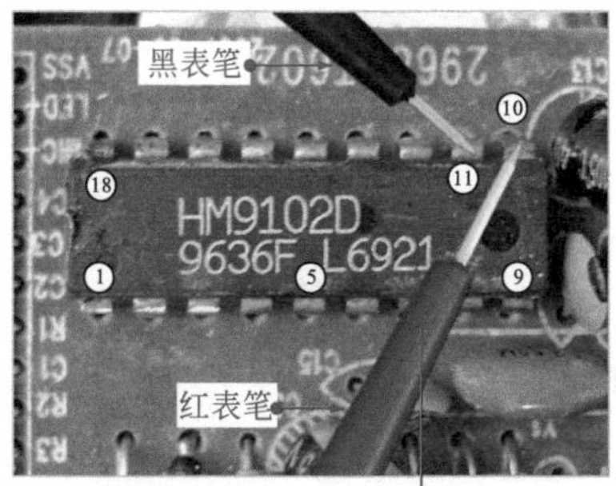

①将万用表的黑表笔搭在拨号芯片的11脚接地端，红表笔搭在拨号芯片的10脚供电端

②观察万用表表盘读出实测数值为直流4.2V

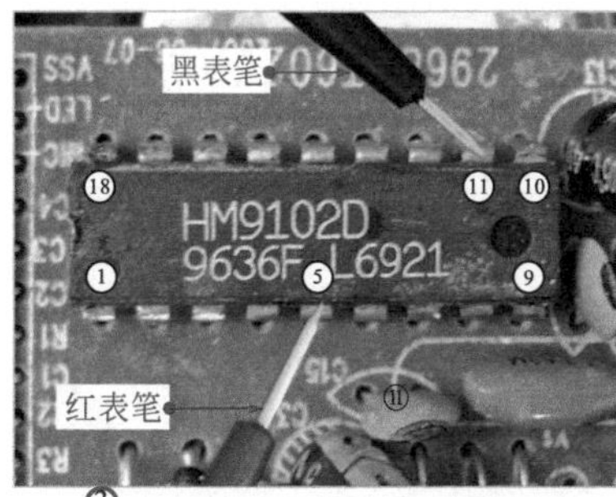

③将万用表的黑表笔搭在拨号芯片的11脚接地端，红表笔搭在拨号芯片的5脚启动端

④观察万用表表盘，摘机后为高电平，挂机时为低电平

拨号芯片的引脚有许多，在正常情况下，若拨号芯片正常，则应满足以下条件：

（1）拨号芯片 HM9102D 供电端 10 脚（V_{DD}）的电压为 2 ～ 5.5V；

（2）启动端在挂机时为低电平，摘机时为高电平；

（3）拨号芯片 8 脚、9 脚为晶振信号端，在正常情况下，用示波器可测得晶振信号波形；

（4）拨号芯片脚为脉冲信号输出端，在正常情况下，摘机后，电话为忙音状态，此时测得其信号波形类似一个正弦信号波形；当按动键盘数字键拨号时，按下瞬间，波形发生变化。

因此检测拨号芯片时还需借助示波器进行检测判断。

第7章
万用表检修电风扇

7.1 电风扇的结构原理

电风扇作为典型的家电产品，其调试与检修技能在社会上有着广泛的市场需求，使用万用表检修电风扇也是家电产品维修领域中的基础技能。

使用万用表检测电风扇之前，应先了解电风扇的结构特点和工作原理，在此基础上才可以正确对各部件进行检测。

7.1.1 电风扇的结构特点

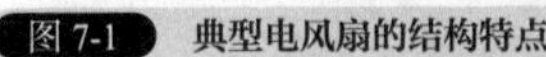

如图7-1所示典型电风扇主要由扇叶、前后护罩、风扇电动机组件（包括电动机及其启动电容）、摇头组件、风速开关、摇头开关、定时器、支撑组件、底座等构成。

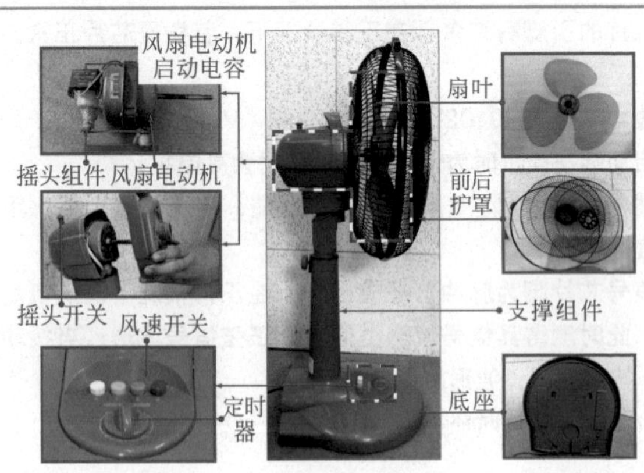

图7-1 典型电风扇的结构特点

❶ 风扇电动机组件

图 7-2　风扇电动机组件的功能结构示意图

风扇电动机组件是电风扇中的重要组成部分，图 7-2 为典型电风扇中风扇电动机组件，电风扇中的风扇电动机多为交流感应电动机，它具有两个绕组（线圈），主绕组通常作为运行绕组，另一辅助绕组作为启动绕组。电风扇通电启动后，交流供电经启动电容加到启动绕组上。

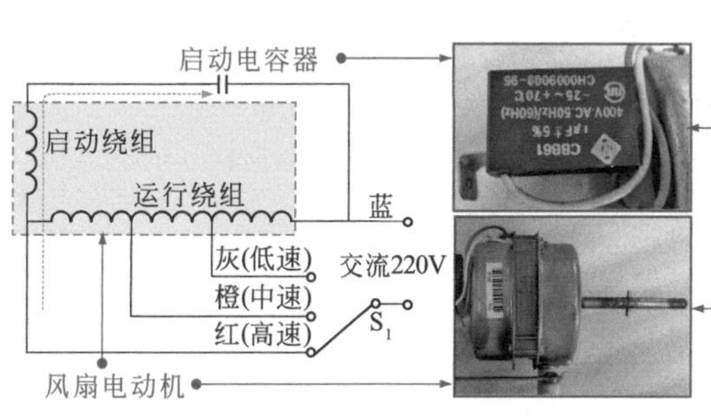

① 启动电容器通常位于风扇电动机的后方，主要用于辅助风扇电动机启动。在启动电容器的作用下，风扇电动机的启动绕组中所加电流的相位与运行绕组形成90°，定子和转子之间形成启动转矩

② 风扇电动机开始高速旋转，带动扇叶一起旋转，扇叶的叶片有一定倾斜角度，旋转时会对空气产生推力，从而加速空气流通

❷ 摇头组件

图 7-3　摇头组件的功能结构示意图

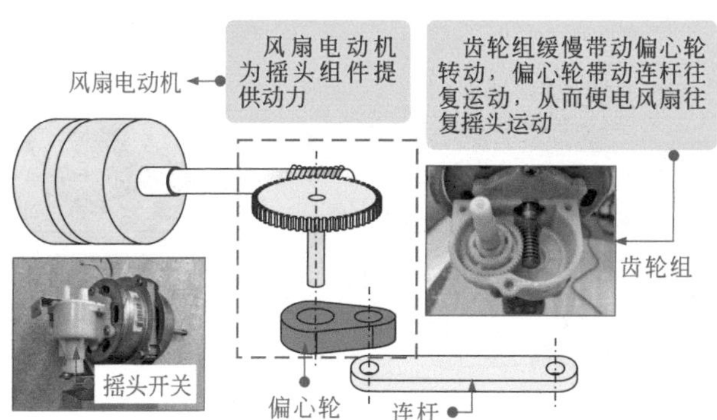

摇头组件是电风扇的组成部分之一，通常固定在风扇电动机上，连杆的一端连接在支撑组件上，当摇头组件工作时，由偏心轴带动连杆运动，从而实现电风扇的往复摇摆运行。图 7-3 为电风扇中的摇头组件。

图 7-4 电风扇中采用摇头电动机构成的摇头组件

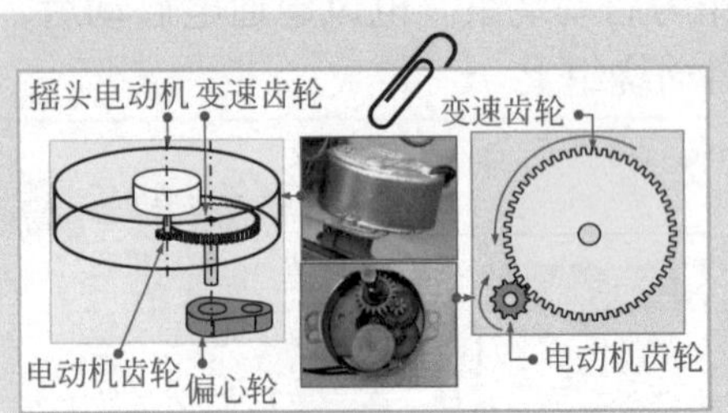

如图 7–4 所示，在一些电风扇中，摇头组件直接由一只小的摇头电动机构成，其动力源来自摇头电动机，该类型的摇头组件中，齿轮等机械传动部件均安装在电动机内部，实现动力传动。

3 摇头开关

图 7-5 摇头开关的结构功能示意图

摇头开关是控制电风扇摇头功能的控制部件。常见的摇头开关有两种形式，一种是机械式，用于控制机械式摇头组件；另一种是电气式，用于控制摇头电动机式摇头组件，图 7-5 为典型摇头开关的结构功能示意图。

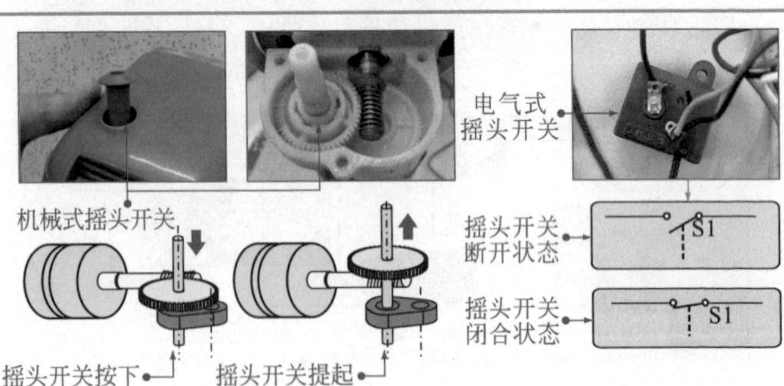

4 风速开关

图 7-6　风速开关的结构功能示意图

风速开关是电风扇的控制部件，它可以控制风扇电动机内绕组的供电，使风扇电动机以不同的速度旋转。风速开关主要由挡位按钮、触点、接线端等构成，其中挡位按钮带有自锁功能，按下后会一直保持接通状态。不同挡位的接线端通过不同颜色的引线与风扇电动机内的绕组相连。图 7-6 为风速开关的结构功能示意图。

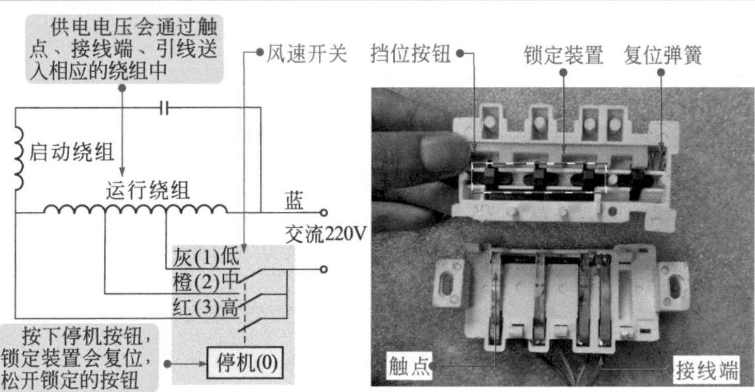

7.1.2 电风扇的工作原理

1 多速可切换电风扇的工作原理

图 7-7　两种常见的三速电风扇电路原理图

风扇电动机通常使用单相电容启动式交流感应电动机，多速可切换风扇是采用多速电动机，通过切换供电的接点实现变速控制。多速电动机绕组抽头的方式，图 7-7 为两种常见的三速电风扇电路原理图。

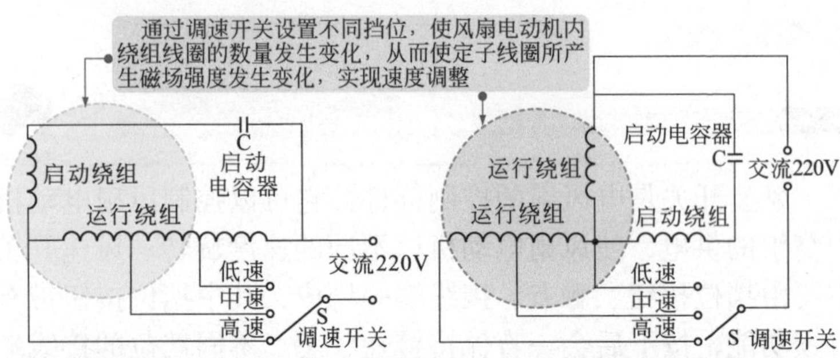

(a)L形抽头调速电动机　　(b)T形抽头调速电动机

风扇电动机的调速采用绕组线圈抽头的方法比较多，即绕组线圈抽头与调速开关的不同挡位相连，通过改变绕组线圈的数量，从而使定子线圈所产生磁场强度发生变化，实现速度调整。

三速可变的电风扇中，风扇电动机的运行绕组中设有两个抽头。由于两组线圈接成L形，也就被称之为L形绕组结构。若两个绕组接成T形，便被称为T形绕组结构

2 多速可定时电风扇的工作原理

图 7-8　多速可定时电风扇的工作原理图

图 7-8 为多速可定时电风扇的工作原理图。

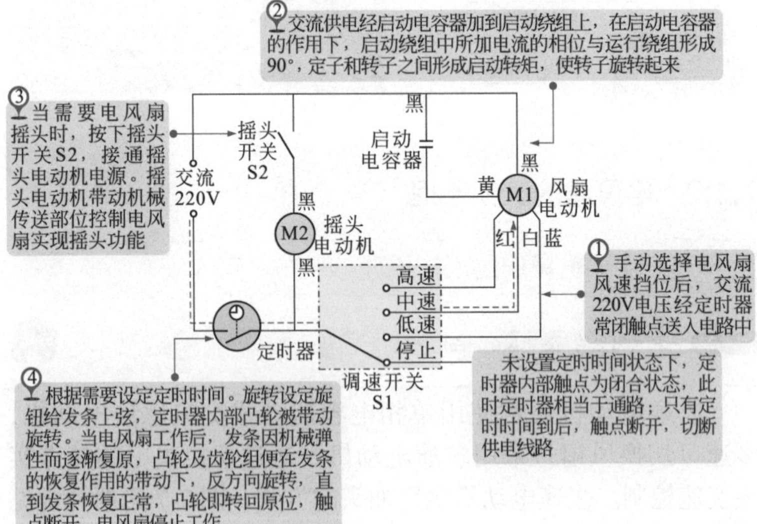

②交流供电经启动电容器加到启动绕组上，在启动电容器的作用下，启动绕组中所加电流的相位与运行绕组形成90°，定子和转子之间形成启动转矩，使转子旋转起来
③当需要电风扇摇头时，按下摇头开关S2，接通摇头电动机电源。摇头电动机带动机械传送部位控制电风扇实现摇头功能
黑
摇头
开关
S2
启动
电容器
交流
220V
黑
黄
M1
风扇
电动机
黑
M2
摇头
电动机
红
白
蓝
黑
高速
中速
低速
停止
①手动选择电风扇风速挡位后，交流220V电压经定时器常闭触点送入电路中
定时器
调速开关
S1
未设置定时时间状态下，定时器内部触点为闭合状态，此时定时器相当于通路；只有定时时间到后，触点断开，切断供电线路
④根据需要设定定时时间。旋转设定旋钮给发条上弦，定时器内部凸轮被带动旋转。当电风扇工作后，发条因机械弹性而逐渐复原，凸轮及齿轮组便在发条的恢复作用的带动下，反方向旋转，直到发条恢复正常，凸轮即转回原位，触点断开，电风扇停止工作

图 7-9　**电风扇其他常见控制方式**

常见的电风扇电路中，除了上述两种最常见、最简单的控制方式和电路关系外，在一些具有更智能化功能的电风扇中，风扇电动机的调速控制可由继电器、双向晶闸管等代替手动调速开关，如图 7-9 所示，实现自动控制，常见于具有遥控控制功能的电风扇中。

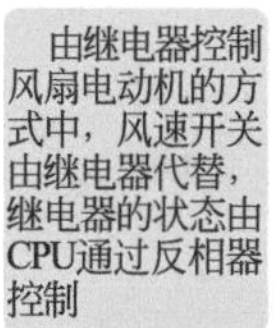

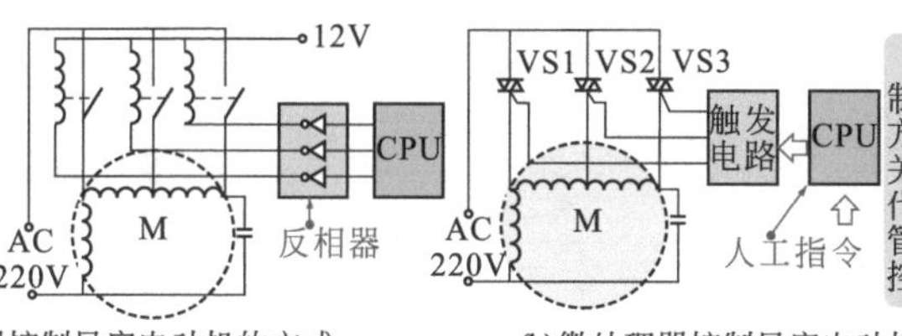

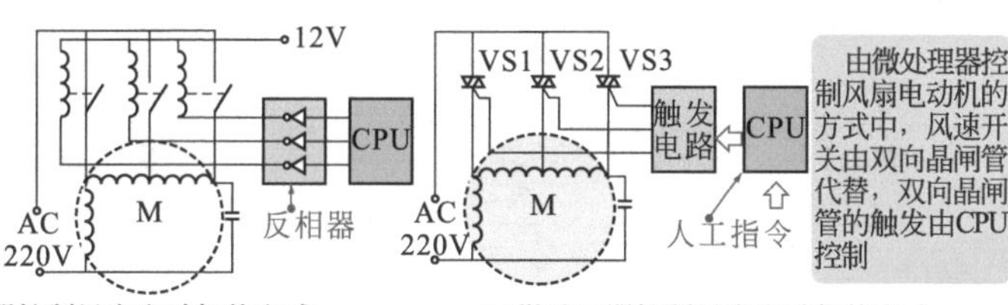

(a)继电器控制风扇电动机的方式　　(b)微处理器控制风扇电动机的方式

③ 遥控式电风扇的工作原理

图 7-10　**遥控式电风扇的遥控发射器电路**

遥控式电风扇的功能相对更加智能化，其内部电路由各种电子元件器构成具有控制功能的电子电路构成。以典型遥控式电风扇为例。图 7-10 为典型遥控式电风扇的遥控发射器电路。

① 电池GB为遥控发射器芯片提供3V直流电压，同时为整个电路提供直流工作条件

② 控制芯片IC的1～5脚外接人工操作按键，这些键是给控制芯片IC输入人工操作指挥的微动开关

③ 按下任意操作按键后，控制芯片IC的1～5脚中会有任一脚接地，控制芯片经引脚功能识别后，形成功能控制信号，该信号在IC内部进行编码，由15脚输出

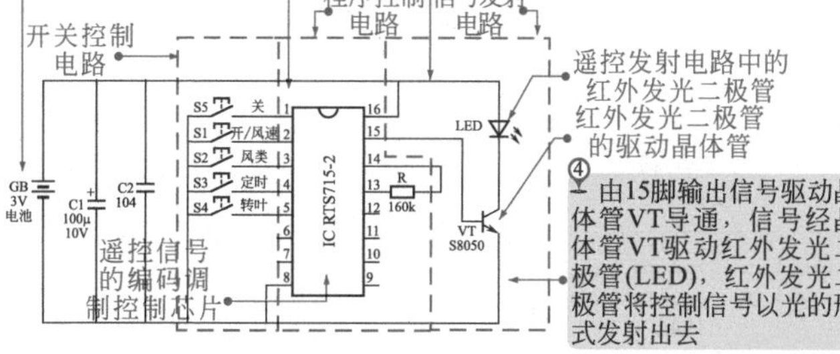

④ 由15脚输出信号驱动晶体管VT导通，信号经晶体管VT驱动红外发光二极管(LED)，红外发光二极管将控制信号以光的形式发射出去

图 7-11 遥控式电风扇的风扇电动机及驱动电路

图 7-11 为遥控式电风扇的风扇电动机及驱动电路，该电路以芯片 IC RTS511B-000 为电路控制核心，接收遥控器送来的遥控信号，经内部处理后，输出控制和驱动信号，控制电风扇电动机工作。

① 控制芯片RTS511B-000的7脚和10脚为供电端；1脚和20脚外接32.768kHz晶体，为芯片提供时钟信号。只有当满足这两个基本条件时，控制芯片才能正常工作，接收遥控信号，发出相应指令的控制信号，控制电风扇工作

③ 电风扇电动机的公共端接到交流220V的火线端(L)，高速、中速和低速控制端由三个双向晶闸管VS2、VS3、VS4进行控制，速度控制触发信号分别由IC RTS511B-000的4脚、3脚、2脚输出，并分别控制晶闸管的触发端

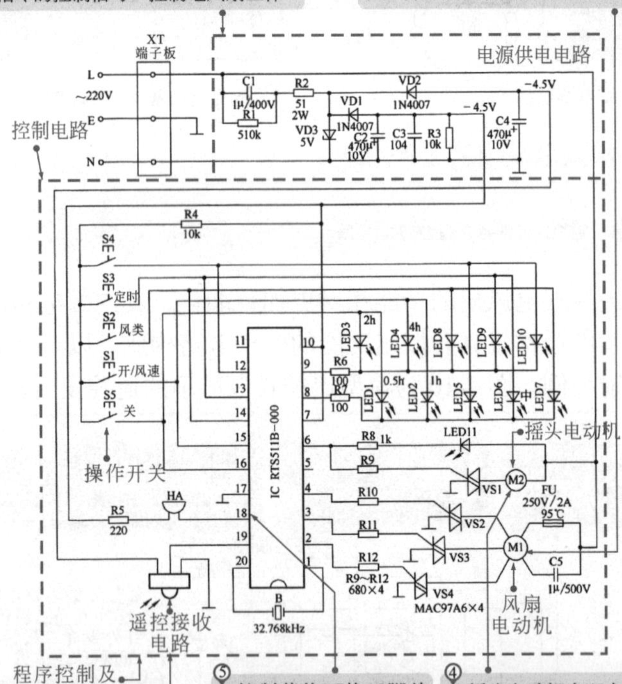

② 控制芯片IC RTS511B-000的19脚连接红外接收器。当遥控器发送遥控信号时，由遥控接收器接收遥控信号，并将该信号经IC的19脚送入控制信号内部，由控制芯片对信号进行处理，再由2～6脚输出控制信号

⑤ 控制芯片IC的18脚外接蜂鸣器HA，当收到控制信号或进行功能转换时会发出声响提醒用户。控制芯片工作时，控制相应LED发光指示；在风扇主体上也设有人工指令键，选择风扇的工作方式

④ 摇头电动机由双向晶闸管VS1控制，图中地线端为交流220V的零线。控制触发信号由控制芯片IC的6脚输出，控制信号触发摇头指示灯LED11点亮，并触发晶闸管VS1的触发端，晶闸管VS1导通，摇头电动机M2旋转

7.2 万用表检修电风扇的方法

7.2.1 电风扇的检测要点

图 7-12　电风扇的检测要点

电风扇作为一种典型的家用电动产品，其核心器件就是电动机，并由控制电路进行控制。对其进行检测时，应重点检测其电动机和控制电路部分，即根据电风扇的整机结构和工作过程，确定主要检测部位。这些检测部位是电风扇检测时的关键点。图 7-12 为电风扇的检测要点。

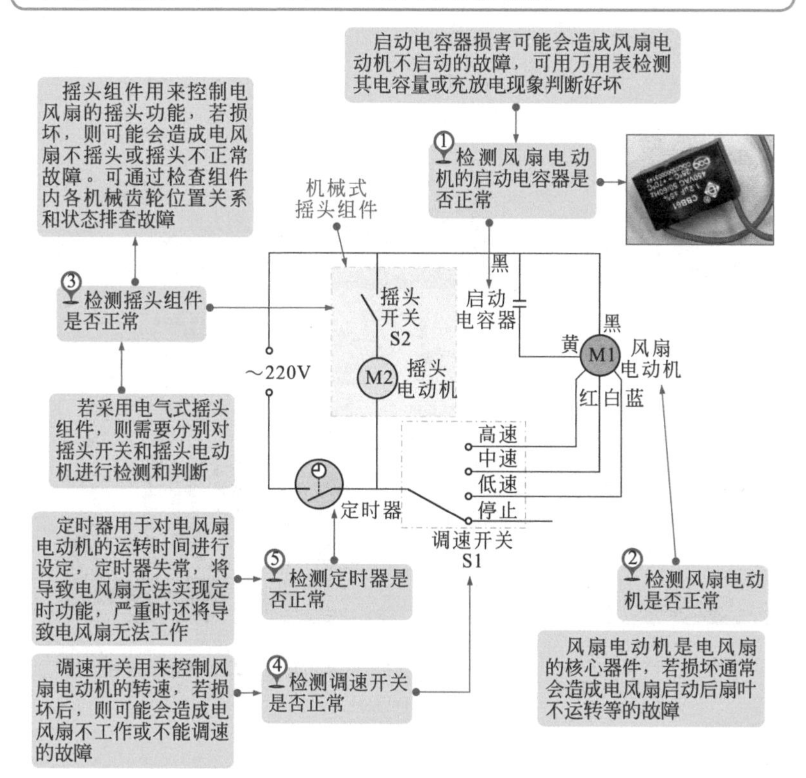

启动电容器损害可能会造成风扇电动机不启动的故障，可用万用表检测其电容量或充放电现象判断好坏

①检测风扇电动机的启动电容器是否正常

CBB61 1.2μF 450VAC 50/60Hz

摇头组件用来控制电风扇的摇头功能，若损坏，则可能会造成电风扇不摇头或摇头不正常故障。可通过检查组件内各机械齿轮位置关系和状态排查故障

③检测摇头组件是否正常

若采用电气式摇头组件，则需要分别对摇头开关和摇头电动机进行检测和判断

机械式摇头组件

摇头开关 S2

M2 摇头电动机

～220V

启动电容器

黑

黄　M1　风扇电动机

红　白　蓝

高速

中速

低速

停止

调速开关 S1

定时器

定时器用于对电风扇电动机的运转时间进行设定，定时器失常，将导致电风扇无法实现定时功能，严重时还将导致电风扇无法工作

⑤检测定时器是否正常

调速开关用来控制风扇电动机的转速，若损坏后，则可能会造成电风扇不工作或不能调速的故障

④检测调速开关是否正常

②检测风扇电动机是否正常

风扇电动机是电风扇的核心器件，若损坏通常会造成电风扇启动后扇叶不运转等的故障

电风扇的故障特征比较明显，出现故障后可首先根据故障所表现出的特点，初步圈定基本的故障范围或故障部件，除了对一些基本的机械部件进行直观检查外，主要是借助万用表对怀疑部分进行检测，根据检测结果判断部件的好坏，对损坏部件进行修复或替换，最终排除故障。

7.2.2 万用表检测电风扇中的启动电容器

图 7-13 万用表检测启动电容器的方法

启动电容器用于为风扇电动机提供启动电压，是控制风扇电动机启动运转的重要部件。如图 7-13 所示，使用万用表检测时，可通过检测启动电容器的电容量来判断启动电容器是否损坏。

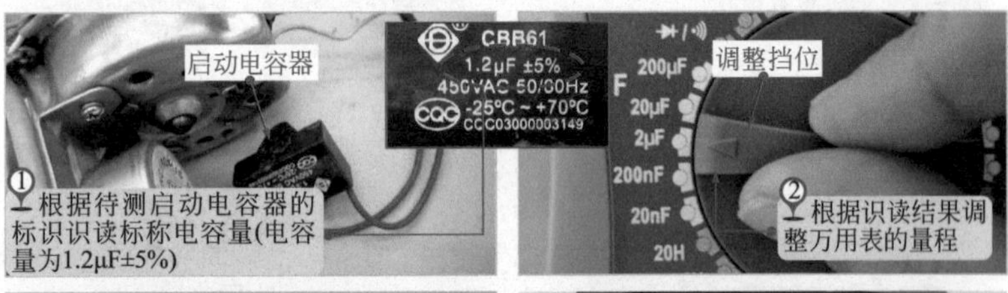

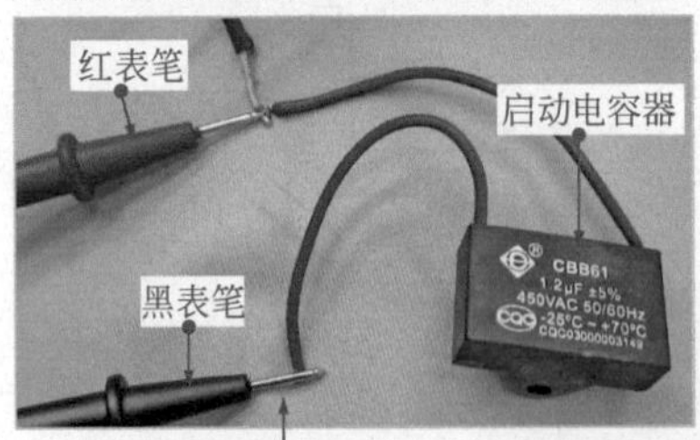

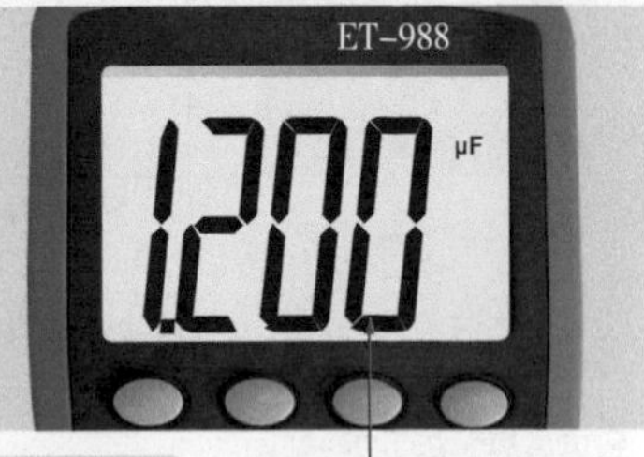

③将万用表的红、黑表笔分别搭在启动电容器的两引脚端

若实测值与标称值相同或相近，表明启动电容器容量正常；若实测数值小于标称值，则说明性能不良

④观察显示屏读出实测数值为1.2μF

图 7-14　**指针万用表检测启动电容器的方法**

如图 7–14 所示，除使用数字万用表直接检测启动电容量的方法外，还可使用指针万用表检测启动电容器的充、放电情况，从而判别其性能。

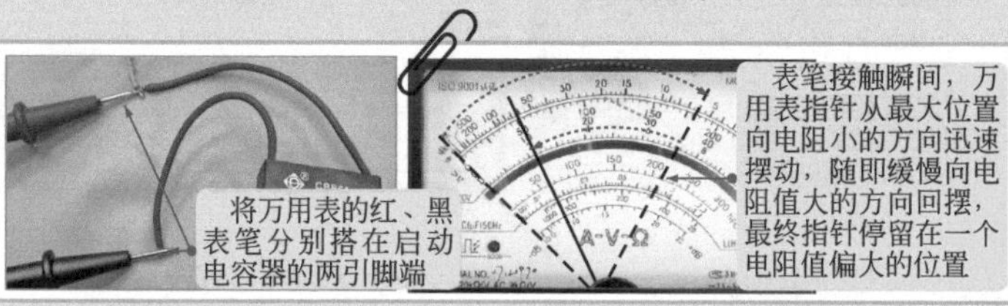

若指针不摆动或摆动到电阻为零的位置后不返回，以及刚开始摆动时摆动到一定的位置后不返回，均表示启动电容器出现故障。

7.2.3　万用表检测电风扇中的风扇电动机

图 7-15　**万用表检测风扇电动机的方法**

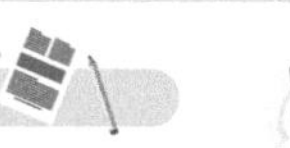

风扇电动机是电风扇的动力源，与风扇相连，带动风叶转动。若风扇电动机出现故障，则开机运行电风扇没有任何反应。如图 7-15 所示，使用万用表检测时，可通过检测风扇电动机各绕组之间的阻值来判断风扇电动机的好坏。

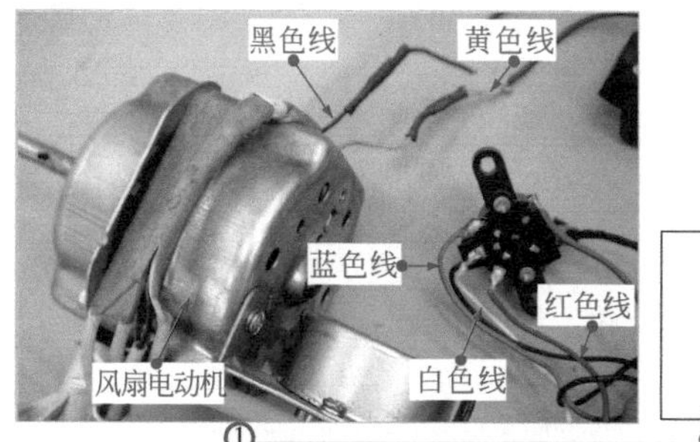

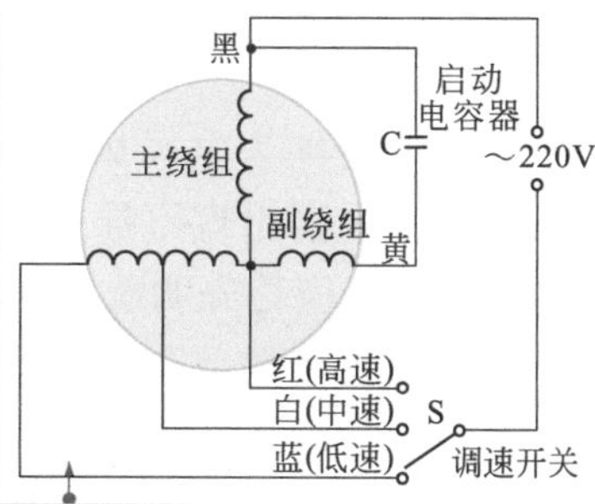

① 对照电路图，识读风扇电动机中各绕组连接线的关系及功能：黑色线和黄色线连接启动电容器；蓝色线、白色线和红色线连接调速开关

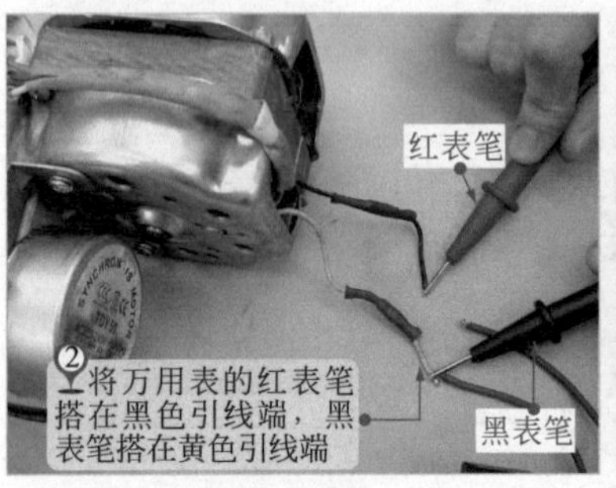

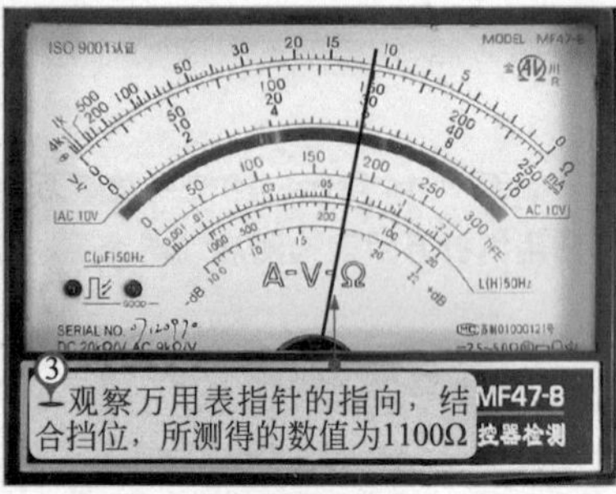

图 7-16　万用表检测其他绕组间阻值的方法

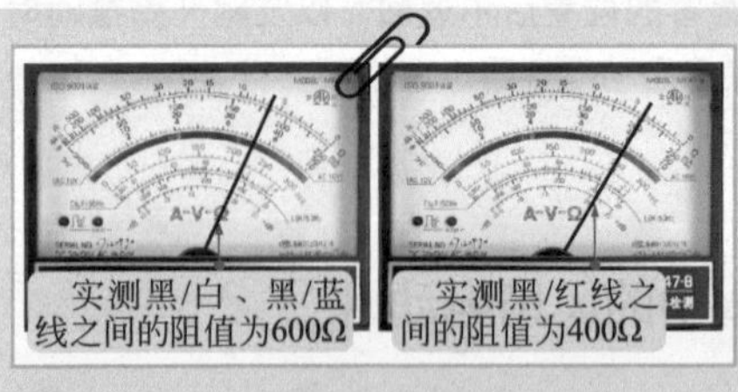

如图 7-16 所示，使用相同的方法，分别对黑 / 白、黑 / 蓝、黑 / 红之间的阻值进行检测，在正常情况下，黑色线与其他引线之间的阻值为几百欧姆至几千欧姆，并且黑色线与黄色线之间的阻值始终为最大阻值。若在检测中，万用表的读数为零、无穷大或所测得的阻值与正常值偏差很大，均表明风扇电动机损坏。

7.2.4　万用表检测电风扇中的摇头组件

图 7-17　万用表检测摇头组件的方法

摇头组件为电风扇的摇头提供动力，若摇头组件损坏，则会使电风扇出现不摇头或功能失常等现象。怀疑摇头组件出现故障，应首先明确该组件的类型，对于机械式摇头组件，需要对摇头转动部分、偏心轮、连杆等进行检查，如图 7-17 所示。

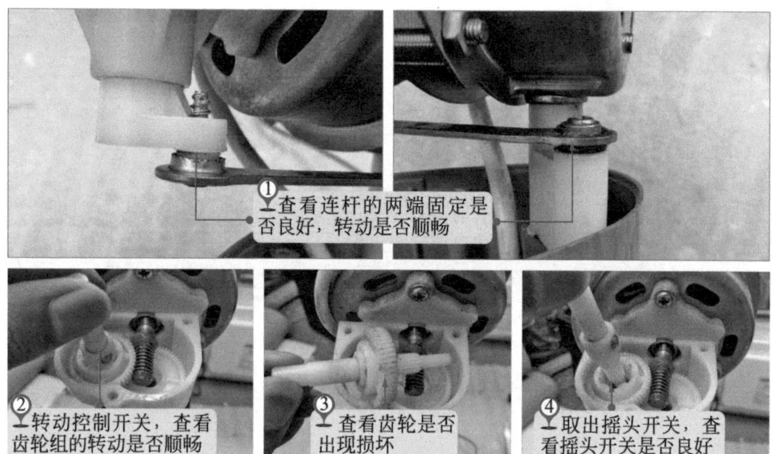

图 7-18　万用表检测摇头电动机的方法

采用电气式摇头组件的电风扇中，则需要分别对摇头电动机和摇头开关进行检测和判断。图 7-18 为万用表检测摇头电动机的方法。

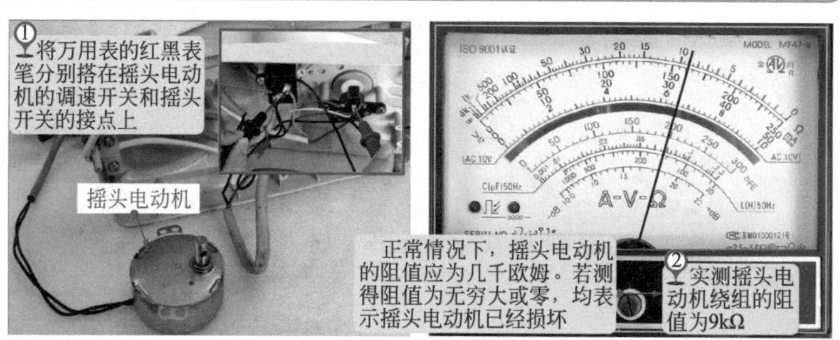

图 7-19　万用表检测摇头开关的方法

图 7-19 为万用表检测摇头开关的方法。

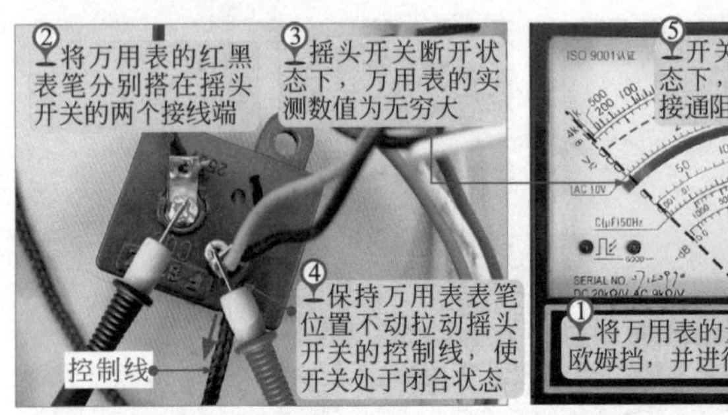

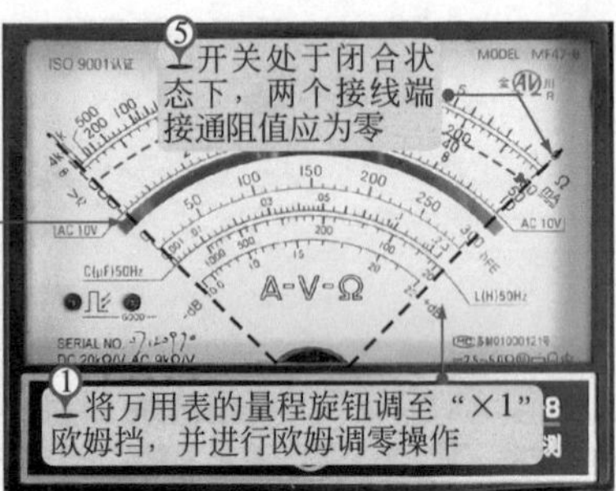

7.2.5 万用表检测电风扇中的风速开关

❶ 按键式风速开关

图 7-20 万用表检测按键式风速开关的方法

风速开关用于控制电风扇的风速，检测时，应先查看风速开关与各导线之间是否连接良好，然后对内部的主要部件进行检测，如图 7-20 所示。

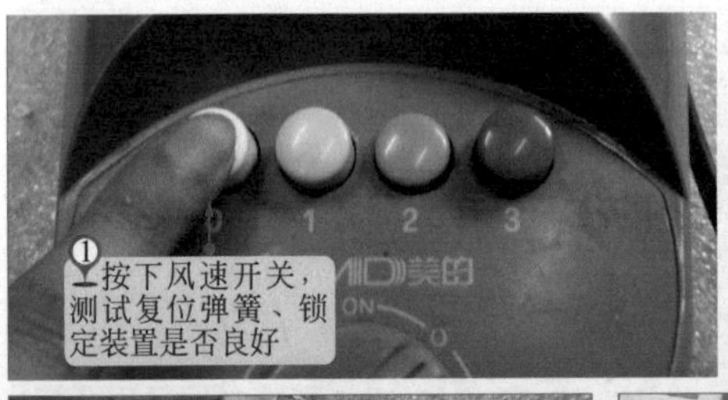

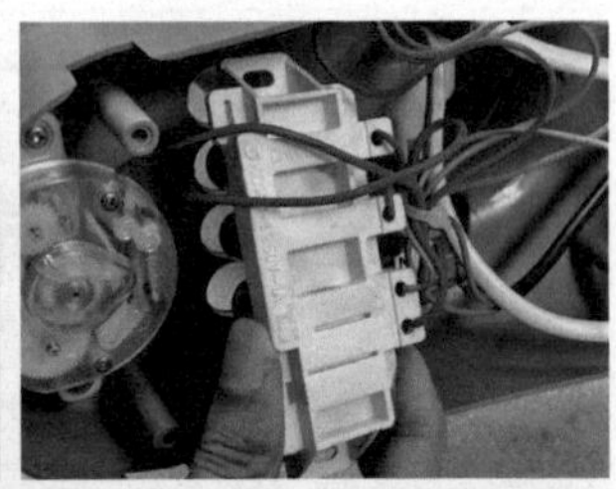

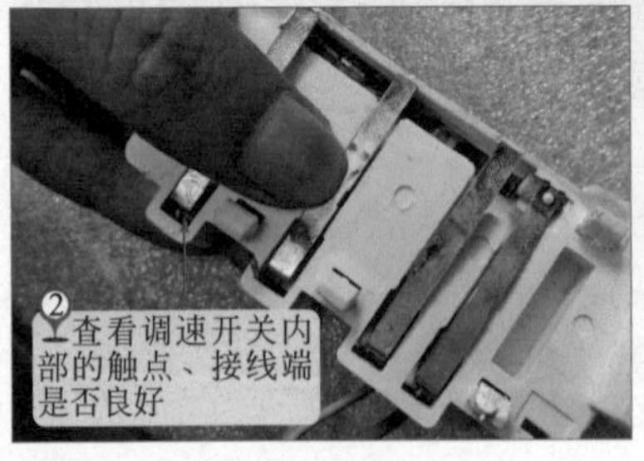

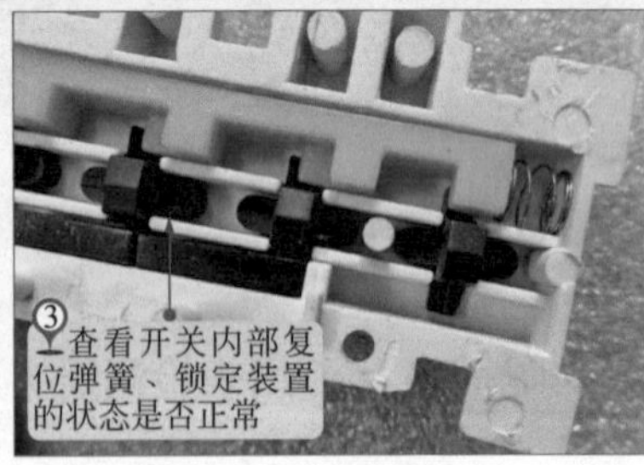

❷ 旋转式风速开关

图 7-21　万用表检测旋转式风速开关的方法

使用万用表检测旋转式风速开关时，可通过检测各挡位开关在通、断状态下的阻值来判断调速开关是否损坏，如图 7-21 所示。

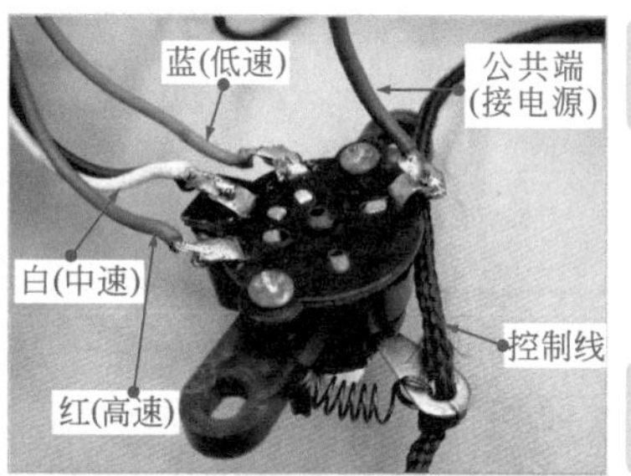

开关触片搭在两个触点上，使其处于接通状态，两触点间阻值为零；触点间无触片搭接时，阻值为无穷大

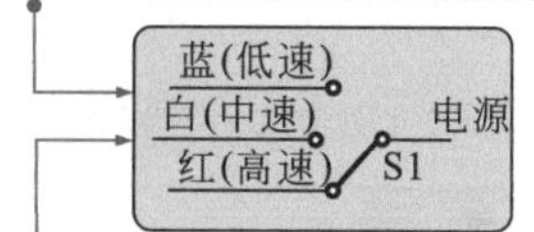

根据控制关系，了解调速开关内部触点关系，弄清楚调速开关通与断的状态

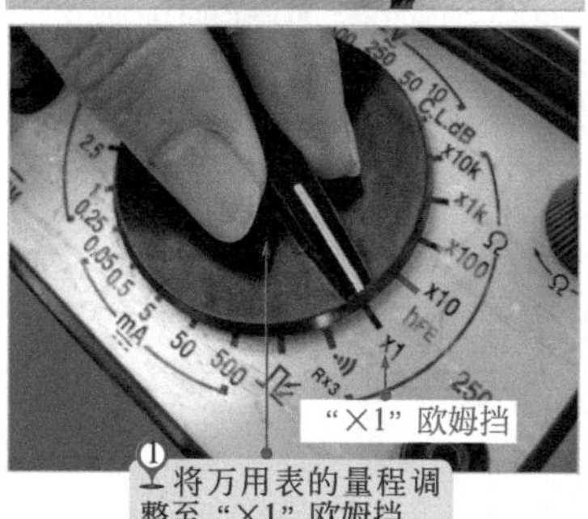

①将万用表的量程调整至“×1”欧姆挡

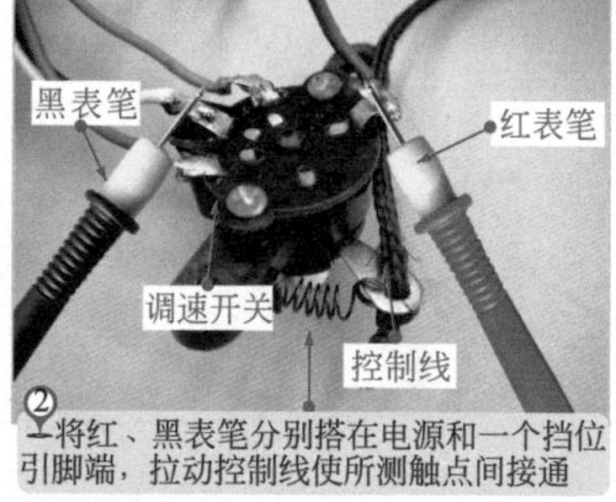

②将红、黑表笔分别搭在电源和一个挡位引脚端，拉动控制线使所测触点间接通

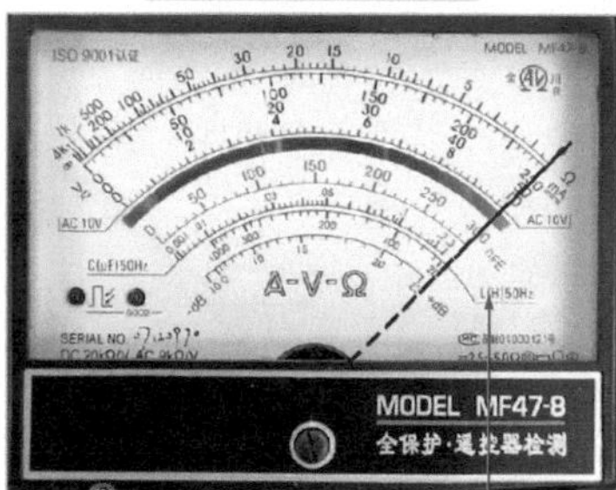

③观察万用表指针的指向为零欧姆，表示正常

④再次拉动控制线，使所测触点间断开，观察万用表所测得阻值为无穷大，表示正常

第8章
万用表检修电吹风机

8.1 电吹风机的结构原理

8.1.1 电吹风机的结构特点

图 8-1 典型电吹风机的结构特点

电吹风机是一种常见的电热产品。图 8-1 为典型电吹风机的结构特点。可以看到，电吹风机的外部是由外壳、出风口、手柄、调节开关和电源线等部分构成的，内部则由整流二极管、加热丝、电动机及风扇部分、双金属片温度控制器等部分构成。

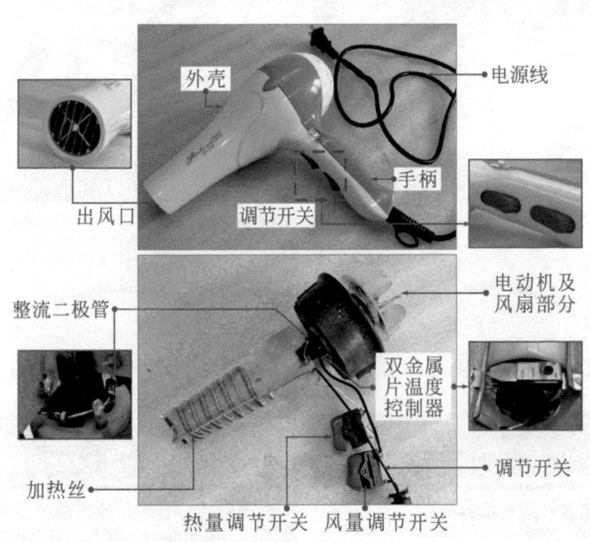

8.1.2　电吹风机的工作原理

图 8-2　电吹风机的工作原理

图 8-2 为电吹风机的工作原理。电吹风机接通电源后，按下调整开关为电吹风机内电动机、加热丝等供电；电动机驱动转子带动风扇转动将空气吸入，空气经电热部件后被加热，加热的空气便由出风口吹出。在出风口处设有双金属片温度控制器对温度进行检测和控制，防止温度异常。

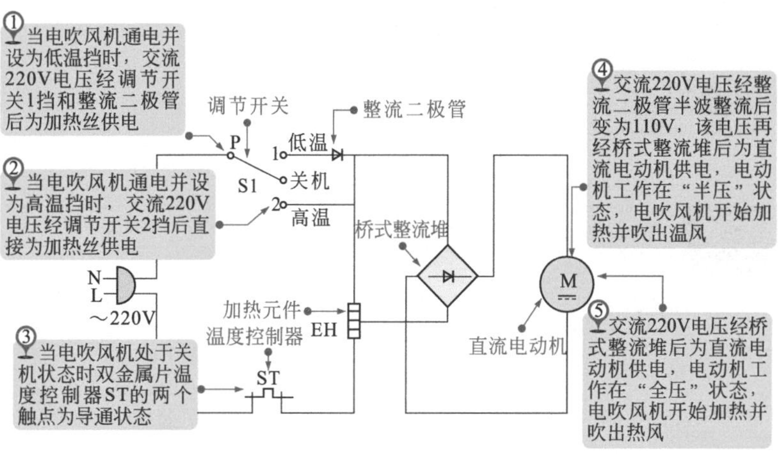

图 8-3　具有热量和风量双控制功能的电吹风机的工作原理

图 8-3 为具有热量和风量双控制功能的电吹风机的工作原理。该电吹风主要是由风量调节开关 S1、热量调节开关 S2、加热丝 EH1、EH2、双金属温度控制器 ST、桥式整流堆和直流电动机组成的。

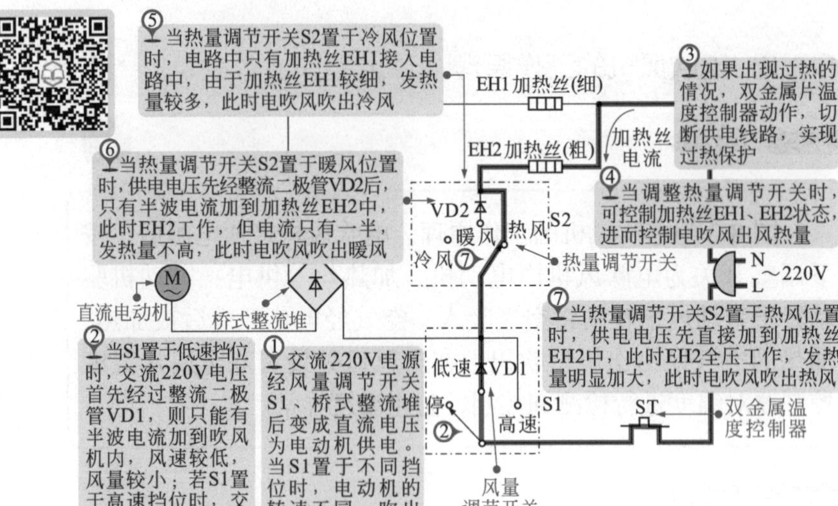

8.2 万用表检修电吹风机的方法

8.2.1 电吹风机的检测要点

图 8-4 电吹风机的检测要点

除了对电吹风机基本机械部件和电源线通断进行检测外，重点是检测主要的功能部件和电路部分，即根据电吹风机的结构特点和工作原理，对电路中的电动机、调节开关、双金属片温度控制器、电热丝以及相关的电子元件进行检测，通过对各部件性能参数的检测判断好坏，从而完成电吹风机的检测。图 8-4 为电吹风机的检测要点。

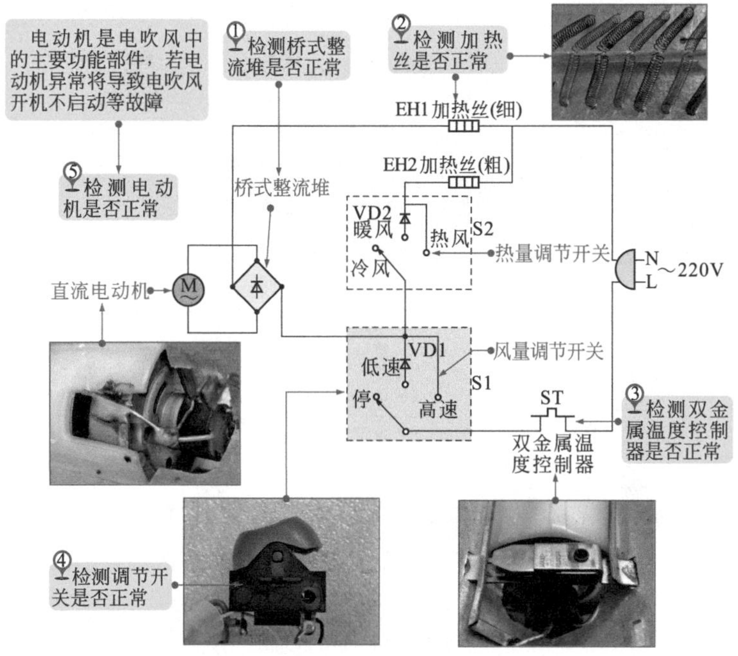

在电吹风机电路中，风量调节开关和热量调节开关的结构完全相同，检修时，可采用相同的方法对两个调节开关进行检修和判断。

8.2.2　万用表检测电吹风机中的电动机

图 8-5　万用表检测电动机的方法

电动机是电吹风扇中的动力部件，若该部件异常，将直接引起吹风机不工作故障。使用万用表检测电动机是目前最直观、最便捷的方法。

一般可使用万用表对电动机绕组的阻值进行检测，通过测量结果判断电动机是否损坏。图 8-5 为万用表检测电动机的方法。

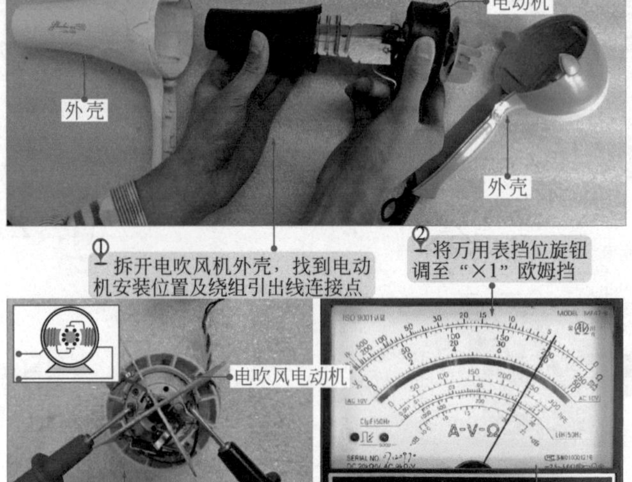

在电吹风机中，电动机的绕组两端直接连接桥式整流堆的直流输出端。在使用万用表对其进行检测前，应先将电动机与桥式整流堆相连的引脚焊开，然后再进行检测。否则，所测结果应为桥式整流堆中输出端引脚与电动机绕组并联后的电阻。

8.2.3 万用表检测电吹风机中的调节开关

图 8-6 万用表检测调节开关的方法

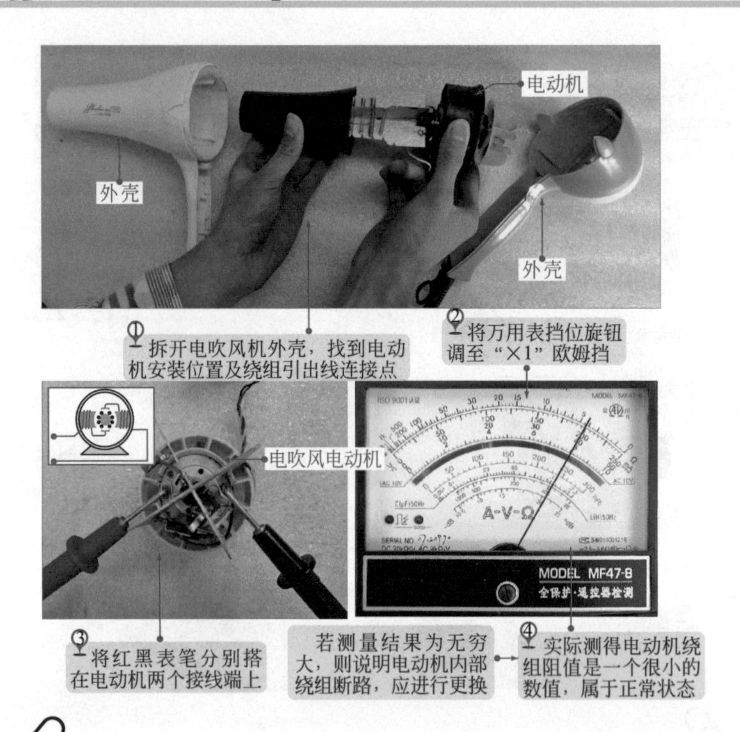

调节开关是用来控制电吹风机的工作状态，一般可通过万用表检查其不同状态下的通断情况来判断其好坏。图 8-6 为万用表检测调节开关的方法。

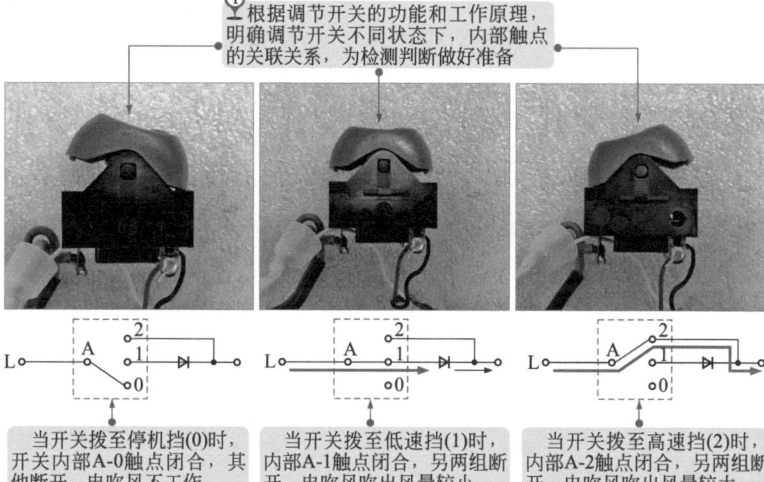

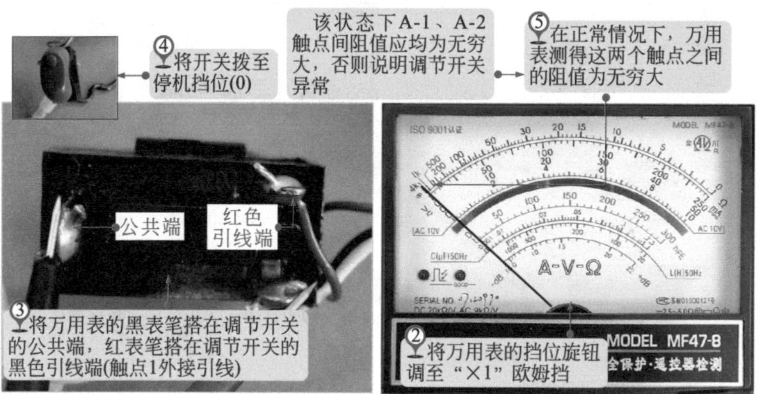

正常情况下，调节开关置于“0”挡位时，其公共端（P 端）与另外两个引线端的阻值应为无穷大；当调节开关置于“1”挡位时，公共端与黑色引线端（A–1 触点）间的阻值应为零；当调节开关置于“2”挡位时，公共端与红色引线端（A–2 触点）间的阻值都零。若测量结果偏差较大，则表明调节开关已损坏，应对其更换。

8.2.4 万用表检测电吹风机中的双金属片温度控制器

图 8-7 万用表检测双金属片温度控制器的方法

双金属片温度控制器是用来控制电吹风机内部温度的重要部件，根据双金属片温度控制器的控制关系，可用万用表监测常温和高温两种状态下，双金属片温度控制器触点的通断状态来了解其动作是否正常。图 8-7 为万用表检测双金属片温度控制器的方法。

常温下，观察温度控制器的触点是否闭合紧密

常态的双金属片温度控制器

使用电烙铁对温度控制器进行加热，观察触点是否可以自动断开

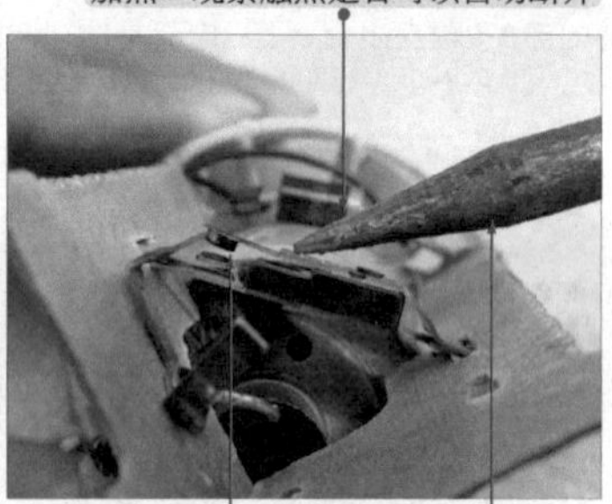

高温下的双金属片温度控制器

电烙铁

③将加热至高温的电烙铁头靠近双金属温度控制器的感温面

④正常情况下，万用表的指针指示数值从零变为无穷大

在电烙铁加热过程中，双金属片温度控制器的触点从闭合到断开状态变化

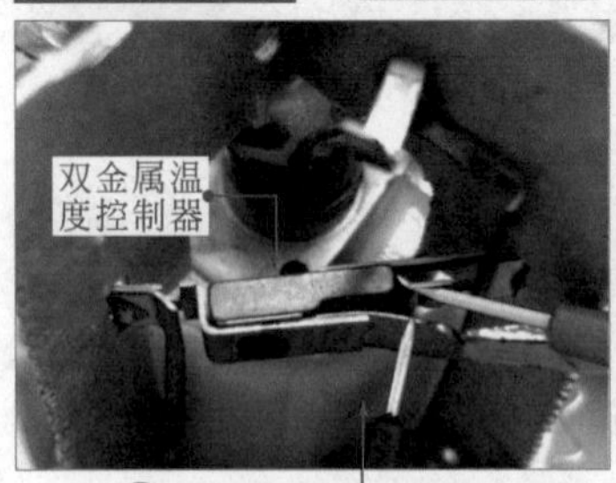

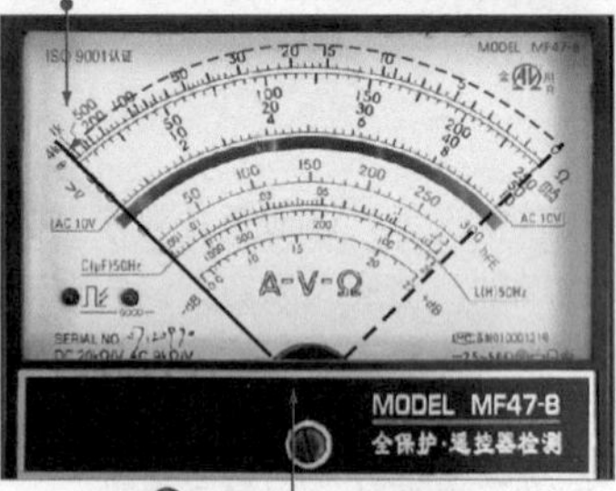

②将万用表的红黑表笔分别搭在双金属温度控制器两个触点端

①将万用表挡位旋钮调至“×1”欧姆挡

8.2.5　万用表检测电吹风机中的桥式整流电路

图 8-8　万用表检测桥式整流电路的方法

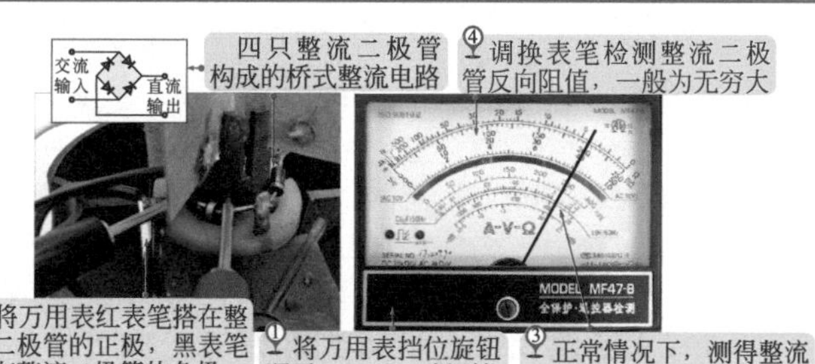

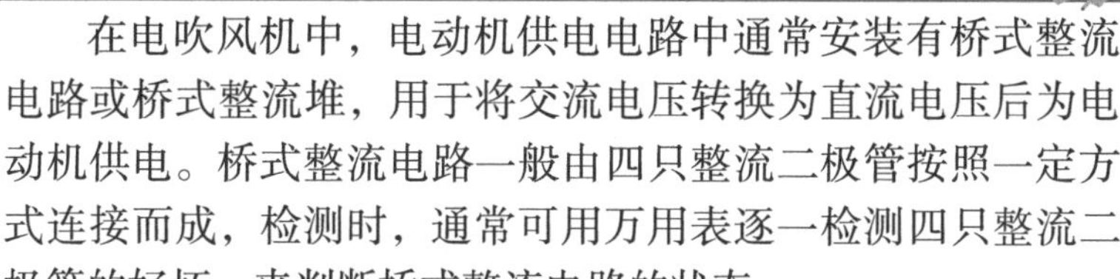

在电吹风机中，电动机供电电路中通常安装有桥式整流电路或桥式整流堆，用于将交流电压转换为直流电压后为电动机供电。桥式整流电路一般由四只整流二极管按照一定方式连接而成，检测时，通常可用万用表逐一检测四只整流二极管的好坏，来判断桥式整流电路的状态。

图 8-8 为万用表检测桥式整流电路的方法。

交流输入
直流输出
四只整流二极管构成的桥式整流电路
④调换表笔检测整流二极管反向阻值，一般为无穷大
②将万用表红表笔搭在整流二极管的正极，黑表笔搭在整流二极管的负极
①将万用表挡位旋钮调至“×10”欧姆挡
③正常情况下，测得整流二极管正向阻值约为40Ω
若使用指针万用表检测整流二极管时，表针一直不断摆动，不能停止在某一阻值上，多为该整流二极管的热稳定性不好

图 8-9　数字万用表检测二极管的方法

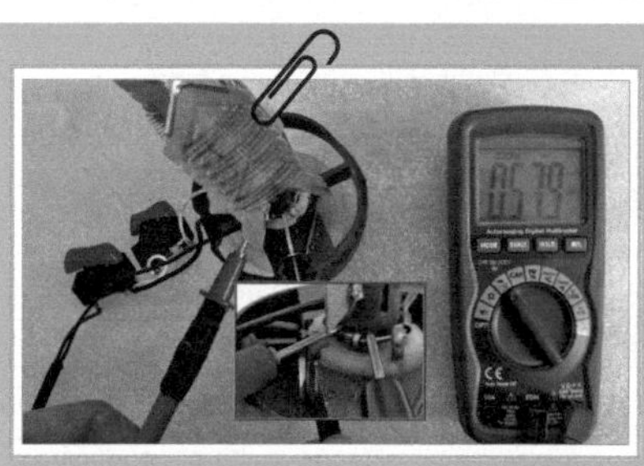

判断电吹风机中整流二极管好坏时，还可以使用数字万用表的二极管挡测量，该挡位测量整流二极管的导通电压，如图 8–9 所示。

即将数字万用表红表笔搭在整流二极管正极、黑表笔搭在整流二极管负极，测量结果即为整流二极管的正向导通电压，正常情况下应有一定的数值（0.2 ～ 0.7V）；调换表笔测反向导通电压，正常应无导通电压（数字万用表显示“OL”）。

8.2.6 万用表检测电吹风机中的加热丝

图 8-10 加热丝的特点和加热过程

加热丝是电吹风机中的加热元件，工作时相当于一只电阻器。当有电流流过时，能够产生热量。图 8-10 为加热丝的特点和加热过程。

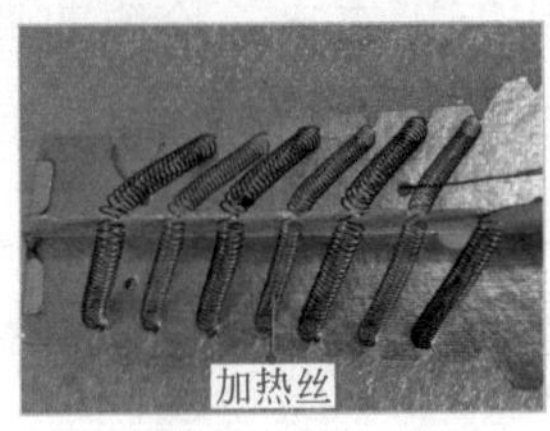

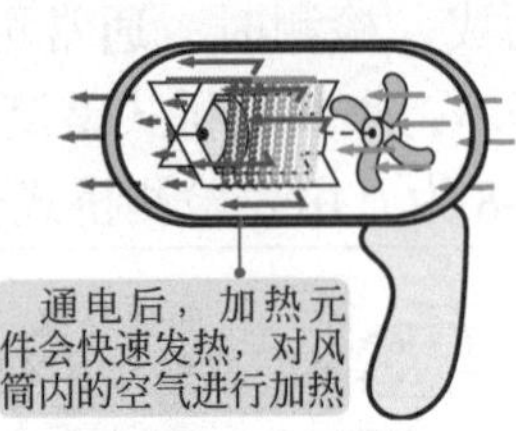

图 8-11 万用表检测加热丝的方法

加热丝通常盘绕在电吹风的加热装置部分，一般可直接观察其中间有无断路情况，即可判断好坏；也可借助万用表检测加热丝的阻值判断好坏，如图 8-11 所示。

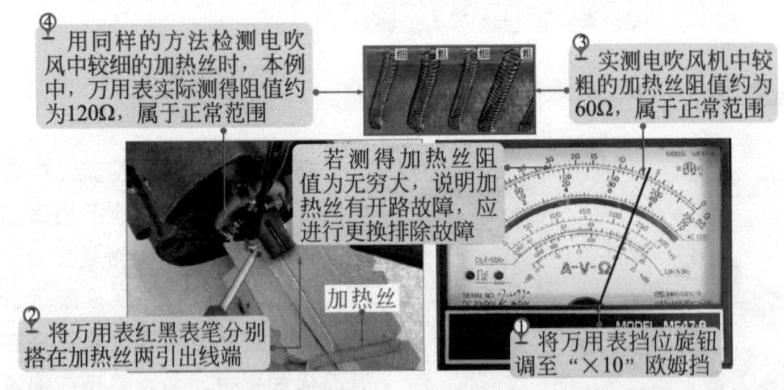

在很多电吹风机中，为了实现热量调节，通常设有粗细不同的多根加热丝。一般，加热丝越粗，其阻值越小，发热量越大。

第9章 万用表检修吸尘器

9.1 吸尘器的结构原理

9.1.1 吸尘器的结构特点

图 9-1 典型吸尘器的结构特点

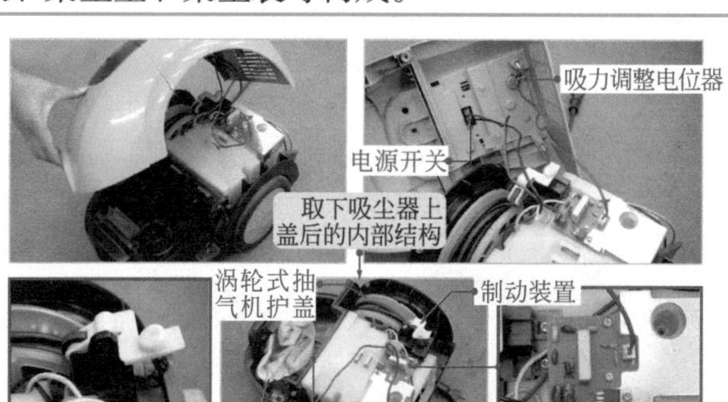

吸尘器的种类多样，外形设计也各具特色，但吸尘器的基本结构组成还是大同小异的。卸下吸尘器的外壳，即可看到吸尘器的内部结构。如图 9-1 所示，可以看到，吸尘器的内部由涡轮式抽气机、卷线器、制动装置、吸力调整电位器、电路板、集尘室、集尘袋等构成。

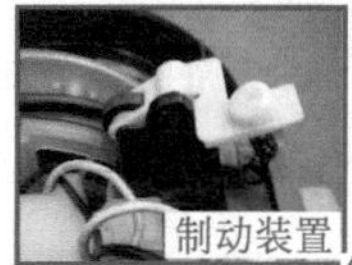

9.1.2 吸尘器的工作原理

图 9-2 典型吸尘器的工作原理

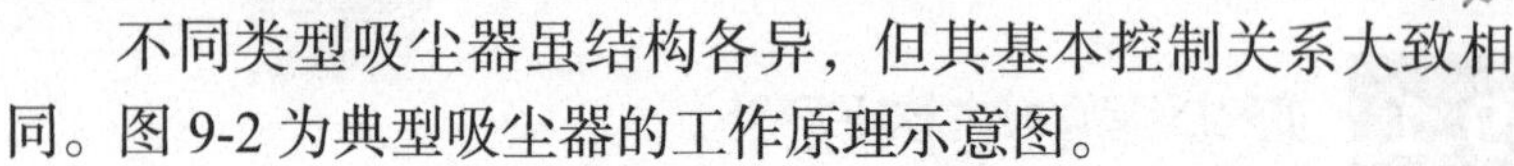

不同类型吸尘器虽结构各异，但其基本控制关系大致相同。图 9-2 为典型吸尘器的工作原理示意图。

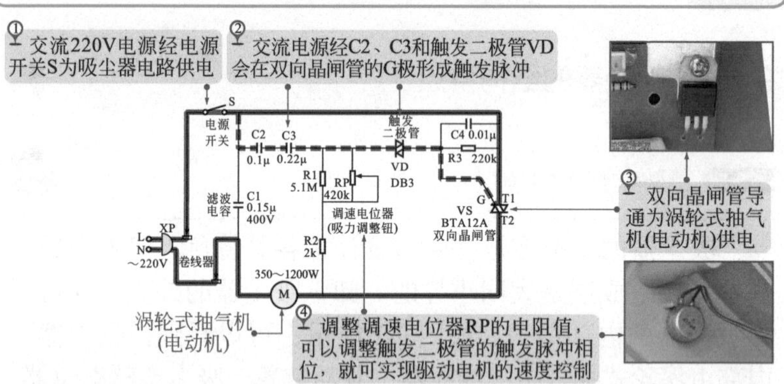

图 9-3 富士达 QVW-90A 型吸尘器工作原理

图 9-3 为富士达 QVW-90A 型吸尘器工作原理示意图。它主要是由直流供电电路、转速控制电路以及电动机供电电路等部分构成的。

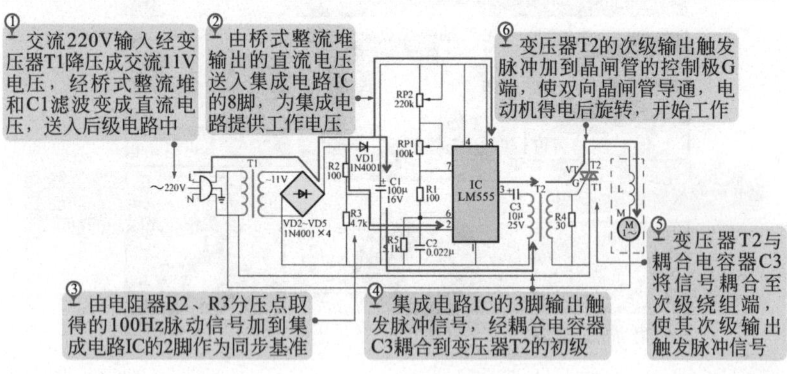

9.2 万用表检修吸尘器的方法

9.2.1 吸尘器的检测要点

图 9-4 吸尘器的检测要点

吸尘器作为一种典型的小型家电产品，其核心器件就是电动机，并由机械部件、控制部件进行控制，对其进行检测时，应重点检测吸尘器的机械部件、控制部件，即根据吸尘器的结构特点和工作原理，确定主要检测部位。图 9-4 为吸尘器的检测要点。

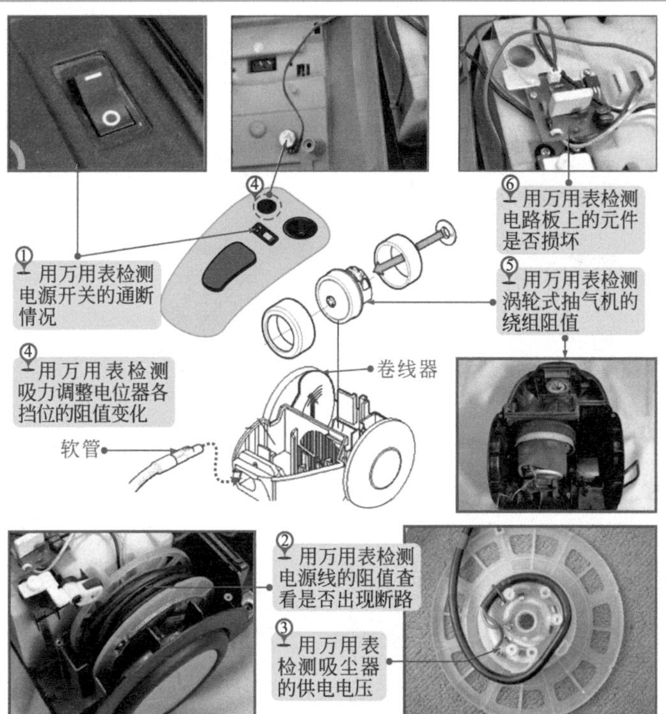

9.2.2 万用表检测吸尘器中的电源开关

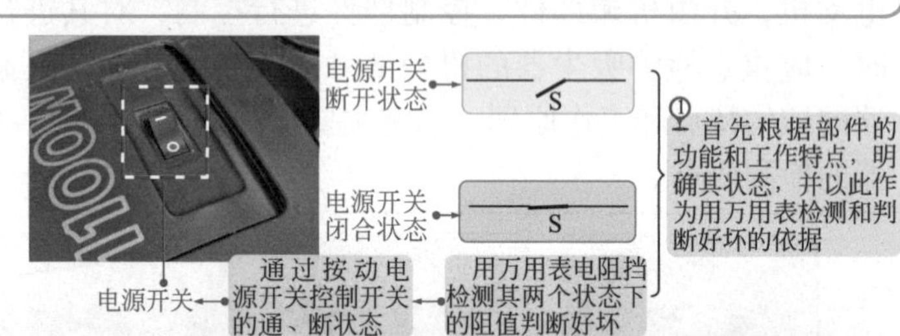

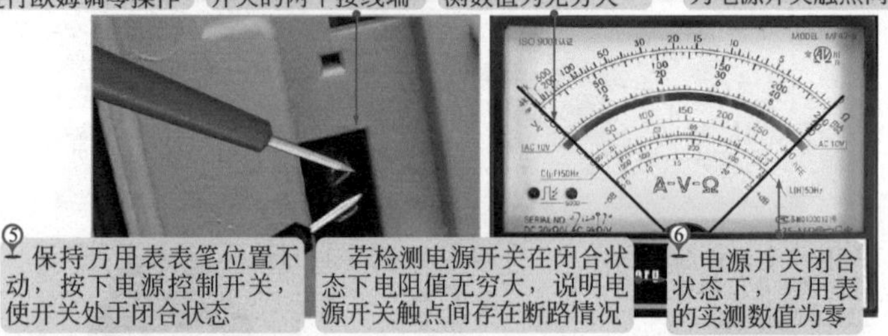

图 9-5 万用表检测电源开关的方法

电源开关是控制吸尘器工作状态的器件。检测时，可以使用万用表检测其阻值，当电源开关处于断开状态时，阻值应当为零；当电源开关处于闭合状态时，阻值应当为无穷大。图 9-5 为万用表检测电源开关的方法。

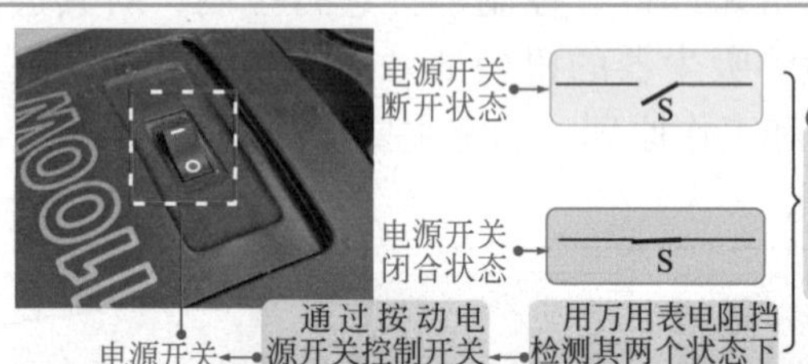

① 首先根据部件的功能和工作特点，明确其状态，并以此作为用万用表检测和判断好坏的依据

② 将万用表的量程调至“×1”欧姆挡，并进行欧姆调零操作

③ 将万用表的红黑表笔分别搭在电源开关的两个接线端

④ 电源开关断开状态下，万用表的实测数值为无穷大

若检测电源开关在断开状态下阻值较小，则多为电源开关触点间短路

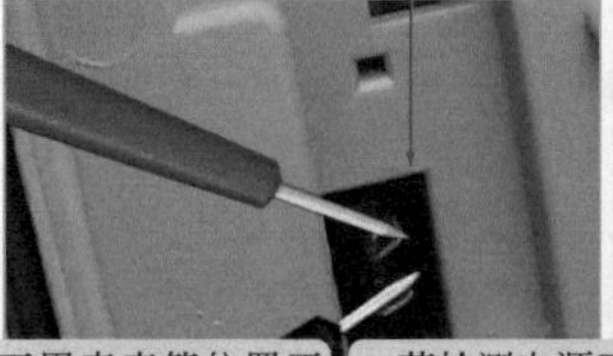

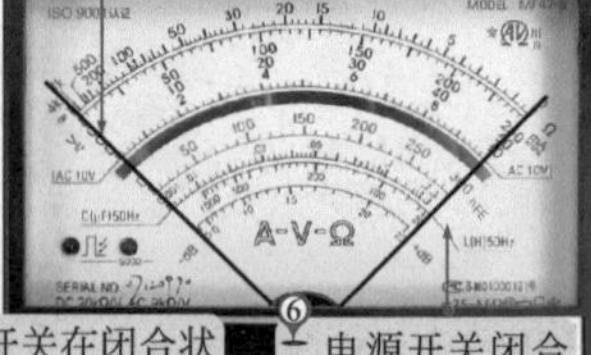

⑤ 保持万用表表笔位置不动，按下电源控制开关，使开关处于闭合状态

若检测电源开关在闭合状态下电阻值无穷大，说明电源开关触点间存在断路情况

⑥ 电源开关闭合状态下，万用表的实测数值为零

图 9-6 万用表检测电源线的方法

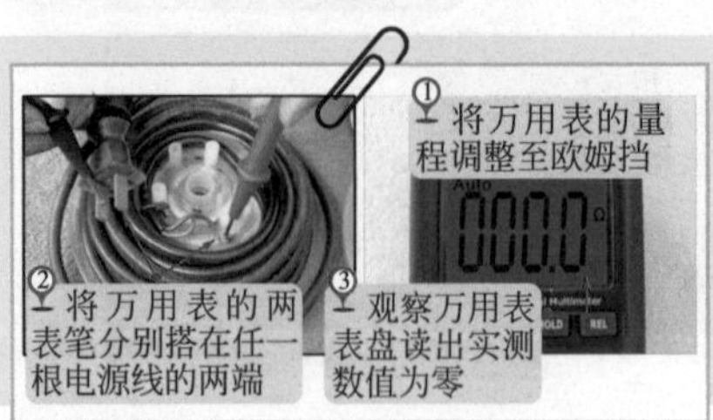

检测时，还应使用万用表检测电源线两端的阻值来判别电源线是否损坏。图 9–6 为万用表检测电源线的方法。

9.2.3 万用表检测吸尘器中的启动电容

图 9-7 **万用表检测启动电容的方法**

启动电容在吸尘器中是控制涡轮式抽气机进行工作的重要器件。检测启动电容是否正常，可借助万用表检测其充放电的过程。图 9-7 为万用表检测启动电容的方法。

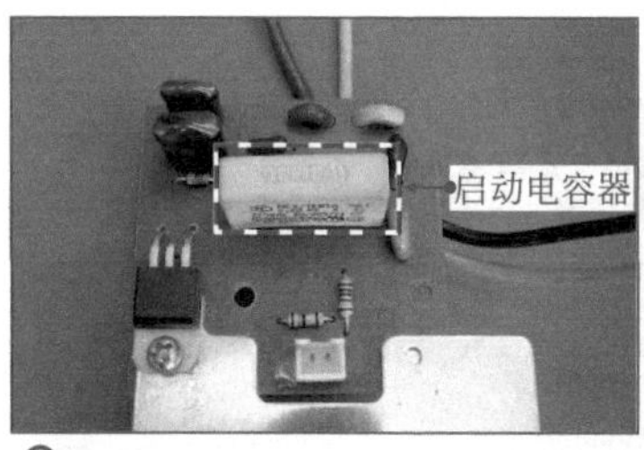

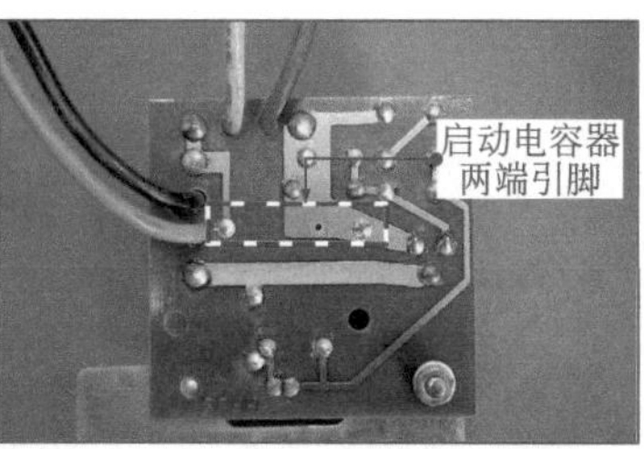

②将红、黑表笔分别搭在启动电容器的两个引脚上

观察启动电容器充放电的过程，若万用表阻值很小或为零，怀疑其损坏

③本例中，万用表实测得阻值在3～17Ω之间，属于正常范围

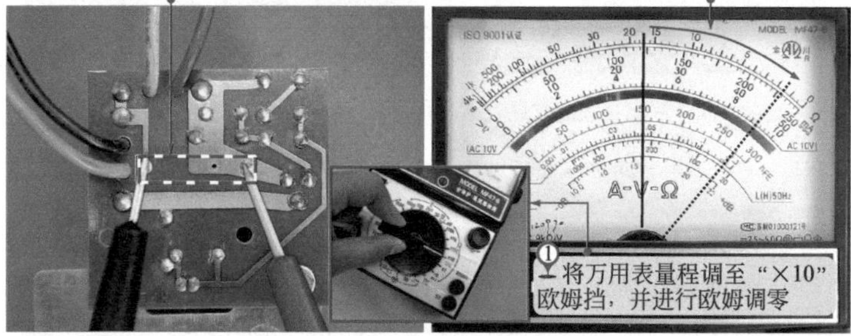

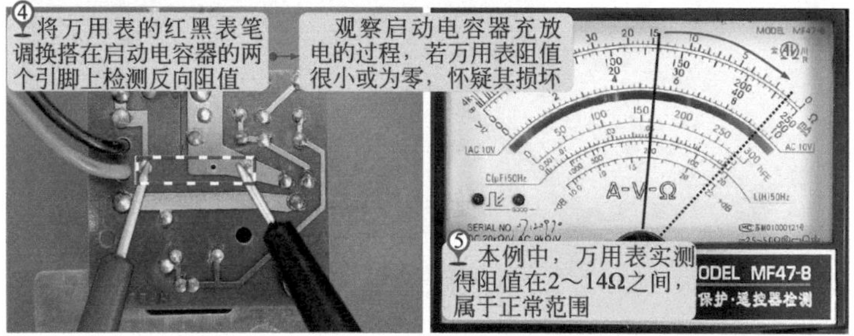

9.2.4 万用表检测吸尘器中的吸力调整电位器

图 9-8 万用表检测吸力调整电位器的方法

吸力调整电位器主要用来调整涡轮式抽气驱动电机的风力大小。使用万用表检测时，可通过检测各挡位的阻值变化，来判断吸力调整电位器是否损坏。图 9-8 为万用表检测吸力调整电位器的方法。

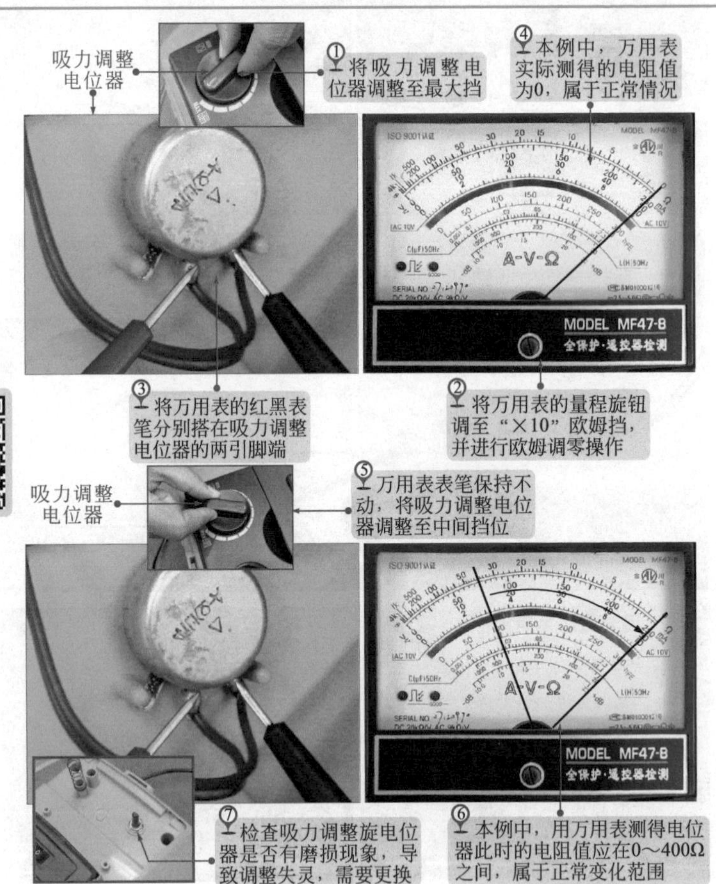

吸力调整电位器

①将吸力调整电位器调整至最大挡

④本例中，万用表实际测得的电阻值为0，属于正常情况

③将万用表的红黑表笔分别搭在吸力调整电位器的两引脚端

②将万用表的量程旋钮调至“×10”欧姆挡，并进行欧姆调零操作

吸力调整电位器

⑤万用表表笔保持不动，将吸力调整电位器调整至中间挡位

⑦检查吸力调整旋电位器是否有磨损现象，导致调整失灵，需要更换

⑥本例中，用万用表测得电位器此时的电阻值应在0～400Ω之间，属于正常变化范围

9.2.5 万用表检测吸尘器中的涡轮式抽气机（电动机）

图 9-9　涡轮式抽气机驱动电动机内部结构和连接关系示意图

涡轮式抽气机驱动电动机部分，是重点检测部件。检测该电动机部分，可先结合电动机的内部结构和连接关系，从绕组引出线部分检测绕组的阻值，初步判断电动机绕组情况，根据检测结果判断电动机当前状态。

图 9-9 为涡轮式抽气机驱动电动机内部结构和连接关系示意图。

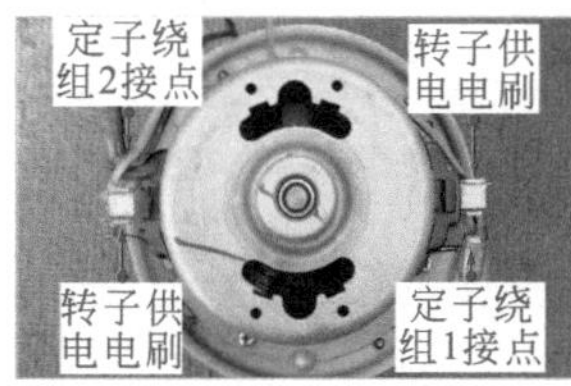

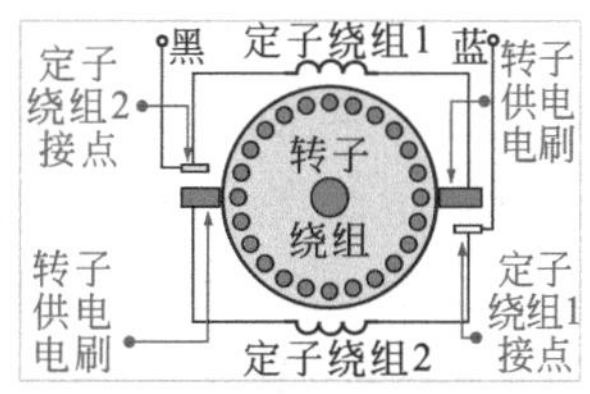

图 9-10　万用表检测涡轮式抽气机（电动机）绕组阻值的方法

驱动电动机的绕组部分有无异常，一般可借助万用表检测绕组阻值的方法判断，如图 9-10 所示。

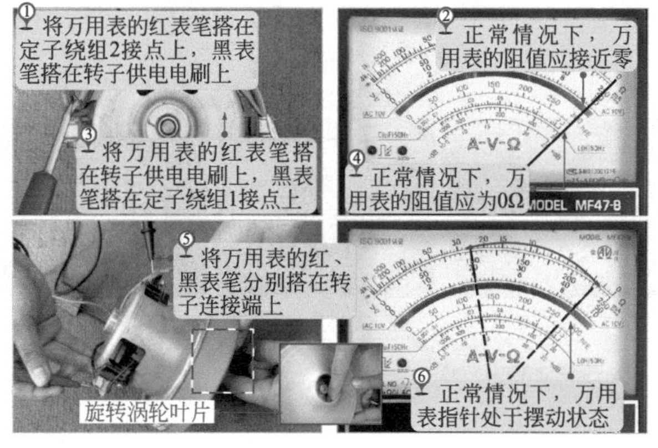

第 10 章 万用表检修电饭煲

10.1 电饭煲的结构原理

10.1.1 电饭煲的结构特点

图 10-1 典型机械控制式电饭煲的结构特点

电饭煲根据控制方式的不同主要有机械控制式电饭煲和微电脑控制式电饭煲两种。

图 10-1 为典型机械控制式电饭煲的结构特点。机械式电饭煲的内部主要由加热盘、限温器、保温加热器、炊饭开关等构成。

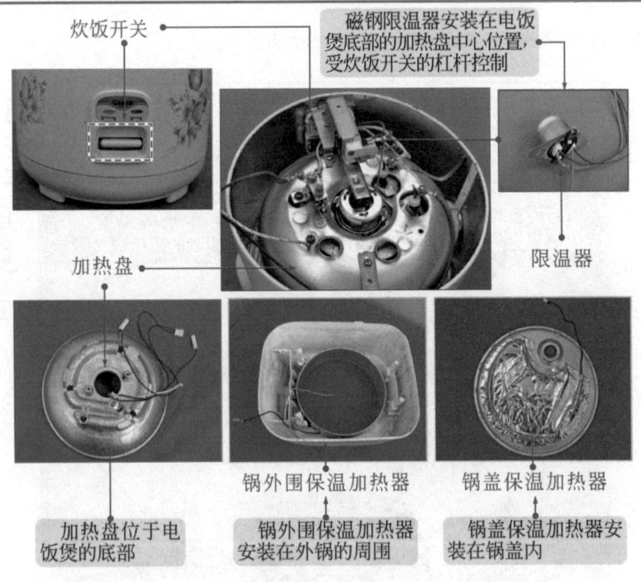

图 10-2　典型微电脑控制式电饭煲的结构特点

图 10-2 为典型微电脑控制式电饭煲的结构特点。微电脑控制式电饭煲主要是由操作显示面板、排气橡胶阀、电源线及操作控制电路等构成。其控制功能主要通过操作控制电路实现。在操作控制电路板上有液晶显示屏、指示灯、操作按键、控制继电器、蜂鸣器及过压保护器等，用户可根据需要通过操作控制电路板对电饭煲实现控制。

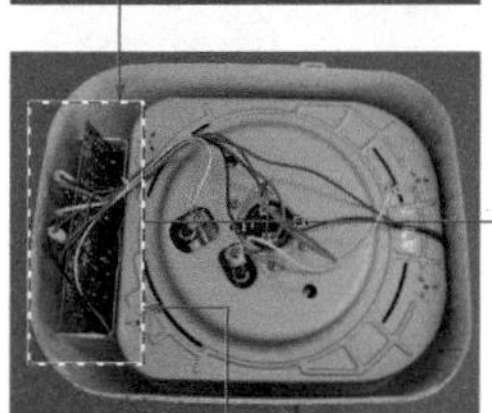

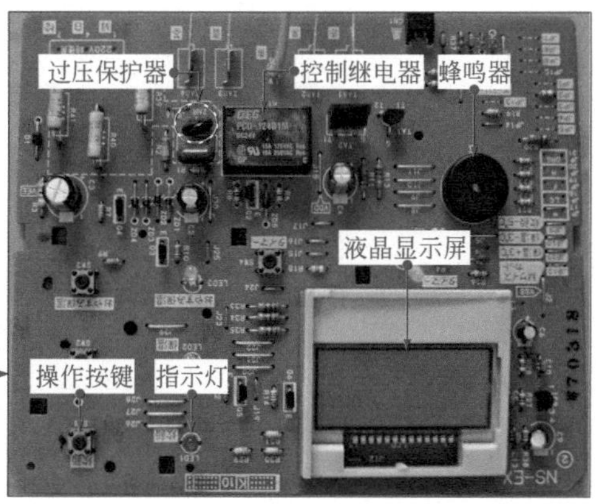

10.1.2　电饭煲的工作原理

图 10-3　机械式电饭煲的工作原理

图 10-3 为机械式电饭煲的工作原理。

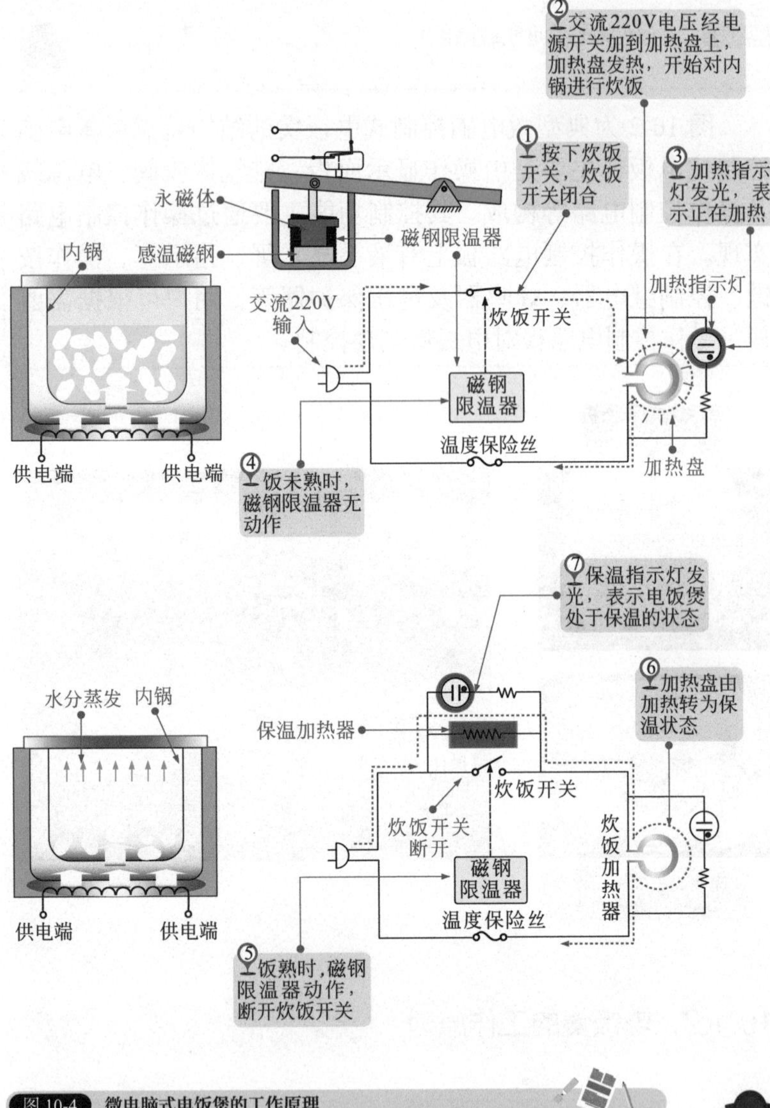

图 10-4 微电脑式电饭煲的工作原理

图 10-4 为微电脑式电饭煲的工作原理。

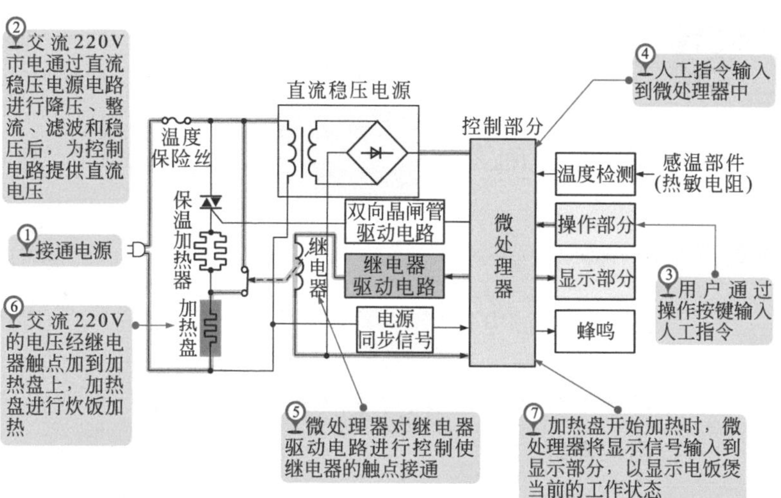

①接通电源
②交流220V市电通过直流稳压电源电路进行降压、整流、滤波和稳压后，为控制电路提供直流电压
③用户通过操作按键输入人工指令
④人工指令输入到微处理器中
⑤微处理器对继电器驱动电路进行控制使继电器的触点接通
⑥交流220V的电压经继电器触点加到加热盘上，加热盘进行炊饭加热
⑦加热盘开始加热时，微处理器将显示信号输入到显示部分，以显示电饭煲当前的工作状态
直流稳压电源
温度保险丝
保温加热器
加热盘
控制部分
双向晶闸管驱动电路
继电器
继电器驱动电路
电源同步信号
微处理器
温度检测
操作部分
显示部分
蜂鸣
感温部件(热敏电阻)

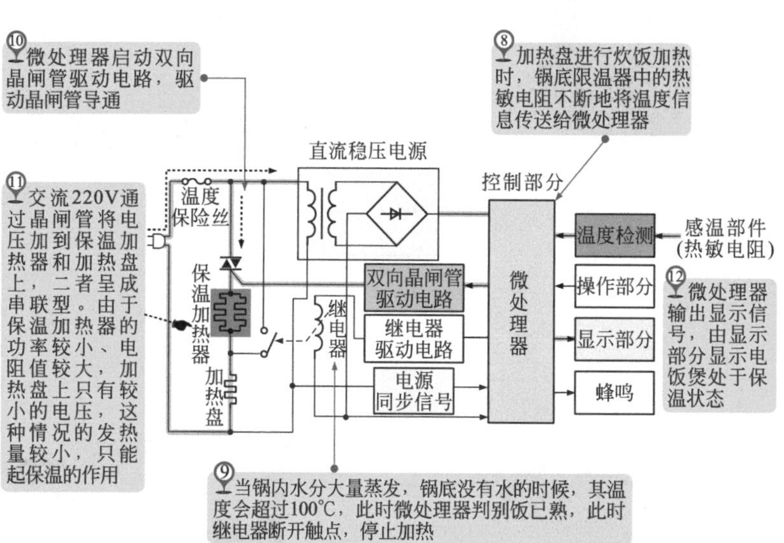

⑧加热盘进行炊饭加热时，锅底限温器中的热敏电阻不断地将温度信息传送给微处理器
⑨当锅内水分大量蒸发，锅底没有水的时候，其温度会超过100℃，此时微处理器判别饭已熟，此时继电器断开触点，停止加热
⑩微处理器启动双向晶闸管驱动电路，驱动晶闸管导通
⑪交流220V通过晶闸管将电压加到保温加热器和加热盘上，二者呈成串联型。由于保温加热器的功率较小、电阻值较大，加热盘上只有较小的电压，这种情况的发热量较小，只能起保温的作用
⑫微处理器输出显示信号，由显示部分显示电饭煲处于保温状态
直流稳压电源
温度保险丝
保温加热器
加热盘
控制部分
双向晶闸管驱动电路
继电器
继电器驱动电路
电源同步信号
微处理器
温度检测
操作部分
显示部分
蜂鸣
感温部件(热敏电阻)

10.2 万用表检修电饭煲的方法

10.2.1 电饭煲的检测要点

图 10-5 电饭煲的检测要点

使用万用表检测电饭煲时，要根据电饭煲的结构特点和工作原理，确定主要的检测部位。如图 10-5 所示，这些部件是电饭煲检测时的要点，使用万用表检测其电阻值、电压值，即可查找出故障线索。

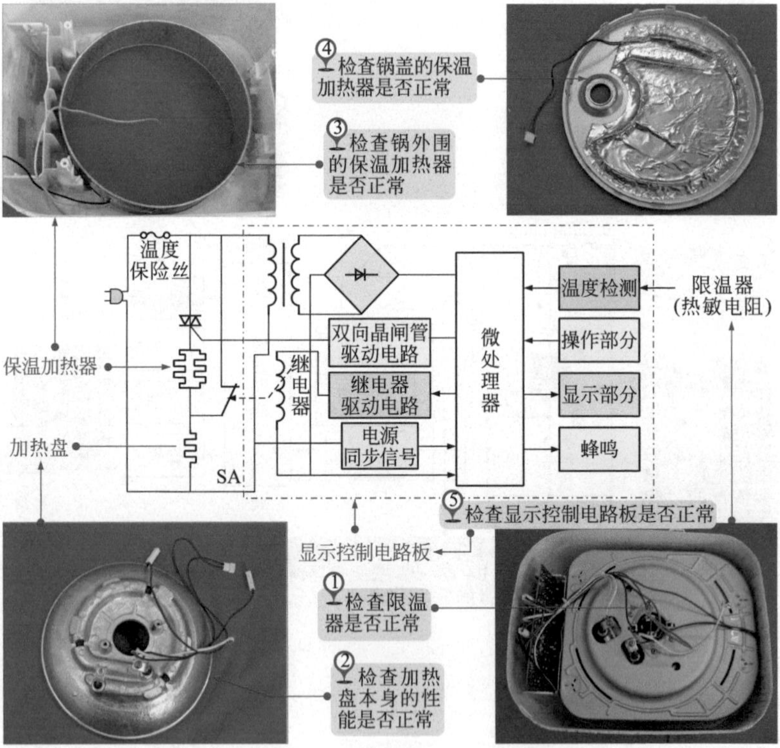

④检查锅盖的保温加热器是否正常

③检查锅外围的保温加热器是否正常

温度保险丝

保温加热器

加热盘

SA

双向晶闸管驱动电路

继电器

继电器驱动电路

电源同步信号

微处理器

温度检测

操作部分

显示部分

蜂鸣

限温器(热敏电阻)

⑤检查显示控制电路板是否正常

显示控制电路板

①检查限温器是否正常

②检查加热盘本身的性能是否正常

10.2.2　万用表检测电饭煲中的电源线

图 10-6　万用表检测电源线的方法

电源线用于为电饭煲工作提供电压，是电饭煲正常工作的重要部件。使用万用表检测电源线时，可通过检测电源线两端的阻值来判断电源线是否损坏，在正常情况下，万用表检测电源线时，测得的阻值应为零欧姆，如图 10-6 所示。

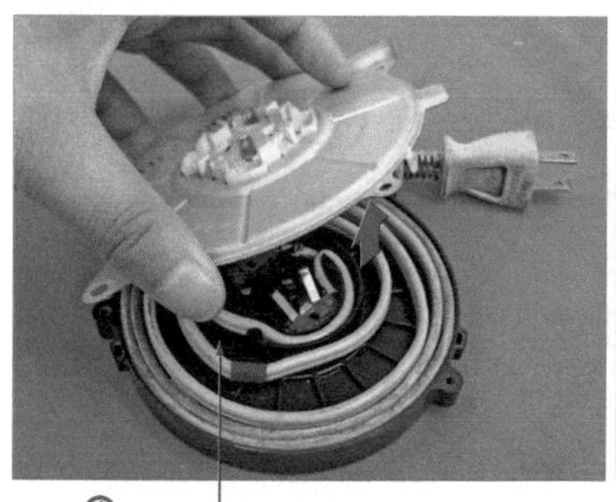

①卸下电源线线盘盖，找到待测的电源线

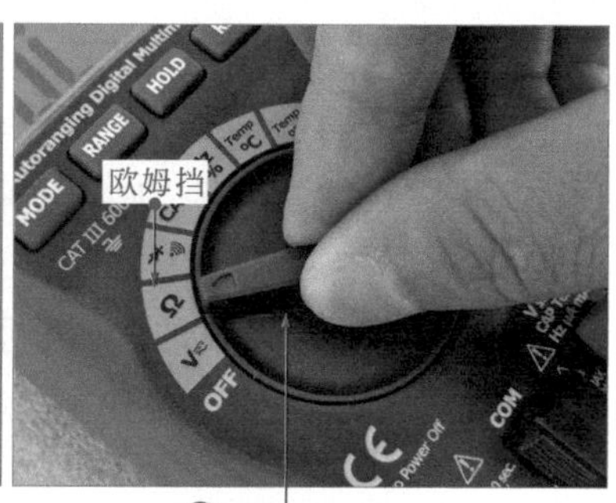

②将万用表的量程调至欧姆挡

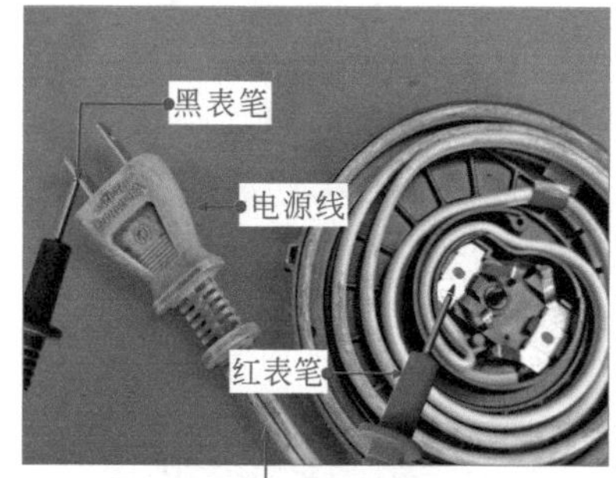

③将万用表的红、黑表笔分别搭在任一根电源线的两端

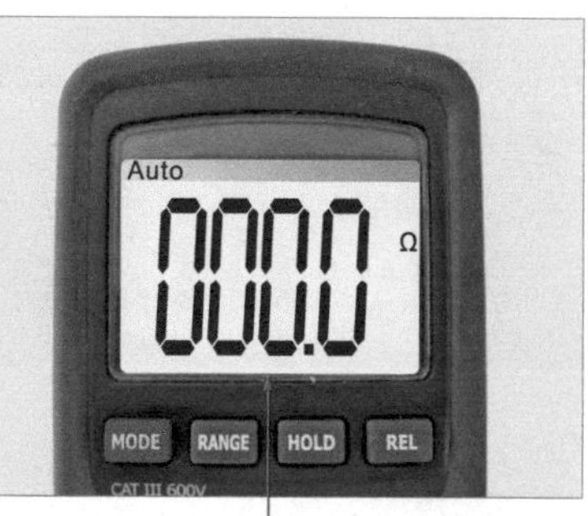

④实测数值为零欧姆，表明该电源线正常。若检测电源线两端的阻值为无穷大，则说明电源线断路损坏

10.2.3　万用表检测电饭煲中的保温加热器

保温加热器是电饭煲中的保温装置，可分为锅盖保温加热器和锅外围保温加热器。若出现保温效果差、不保温的故障，可使用万用表对其进行检测。

❶ 锅盖保温加热器

图 10-7　万用表检测锅盖保温加热器的方法

锅盖保温加热器是电饭煲饭熟后的自动保温装置。若锅盖保温加热器不正常，则电饭煲将出现保温效果差、不保温的故障。使用万用表检测时，可通过检测锅盖保温加热器的阻值来判断锅盖保温加热器是否损坏。图 10-7 为万用表检测锅盖保温加热器的方法。

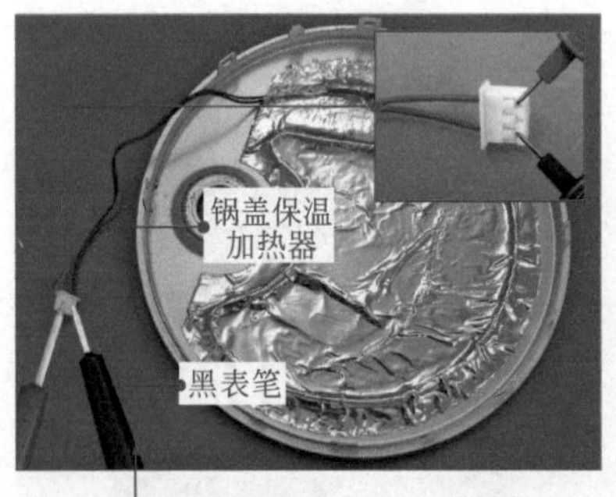

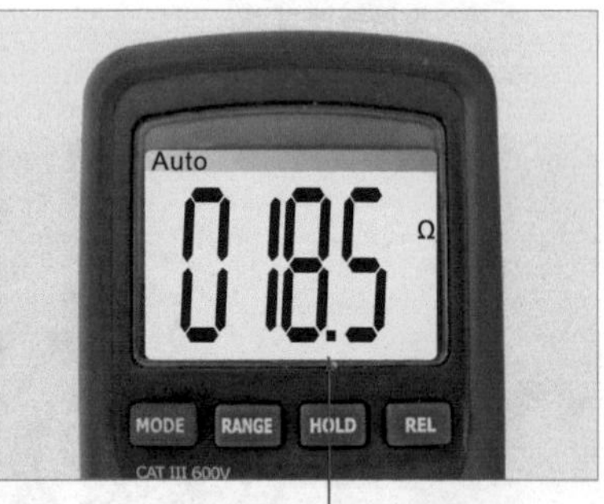

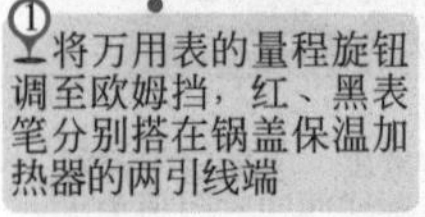

①将万用表的量程旋钮调至欧姆挡，红、黑表笔分别搭在锅盖保温加热器的两引线端

若测得锅盖保温加热器的阻值过大或过小，均表示锅盖保温加热器已损坏

②实测锅盖保温加热器两引线间的阻值为18.5Ω，表明锅盖保温加热器正常

❷ 锅外围保温加热器

图 10-8　万用表检测锅外围保温加热器的方法

锅外围保温加热器用于对锅内的食物保温。当锅外围保温加热器不正常时，电饭煲将出现保温效果差、不保温的故障。使用万用表检测时，可通过检测锅外围保温加热器的阻值来判断锅外围保温加热器是否损坏。

图 10-8 为万用表检测锅外围保温加热器的方法。

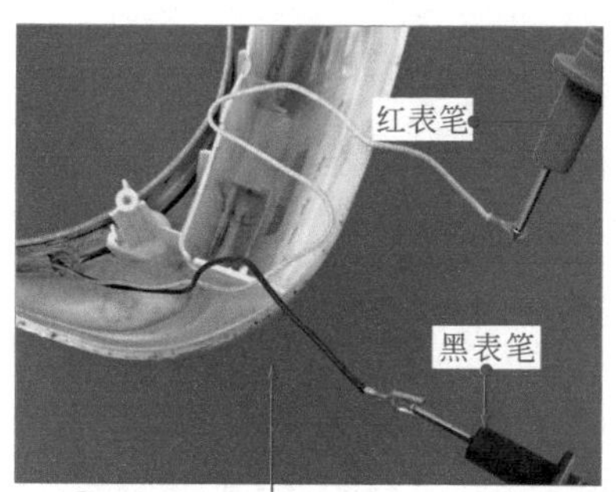

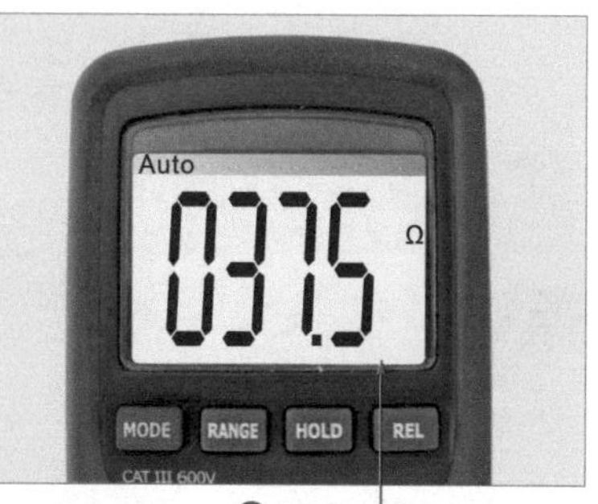

①将万用表的量程旋钮调至欧姆挡，红、黑表笔分别搭在锅外围保温加热器的两引线端

若测得锅外围保温加热器的阻值过大或过小，均表明锅外围保温加热器已损坏

②实测数值为37.5Ω，表明锅外围保温加热器正常

10.2.4　万用表检测电饭煲中的限温器

图 10-9　万用表检测限温器的方法

限温器用于检测电饭煲的锅底温度，并将温度信号送入微处理器中，由微处理器根据接收到的温度信号发出停止炊饭的指令，控制电饭煲的工作状态。

使用万用表检测时，可通过检测限温器供电引线间（限温开关）和控制引线间（热敏电阻）的阻值来判断限温器是否损坏，通常检测限温器时，可在不同的温度环境下检测，通过最终的检测值判断。图 10-9 为万用表检测限温器的方法。

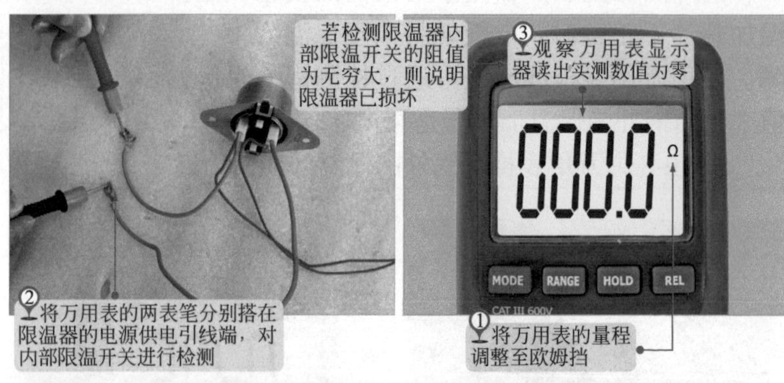

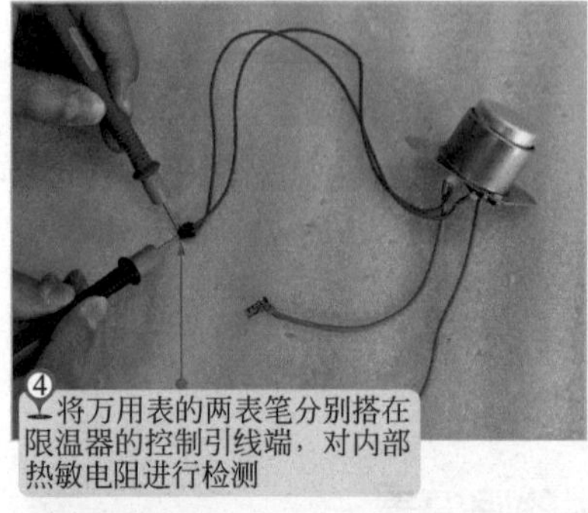

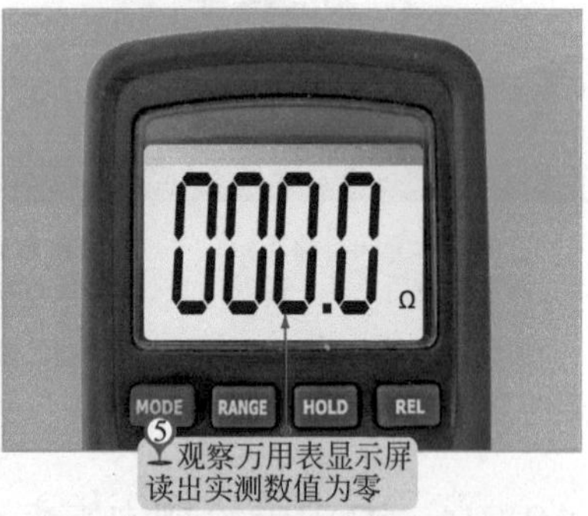

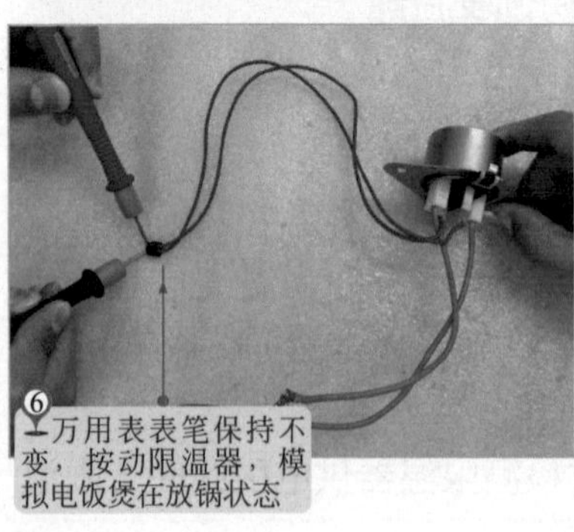

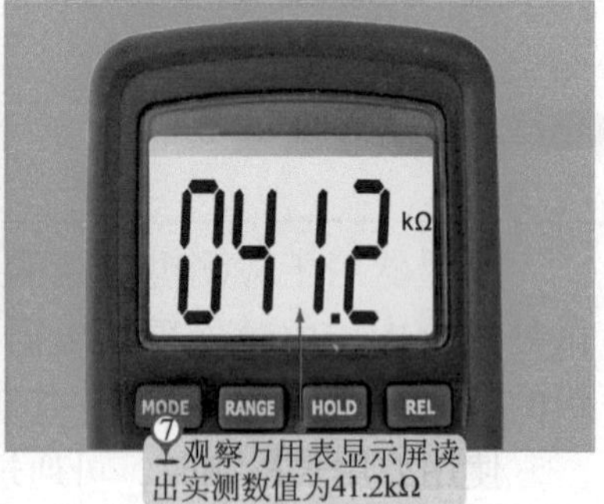

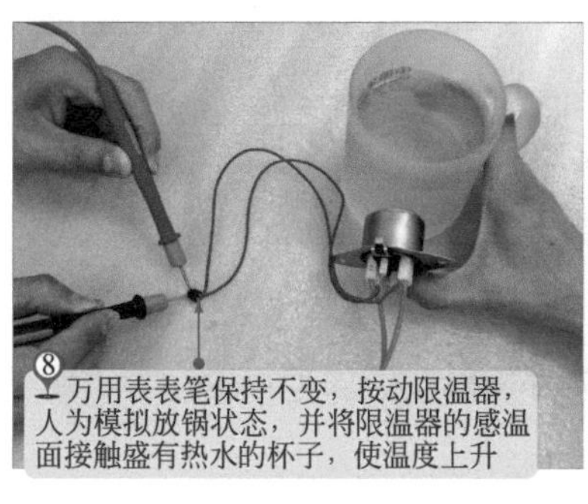

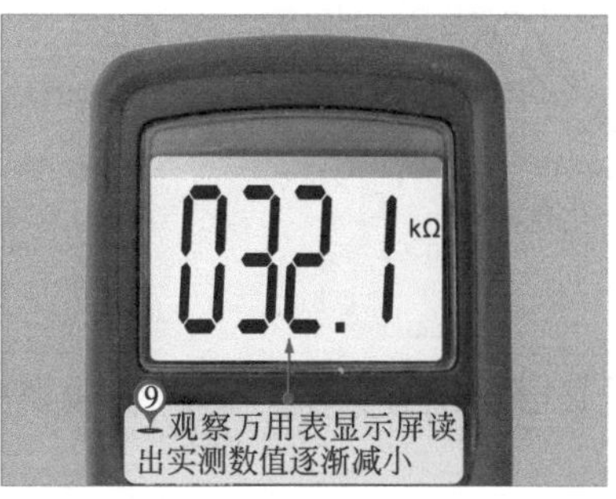

10.2.5 万用表检测电饭煲中的加热盘

图 10-10 万用表检测加热盘的方法

电源线用于为电饭煲工作提供供电电压，是电饭煲正常工作的重要部件。使用万用表检测加热盘时，可通过检测电源线两端的阻值来判断加热盘是否损坏，在正常情况下，万用表检测电源线时，测得的阻值应为零欧姆，如图 10-10 所示。

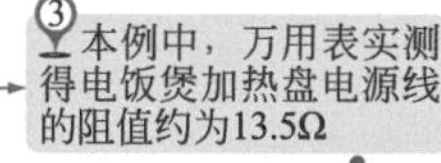

若测得加热盘电源线阻值为无穷大，说明加热盘有开路故障，应进行更换排除故障。加热盘本身损坏几率不大重点检查接线端子有无开路情况

③本例中，万用表实测得电饭煲加热盘电源线的阻值约为13.5Ω

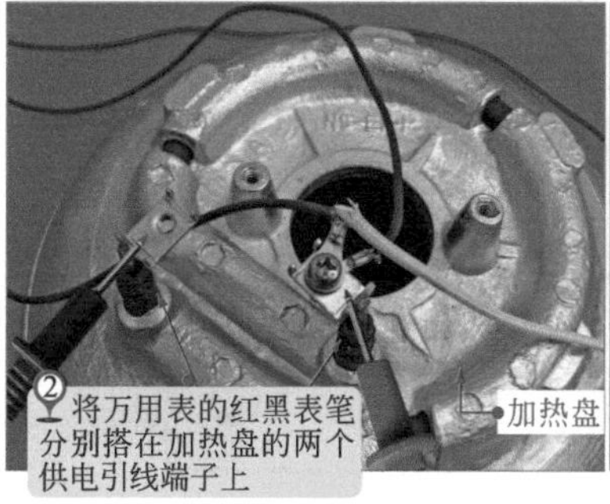

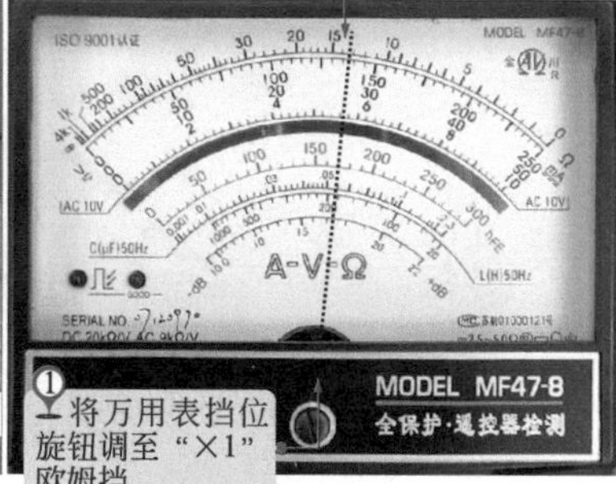

正常情况下，加热盘的两供电端之间的阻值约为十几至几十欧姆，若测得阻值过大或过小，都表示加热盘可能损坏，应以同规格的加热盘进行代换。

10.2.6 万用表检测电饭煲中的操作控制电路板

操作控制电路板用于控制和显示电饭煲的炊饭、保温工作。当操作显示电路板上有损坏的元件，常会引起电饭煲出现工作失常、操作按键不起作用、炊饭不熟、夹生、中途停机等故障。使用万用表检测时，主要通过检测操作控制电路的供电条件、主要元件，如液晶显示屏、操作按键、控制继电器、微处理器、触发用双向晶闸管等来判断该电路部分是否正常。

❶ 直流电压

图 10-11 万用表检测直流电压的方法

图 10-11 为万用表检测直流电压的方法。该电压值是电路正常的首要条件。

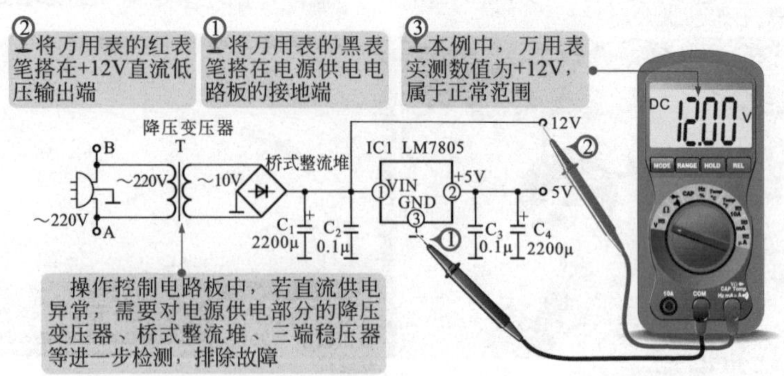

❷ 液晶显示屏

图 10-12　万用表检测液晶显示屏的方法

液晶显示屏本身损坏的概率不高，大多情况下是因液晶显示屏与电路板之间的连接线脱落等引起的，检测前，应先检查液晶显示屏与电路板的连接是否正常。

若确认连接正常，可用万用表检测液晶显示屏输出引线中各引脚的对地阻值的方法，来判断液晶显示屏是否存在故障。图 10-12 为万用表检测液晶显示屏的方法。

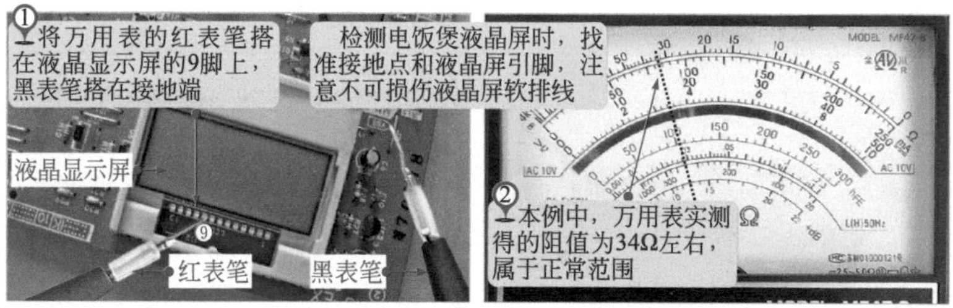

判断液晶显示屏是否正常，需将实测液晶显示屏输出引线中各引脚的对地阻值，与标准值（可查询维修手册或选择已知良好的同型号电饭煲进行对照测量）进行比较，若偏差较大，则说明液晶显示屏存在异常，应进行修复或更换。表 10-1 为液晶显示屏各引脚的对地阻值。

表 10-1　液晶显示屏各引脚的对地阻值

引脚	对地阻值 /Ω	引脚	对地阻值 /Ω	引脚	对地阻值 /Ω
1	34 × 1	6	34 × 1	11	35 × 1
2	35 × 1	7	34 × 1	12	36 × 1
3	34 × 1	8	34 × 1	13	36 × 1
4	34 × 1	9	34 × 1	—	—
5	34 × 1	10	34 × 1	—	—

③ 操作按键

图 10-13 万用表检测操作按键的方法

操作按键是电饭煲操作控制电路中的重要部件，主要是用来实现对电饭煲各种功能指令的输入。当电饭煲操作失灵时，需要重点检测操作按键部分。

使用万用表检测时，可检测操作按键在未按下和按下两种状态下的通断情况。如图 10-13 所示，正常情况下，检测操作按键的阻值应为无穷大；当按下操作按键后其触点接通，实测阻值应为零欧姆。

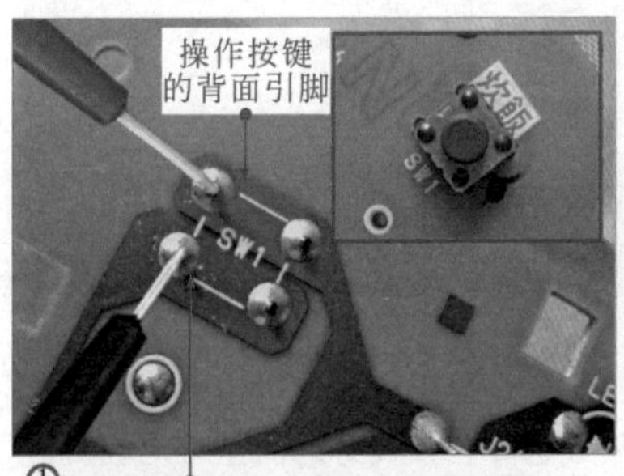

①将万用表的红、黑表笔分别搭在操作按键的两个有效引脚上

②本例中，万用表实测得的阻值为无穷大，属于正常

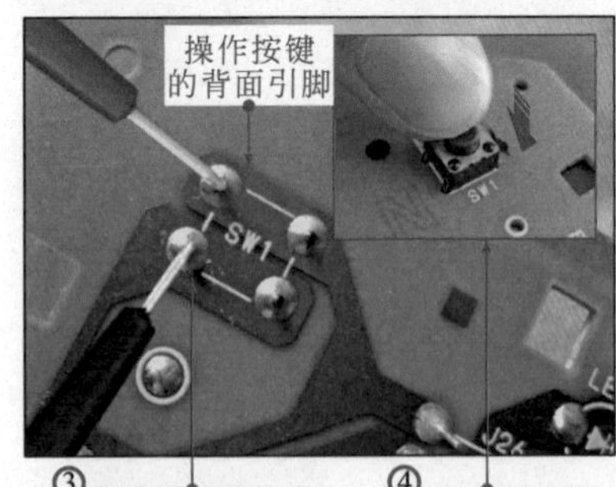

③保持万用表的红、黑表笔搭在操作按键引脚上不动

④按下操作按键

⑤本例中，万用表实测得的阻值应为0Ω，属于正常状态

❹ 蜂鸣器

图 10-14　万用表检测蜂鸣器的方法

操作控制电路板中的蜂鸣器用来发出提示声，提示用户电饭煲的状态。若蜂鸣器损坏，将导致电饭煲自动提示功能失常。图 10-14 为万用表检测蜂鸣器的方法。

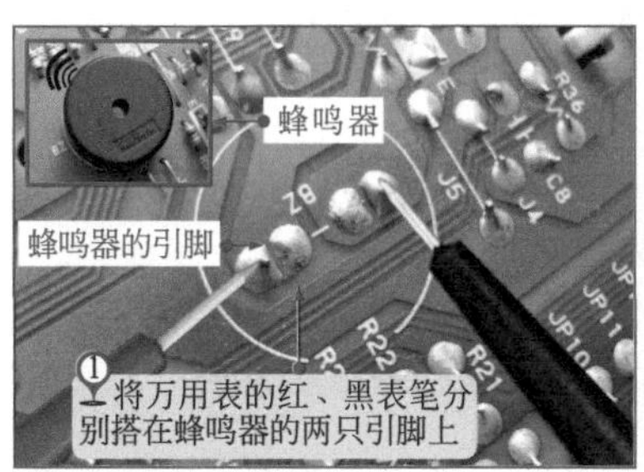

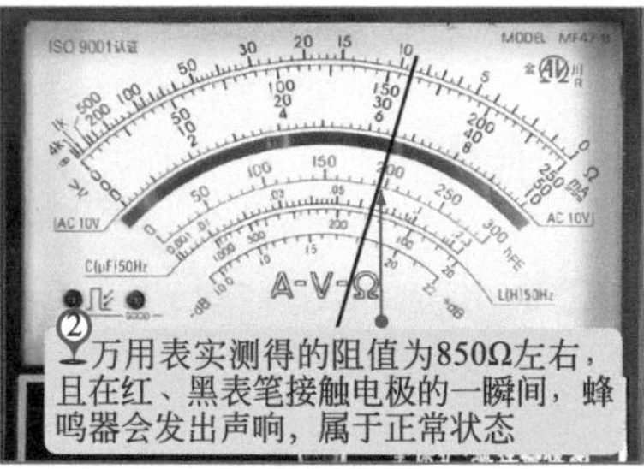

❺ 控制继电器

图 10-15　万用表检测控制继电器的方法

控制继电器也是操作控制电路板中的重要部件，主要用于对加热盘的供电进行控制。若控制继电器损坏，将直接导致加热器无法工作，电饭煲不能加热的故障。

判断控制继电器是否正常，可借助万用表检测控制继电器的线圈和两触点间的阻值，如图 10-15 所示。

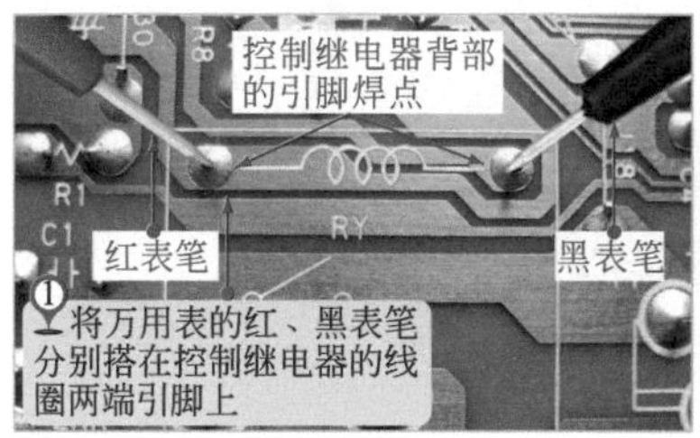

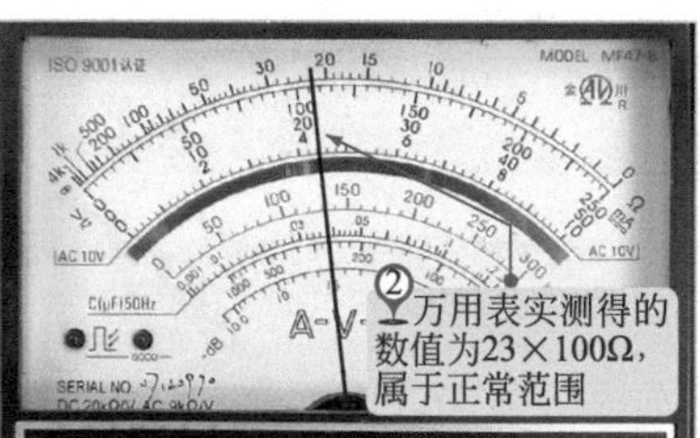

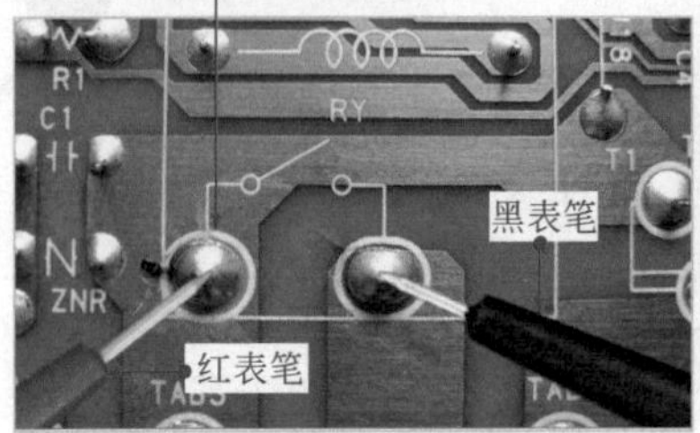

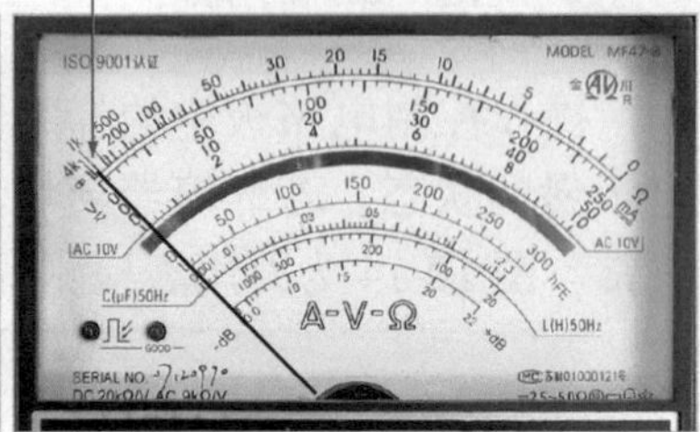

④控制继电器线圈未通电，其触点处于打开状态，万用表检测两触点间的阻值应为无穷大

6 微处理器

图 10-16 万用表检测微处理器的方法

微处理器是操作控制电路中的核心部件，也是控制中心。万用表检测微处理器时，一般通过检测微处理器各个引脚的对地阻值的方法进行判断。图 10-16 为万用表检测微处理器的方法。

②万用表实测得的数值为30Ω左右，属于正常范围

将实测结果与标准值（查询集成电路手册）进行对照，若偏差较大，则多为微处理器损坏，应用同型号微处理器芯片进行更换。典型电饭煲中微处理器各引脚的对地阻值见表 10-2 所列。

表 10-2　典型电饭煲中微处理器各引脚的对地阻值

引脚	对地阻值 /Ω	引脚	对地阻值 /Ω	引脚	对地阻值 /Ω	引脚	对地阻值 /Ω
1	34	22	18	43	0	64	∞
2	35	23	18	44	35	65	32
3	34	24	0	45	35	66	32
4	34	25	24	46	34	67	31
5	34	26	24	47	34	68	∞
6	27	27	13.5	48	34	69	0
7	27	28	25	49	34	70	0
8	27	29	25	50	34	71	30
9	27	30	25	51	34	72	30
10	27	31	13	52	34	73	30
11	21	32	38	53	34	74	30
12	21	33	38	54	35	75	30
13	26	34	38	55	33	76	∞
14	∞	35	38	56	34	77	30
15	19	36	∞	57	33	78	30
16	19	37	38	58	33	79	29
17	19	38	38	59	∞	80	30
18	18.5	39	37	60	33	81	30
19	18.5	40	0	61	∞	82	29
20	18.5	41	36	62	33	83	29
21	∞	42	36	63	∞	84	∞

第 11 章 万用表检修微波炉

11.1 微波炉的结构原理

11.1.1 微波炉的结构特点

图 11-1 典型微波炉的结构特点

微波炉是一种靠微波加热食物的厨房电器，其微波频率一般为 2.4GHz 的电磁波。微波炉的外部结构比较简单，主要由外壳、控制面板、炉门等构成。拆开微波炉的底板和上下盖，即可看到其内部结构。如图 11-1 所示，微波炉的内部主要由保护装置、微波发射装置、转盘装置、烧烤装置、控制装置等构成。

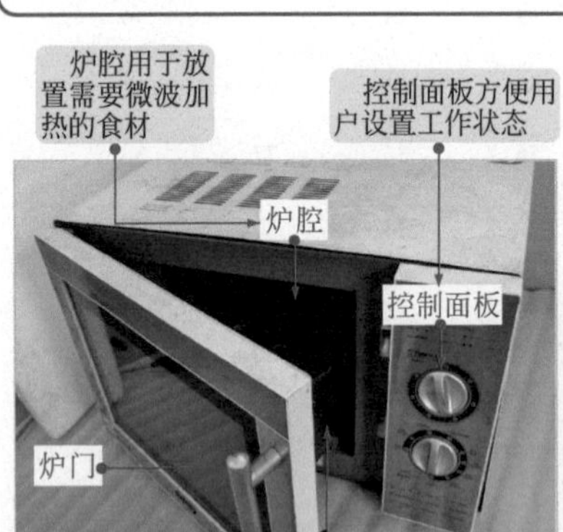

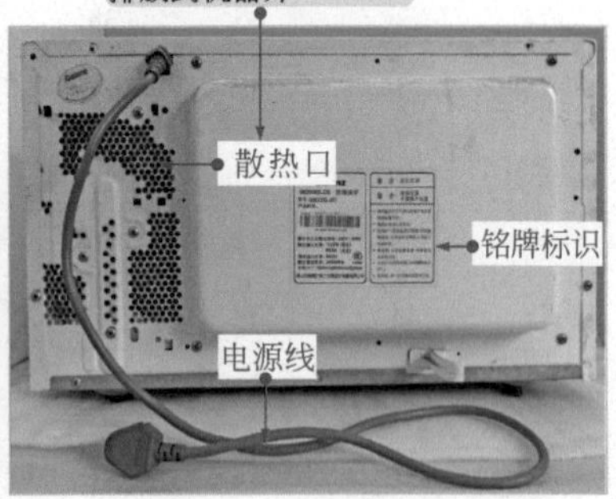

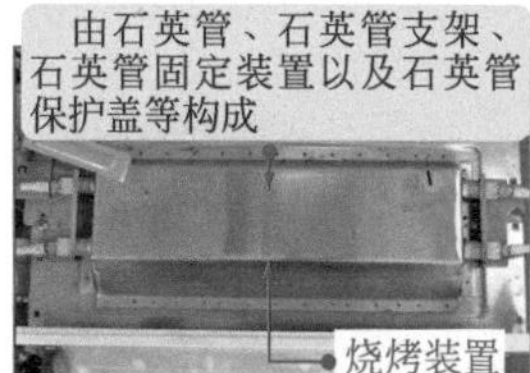

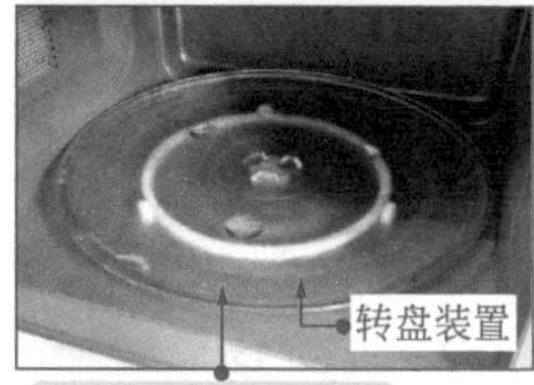

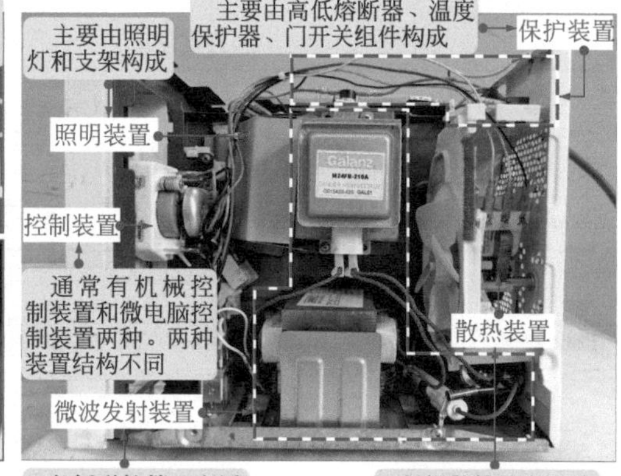

❶ 微波发射装置

图 11-2　微波炉中的微波发射装置

微波炉的微波发射装置是整机的核心部件，通常安装在微波炉的中心位置，主要由磁控管、高压变压器、高压电容器和高压二极管组成，如图 11-2 所示。

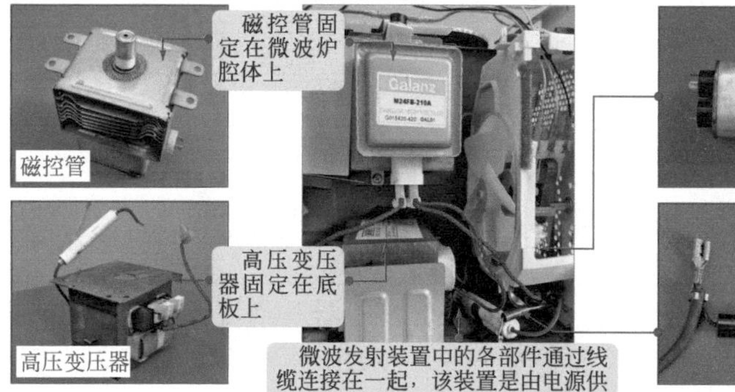

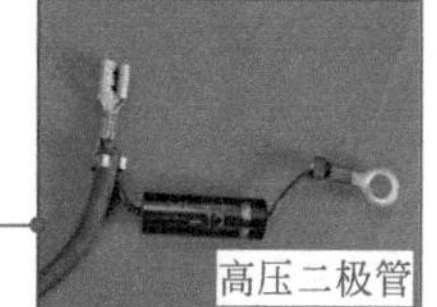

❷ 控制装置

控制装置是微波炉整机工作的控制核心，对其内各部件进行控制，协调各部分的工作。根据控制方式不同，控制装置分为机械控制装置和微电脑控制装置两种。

图 11-3 微波炉中的机械控制装置

机械控制装置是指通过机械功能部件实现整机控制的装置，主要由定时器组件和火力调节组件等构成，如图 11-3 所示。

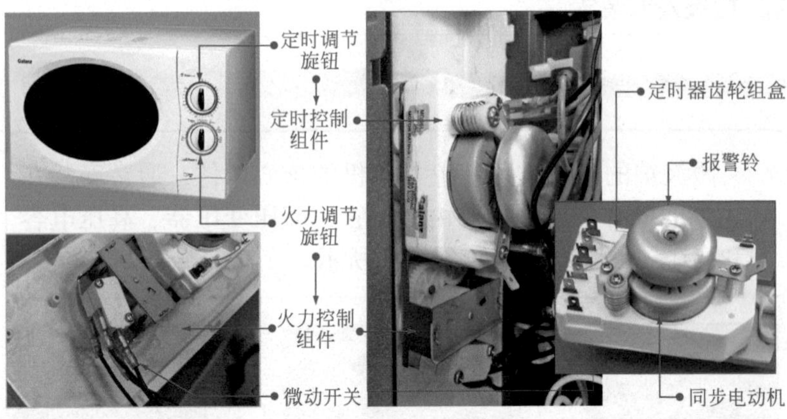

图 11-4 微波炉中的微电脑控制装置

微电脑控制装置主要通过微处理器对微波炉各部分的工作进行控制，并且通过显示屏显示出当前的工作状态。图 11-4 为微波炉中的微电脑控制装置。

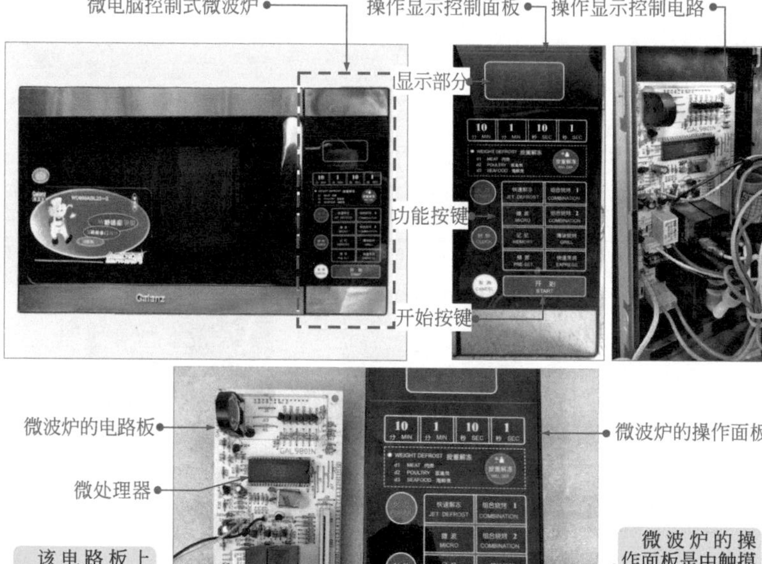

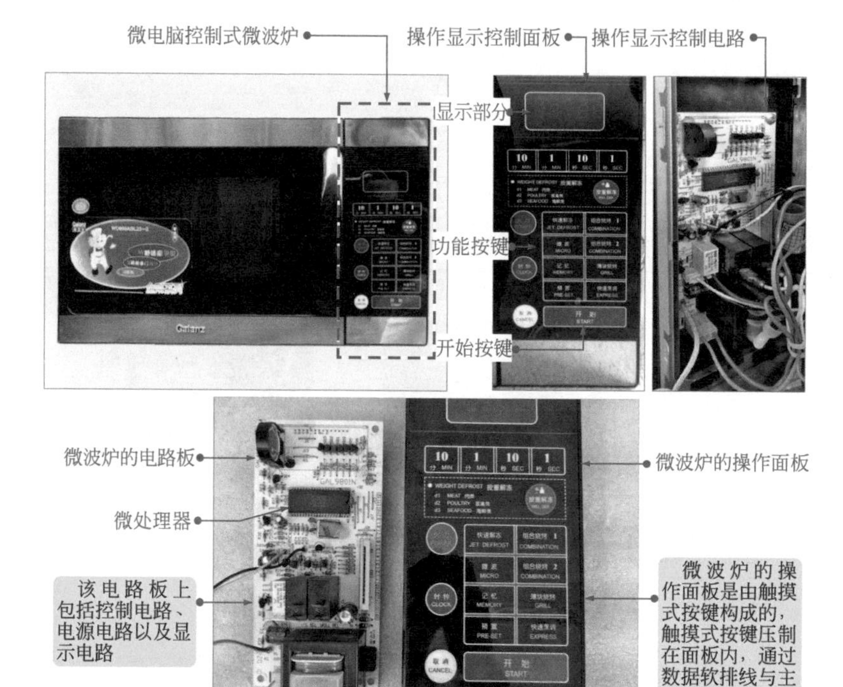

图 11-5　微电脑控制装置中控制和显示电路板的结构

如图 11–5 所示，微电脑控制装置中，控制和显示部分由具有特定电路关系的电子元件器构成，这些电子元器件根据控制关系安装在电路板上。

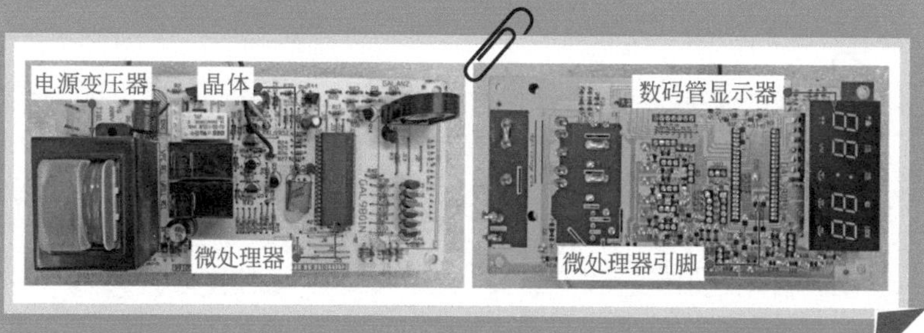

11.1.2 微波炉的工作原理

❶ 机械控制式微波炉

图 11-6 机械控制式微波炉的工作原理

图 11-6 为典型机械控制式微波炉的工作原理。

注意：炉门打开时定时器关闭
O.L =炉灯
T.T.M =转盘电机
F.M =风扇电机
BK =黑色线
G-Y =黄绿色线
BN=棕色线
RD=红色线
PK=粉色线
BL=蓝色线
YL=黄色线
WH=白色线

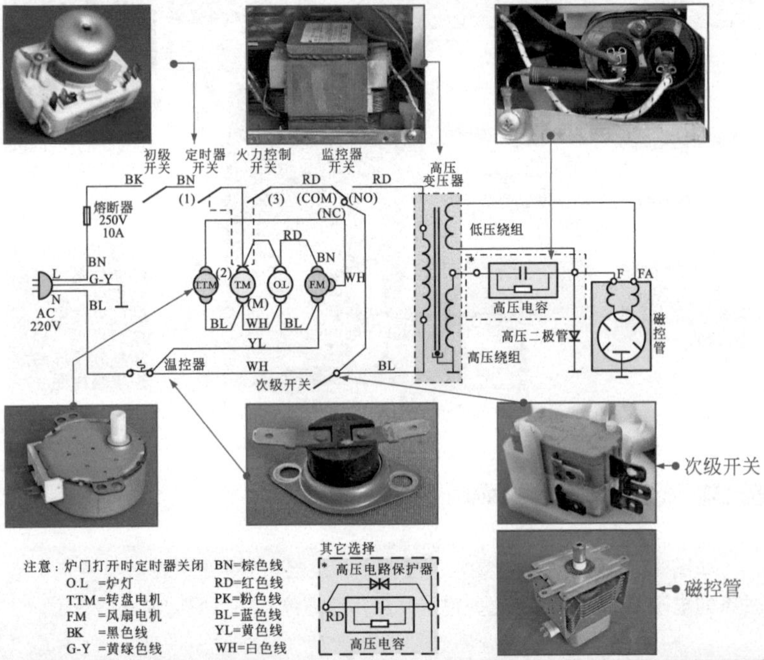

关上微波炉门，门开关闭合，定时器定时旋钮旋至启动后，交流 220V 电压通过定时器为高压变压器供电。交流 220V 电压经高压变压器处理后，由次级绕组（高压端）输出 2000V 左右的高压。2000V 左右的高压在高压电容器和高压二极管的作用下形成 4000V 左右、2000MHz 以上的振荡信号。振荡信号提供给磁控管，使其产生微波信号。磁控管将电能转换为微波能，通过天线（发射端子）送入炉腔加热食物。当到达预定时间后，定时器回零，切断交流 220V 供电，微波炉停机。

❷ 微电脑控制式微波炉

图 11-7　微电脑控制式微波炉的工作原理

图 11-7 为典型微电脑控制式微波炉的工作原理。

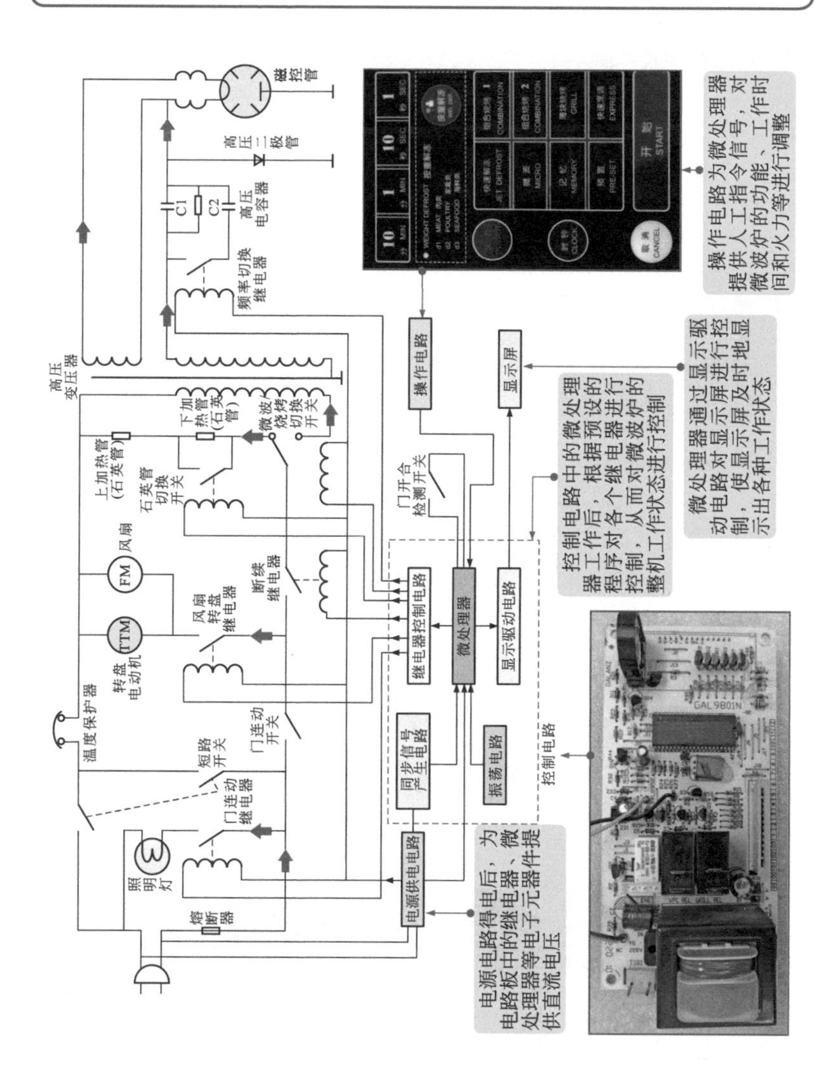

磁控管
高压二极管
C1
C2
高压电容器
频率切换继电器
高压变压器
下加热管（石英管）
微波烧烤切换开关
上加热管（石英管）
石英管切换开关
风扇
FM
断续继电器
风扇转盘继电器
TTM
转盘电动机
温度保护器
短路开关
门连动开关
门连动继电器
照明灯
熔断器
门开合检测开关
操作电路
显示屏
继电器控制电路
微处理器
显示驱动电路
同步信号产生电路
振荡电路
电源供电电路
控制电路

操作电路为微处理器提供人工指令信号，对微波炉的功能、工作时间和火力等进行调整

微处理器通过显示驱动电路对显示屏进行控制，使显示屏及时地显示出各种工作状态

控制电路中的微处理器工作后，根据预设的程序对各个继电器进行控制，从而对微波炉的整机工作状态进行控制

电源电路得电后，为电路板中的继电器、微处理器等电子元器件提供直流电压

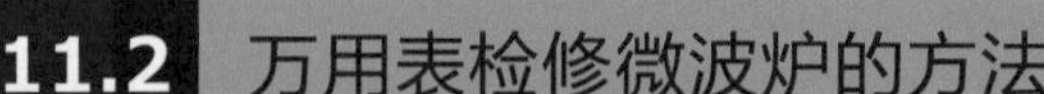

11.2 万用表检修微波炉的方法

11.2.1 微波炉的检测要点

图 11-8 微波炉的检测要点

 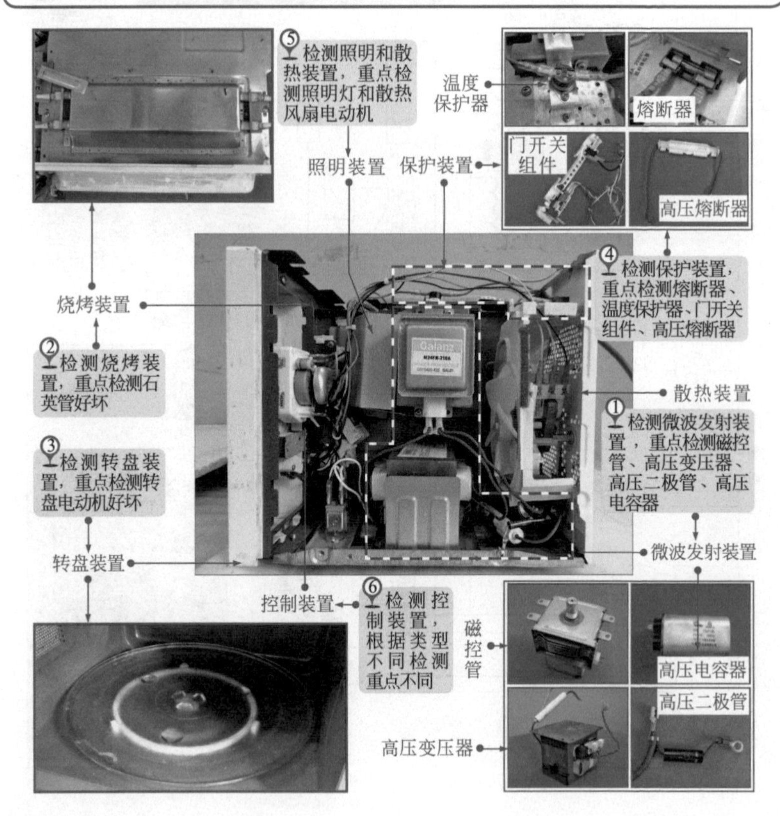

使用万用表检测微波炉时，要根据微波炉的整机结构和工作过程确定主要的检测部位。这些部位是微波炉检测时的关键点，使用万用表检测这些主要部位的电阻值、电压值，即可找出故障线索。图 11-8 为微波炉的检测要点。

⑤检测照明和散热装置，重点检测照明灯和散热风扇电动机

照明装置

保护装置

温度保护器

熔断器

门开关组件

高压熔断器

④检测保护装置，重点检测熔断器、温度保护器、门开关组件、高压熔断器

烧烤装置

②检测烧烤装置，重点检测石英管好坏

散热装置

①检测微波发射装置，重点检测磁控管、高压变压器、高压二极管、高压电容器

③检测转盘装置，重点检测转盘电动机好坏

转盘装置

微波发射装置

控制装置

⑥检测控制装置，根据类型不同检测重点不同

磁控管

高压电容器

高压二极管

高压变压器

11.2.2　万用表检测微波炉中的发射装置

❶ 磁控管

图 11-9　万用表检测磁控管的方法

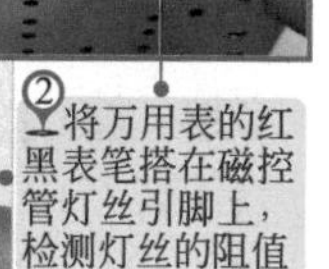

磁控管是微波发射装置的主要器件，它通过微波天线将电能转换成微波能，辐射到炉腔中，来对食物进行加热。使用万用表检测磁控管时，可在断电状态下用万用表检测磁控管灯丝端、灯丝与外壳之间的阻值，如图 11-9 所示。

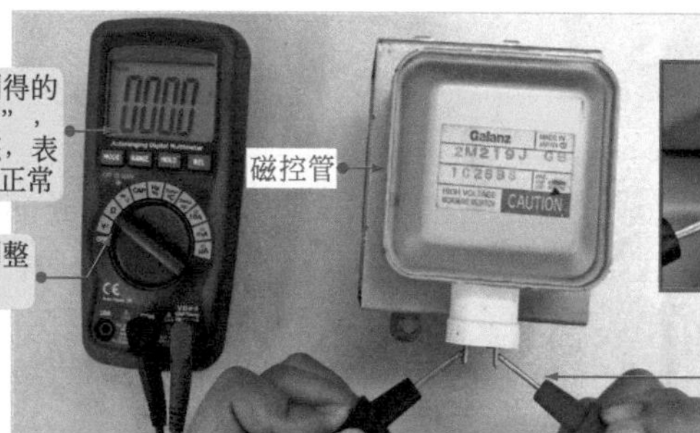

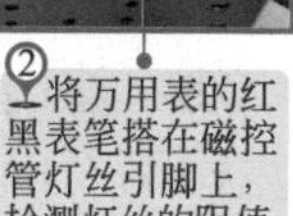

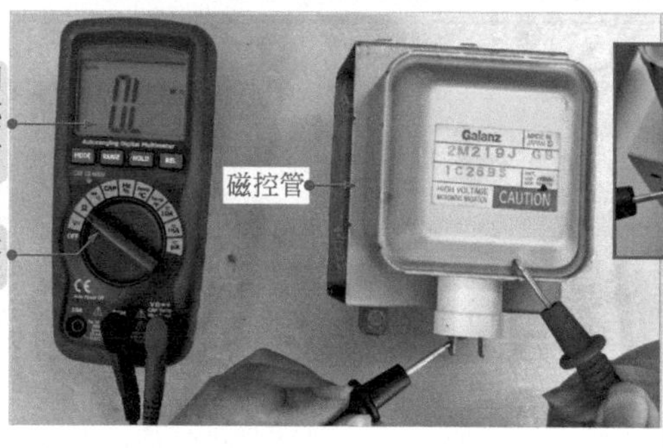

用万用表测量磁控管灯丝阻值的各种情况为：

磁控管灯丝两引脚间的阻应小于1Ω 为正常；

若实测阻值大于2Ω 多为灯丝老化，不可修复，应整体更换磁控管；

若实测阻值为无穷大则为灯丝烧断，不可修复，应整体更换磁控管；

若实测阻值不稳定变化，多为灯丝引脚与磁棒电感线圈焊口松动，应补焊。

用万用表测量灯丝引脚与外壳间的阻值的各种情况为：

磁控管灯丝引脚与外壳间的阻值为无穷大为正常；

若实测有一定阻值，多为灯丝引脚相对外壳短路，应修复或更换灯丝引脚插座。

2 高压变压器

图 11-10 万用表检测高压变压器的方法

高压变压器是微波发射装置的辅助器件，也称高压稳定变压器，在微波炉中主要用来为磁控管提供高压电压和灯丝电压。使用万用表检测高压变压器时，可在断电状态下，通过检测高压变压器各绕组之间的阻值来判断高压变压器是否损坏。图 11-10 为万用表检测高压变压器的方法。

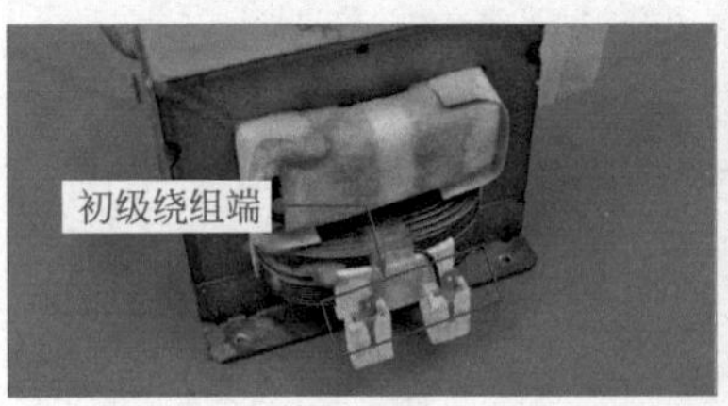

用同样的方式检测高压变压器的次级绕组和灯丝绕组，测得的阻值分别为110Ω和1Ω。若测得的阻值为零或无穷大，说明高压变压器已损坏，需更换

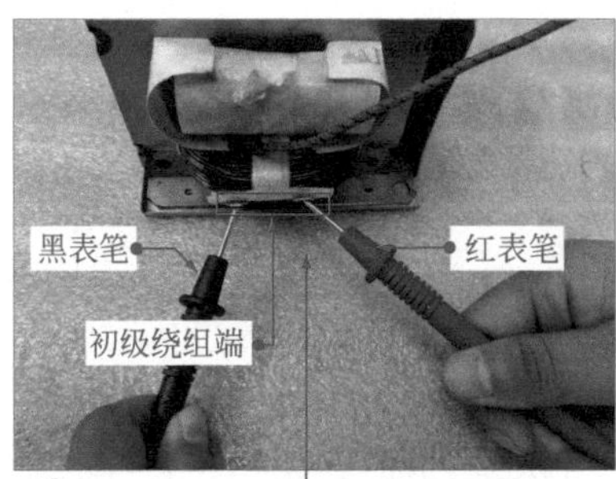

①将万用表的量程旋钮调整至“×1”欧姆挡，红、黑表笔搭在高压变压器初级绕组端

②在正常情况下，测得的阻值为1.8Ω

❸ 高压电容器

图 11-11　万用表检测高压电容器的方法

高压电容器是微波炉中微波发射装置的辅助器件，主要是起滤波的作用。使用万用表检测高压电容器时，可使用数字万用表检测电容量来判断好坏。图 11-11 为万用表检测高压电容器的方法。

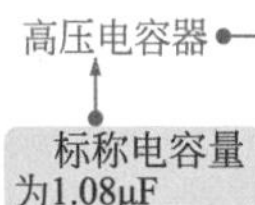

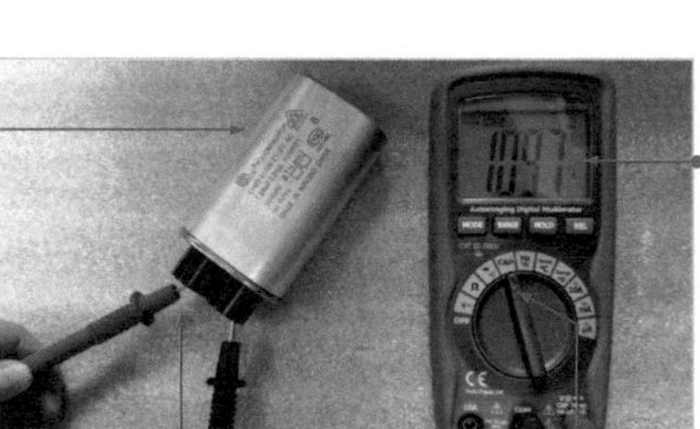

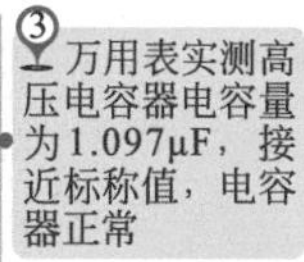

③万用表实测高压电容器电容量为1.097μF，接近标称值，电容器正常

②将万用表的两支表笔分别搭在电容器接线端子上，对高压电容的电容量进行检测

①将万用表功能旋钮置于电容测量挡位

❹ 高压二极管

图 11-12 万用表检测高压二极管的方法

高压二极管是微波炉中微波发射装置的整流器件，可对交流输出进行整流。使用万用表检测高压二极管时，一般可用万用表检测其正、反向阻值的方法来判断好坏。图 11-12 为万用表检测高压二极管的方法。

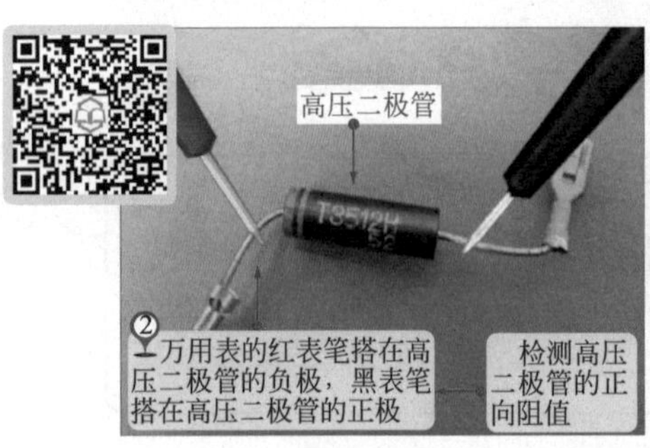

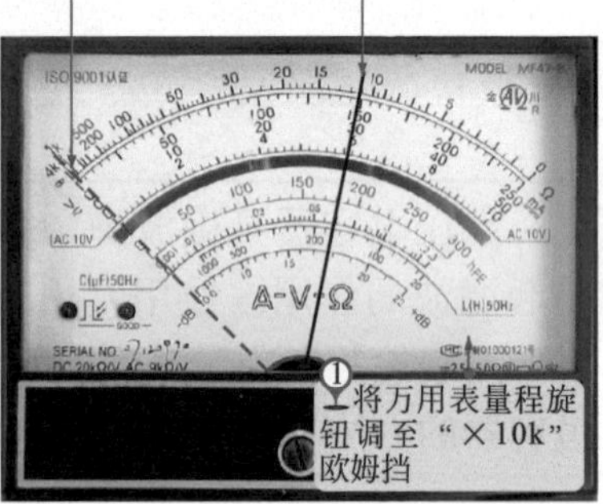

11.2.3 万用表检测微波炉中的转盘装置

图 11-13 万用表检测转盘电动机的方法

微波炉出现加热不均匀的故障时，可使用万用表检测转盘装置中的转盘电动机是否正常。通常在断电情况下，使用万用表检测转盘电动机的绕组阻值，从而判断转盘电动机好坏。图 11-13 为万用表检测转盘电动机的方法。

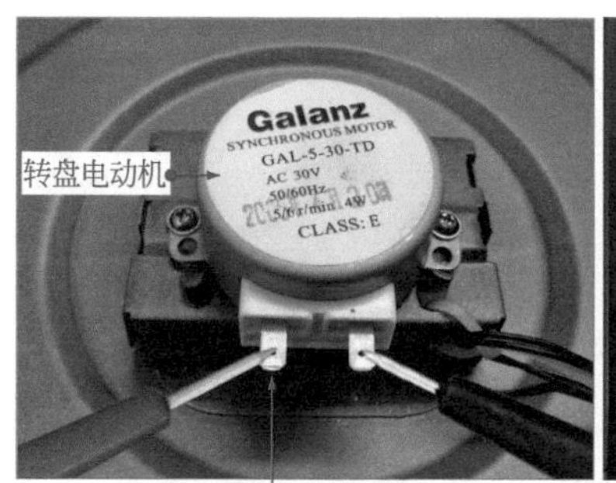

①将万用表的量程旋钮调至"×10"欧姆挡，两表笔分别搭在转盘电动机的两个接线端

若实测阻值为零或无穷大，则说明转盘电动机已损坏，应更换

②实际测得其阻值为130Ω左右，说明转盘电动机正常

11.2.4　万用表检测微波炉中的烧烤装置

图 11-14　万用表检测石英管的方法

微波炉的烧烤装置中，石英管是该装置核心部件。微波炉的烧烤功能失常时，可重点对该装置中的石英管进行检测。检测石英管时，可借助万用表检测石英管的阻值，从而来判断好坏。图 11-14 为万用表检测石英管的方法。

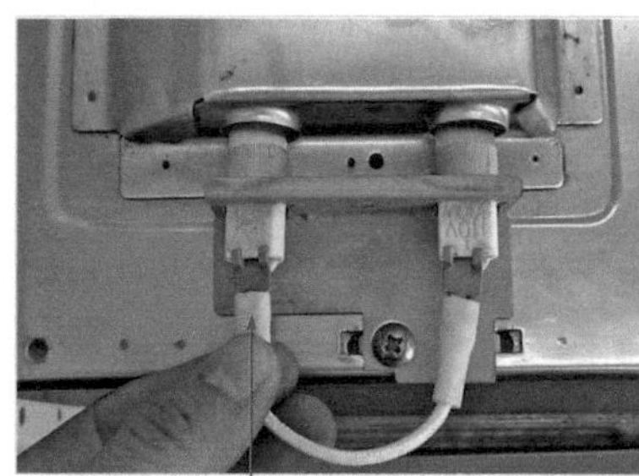

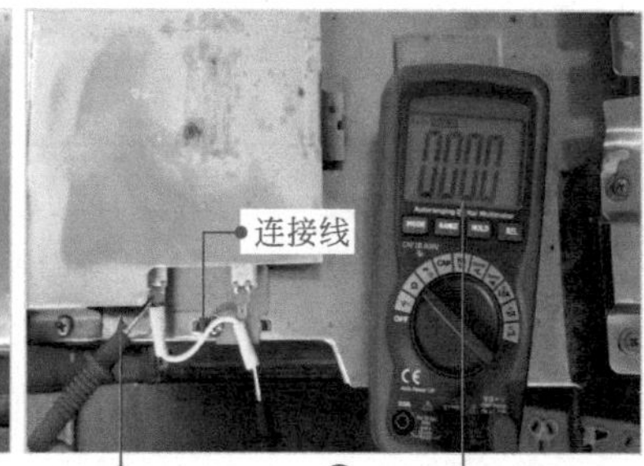

①检查石英管连接线是否有松动现象,若有松动，重新将其插接好

②检查石英管连接线有无断线情况，即将万用表搭在连接线的两端

③连接线为导通状态，万用表实测其阻值为0Ω

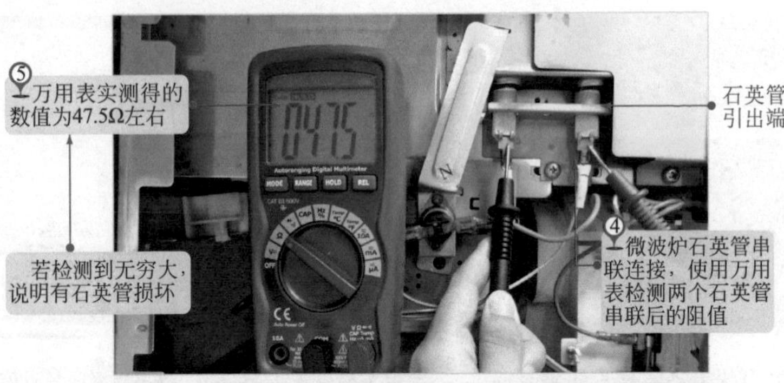

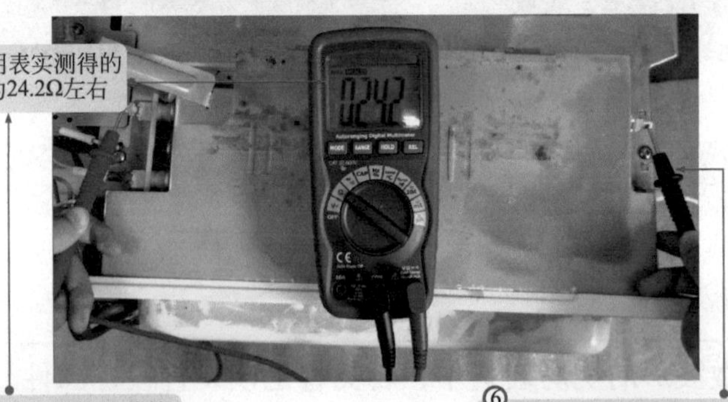

11.2.5 万用表检测微波炉中的保护装置

保护装置是微波炉中的重要组成部分，若这些保护器件出现异常，将造成微波炉自动保护功能失常。因此，当微波炉出现故障时，除了检查损坏的部件外，还要查找无法自动保护的原因，检测保护装置，此时可重点检测温度保护器和门开关组件。

❶ 温度保护器

图 11-15　万用表检测温度保护器的方法

温度保护器可对磁控管的温度进行检测，当磁控管的温度过高时，便断开电路，使微波炉停机保护。若过热保护开关损坏时，常会引起微波炉出现不开机的故障。检测温度保护器时，可在断电状态下，借助万用表检测温度保护器的阻值来判断好坏。图 11-15 为万用表检测温度保护器的方法。

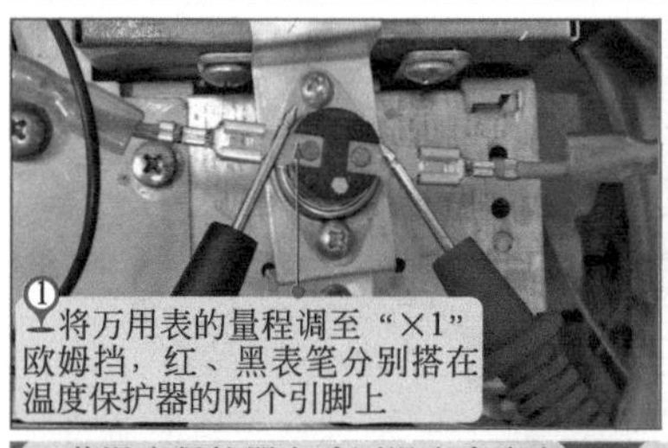

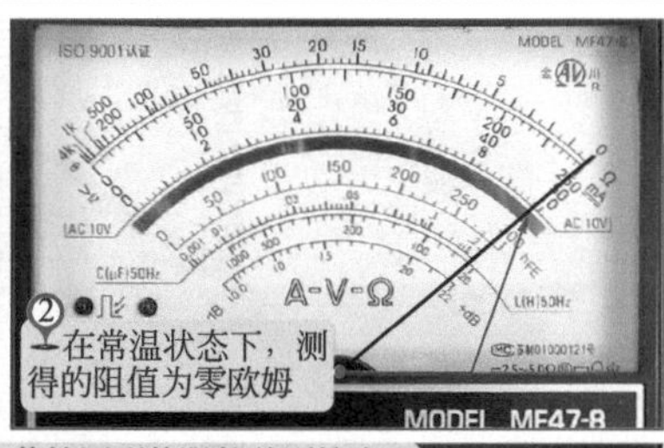

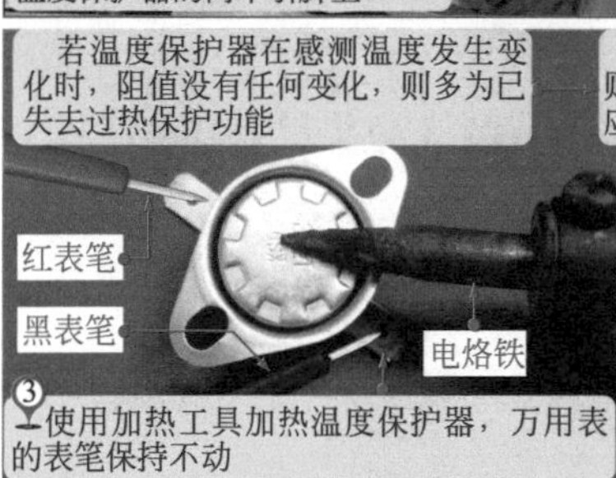

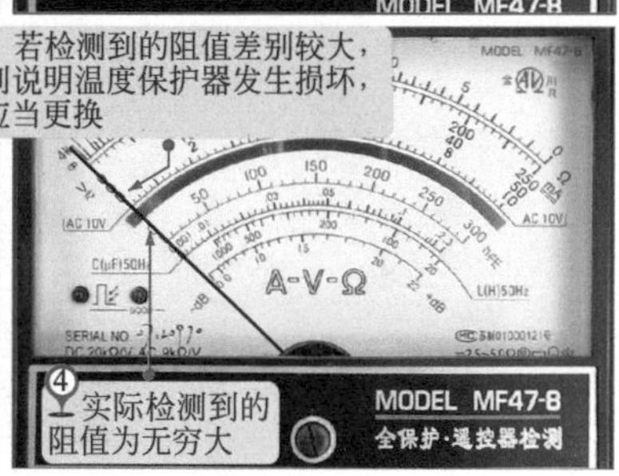

熔断器是对微波炉过流、过载保护的重要器件，当微波炉中的电流有过流、过载的情况时，熔断器会被烧断，起到保护电路的作用，从而实现对整个微波炉的保护。若熔断器损坏时，常会引起微波炉出现不开机的故障。

检测熔断器时，可首先观察熔断器外观有无明显烧焦损坏情况，若外观正常，可使用万用表在断电状态下检测熔断器的阻值，即可判断出熔断器的好坏。在正常情况下，熔断器阻值为无穷大，否则说明熔断器已损坏，应更换。

❷ 门开关组件

图 11-16 万用表检测门开关组件的方法

门开关组件是微波炉保护装置中非常重要的器件之一。若门开关损坏，常会引起微波炉出现不加热的故障。

检测门开关组件时，可在关门和开门两种状态下，借助万用表检测门开关组件的通、断状态来判断门开关组件好坏。图 11-16 为万用表检测门开关组件的方法。

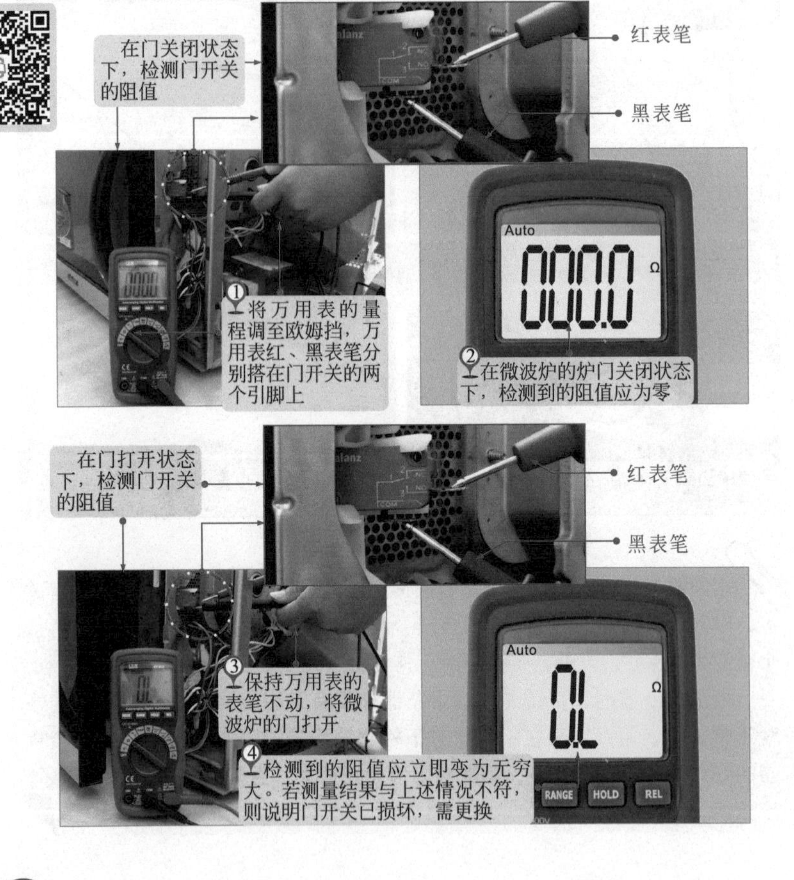

在门关闭状态下，检测门开关的阻值

红表笔

黑表笔

① 将万用表的量程调至欧姆挡，万用表红、黑表笔分别搭在门开关的两个引脚上

Auto 000.0 Ω

② 在微波炉的炉门关闭状态下，检测到的阻值应为零

在门打开状态下，检测门开关的阻值

红表笔

黑表笔

③ 保持万用表的表笔不动，将微波炉的门打开

Auto 0.L Ω

RANGE HOLD REL

④ 检测到的阻值应立即变为无穷大。若测量结果与上述情况不符，则说明门开关已损坏，需更换

11.2.6　万用表检测微波炉中的照明和散热装置

图 11-17　万用表检测照明灯和风扇电动机的方法

微波炉工作时，照明灯不亮、散热不良时，可使用万用表检测照明灯和散热风扇电动机是否正常。图 11-17 为万用表检测照明灯和风扇电动机的方法。

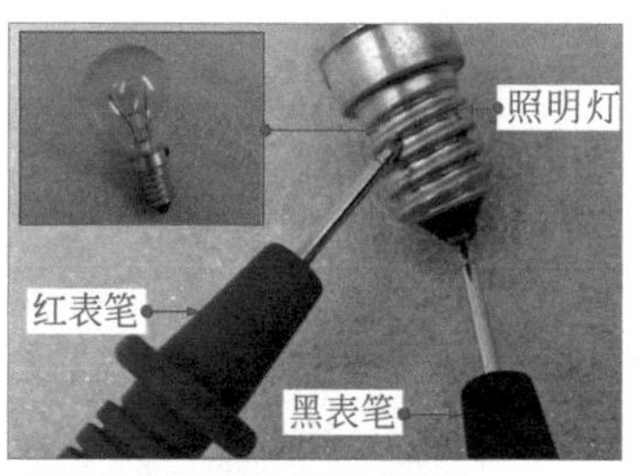

②在正常情况下，万用表可以检测到一定的阻值。若实测无穷大，则说明内部灯丝已被烧断

若测得风扇电动机两端的阻值与正常值偏差较大，则说明风扇电动机已损坏

④在正常情况下，散热风扇电动机绕组应有一个固定阻值(一般为300Ω左右)

控制电路
AC 220V输入
L
E
N
照明灯
风扇电动机

③将万用表的红、黑表笔分别搭在散热风扇电动机的两引脚端，测其内部绕组阻值

①将万用表的红表笔搭在照明灯的螺口处，黑表笔搭在照明灯的底部，检测内部灯丝阻值

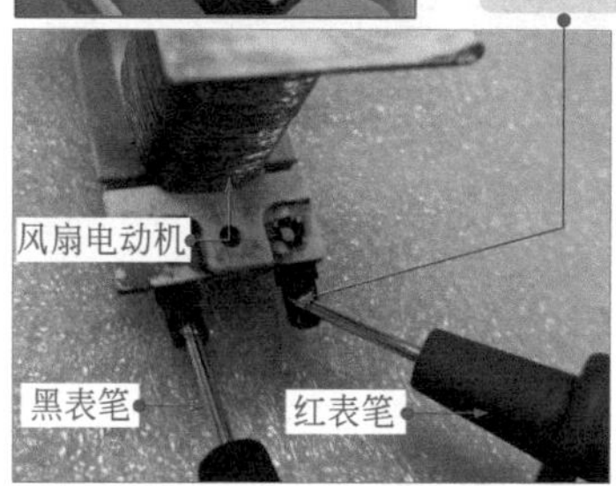

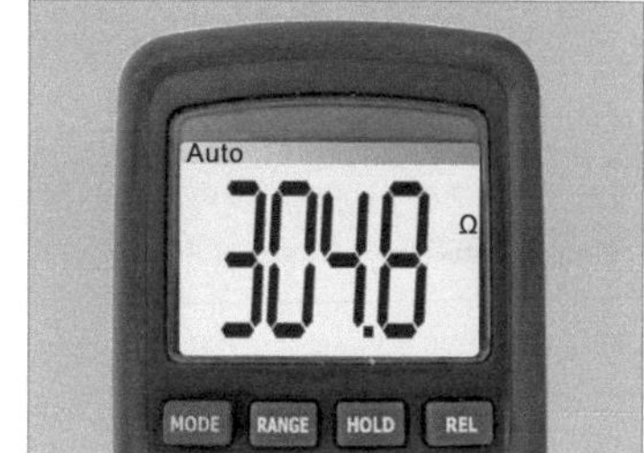

11.2.7 万用表检测微波炉中的控制装置

不同类型微波炉内部的控制装置不同。目前，常见的微波炉主要有机械控制装置和微电脑控制装置两种。这两种控制装置的结构不同，控制原理也不同。下面分别介绍万用表对这两类控制装置的检修方法。

❶ 机械控制装置

图 11-18 万用表检测机械控制装置的方法

使用万用表检测机械控制装置时，主要是检测内部的定时器组件和火力调节组件是否正常。图 11-18 为万用表检测机械控制装置的方法。

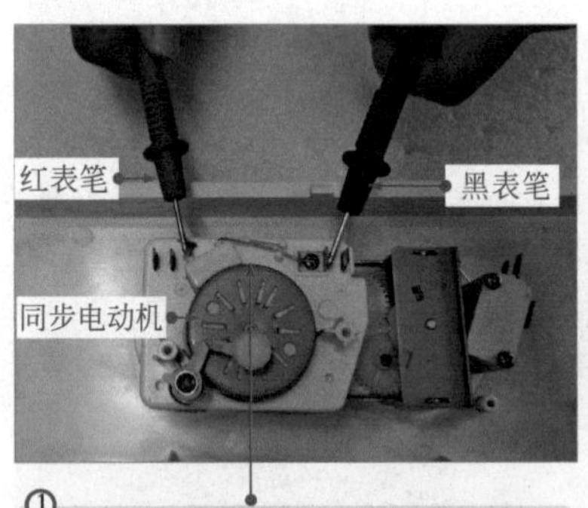

① 将万用表的量程调至“×1k”欧姆挡，红、黑表笔分别搭在同步电动机的两引脚上

② 在正常情况下，可以检测到15～20kΩ的阻值。若测得的阻值为零或无穷大，则说明同步电动机已损坏

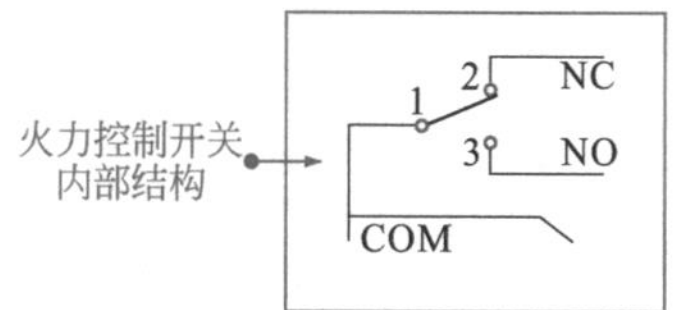

若测得的阻值与上述情况不符，则说明火力控制开关存在故障，需要进行维修或更换

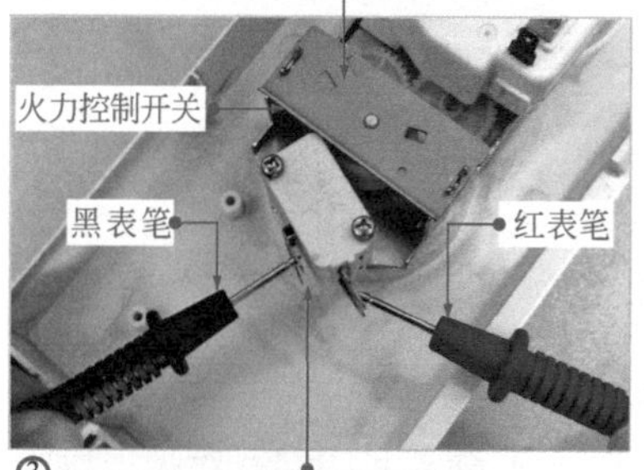

③将万用表的量程调至“×1”欧姆挡，两表笔分别搭在火力控制开关的公共端和两个引脚端

④在接通状态下，测得的阻值应为零欧姆；在断开状态下，测得的阻值应为无穷大

❷ 微电脑控制装置

采用微电脑控制装置的微波炉中，主要是由微处理器对各功能部件进行控制，由操作按键对微波炉输入人工指令等。因此，怀疑该装置有故障时，可借助万用表检测该装置中的微处理器、操作按键、继电器等控制器件，从而排除故障。

图 11-19　万用表检测微处理器的方法

图 11-19 为万用表检测微处理器的方法。

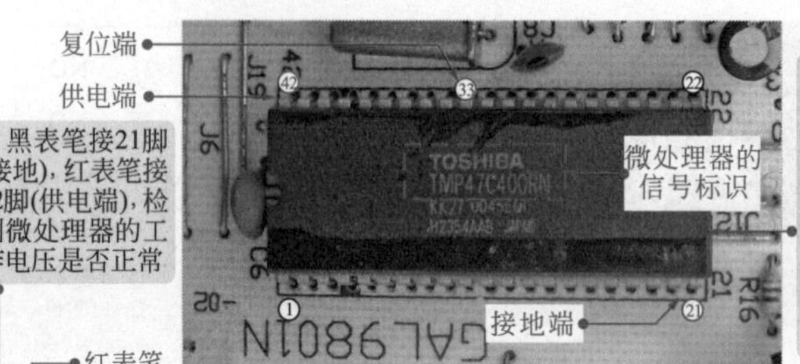

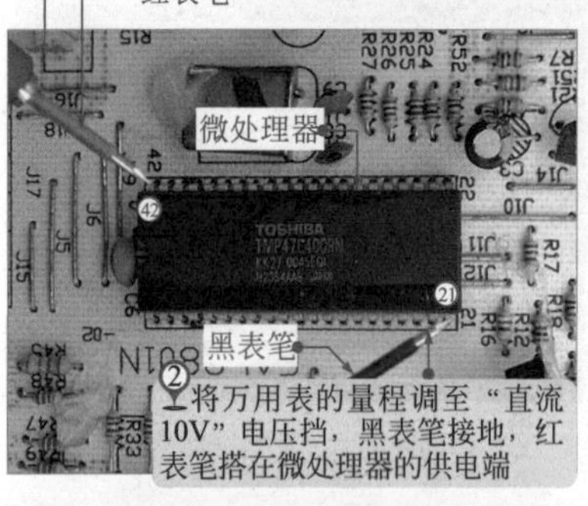

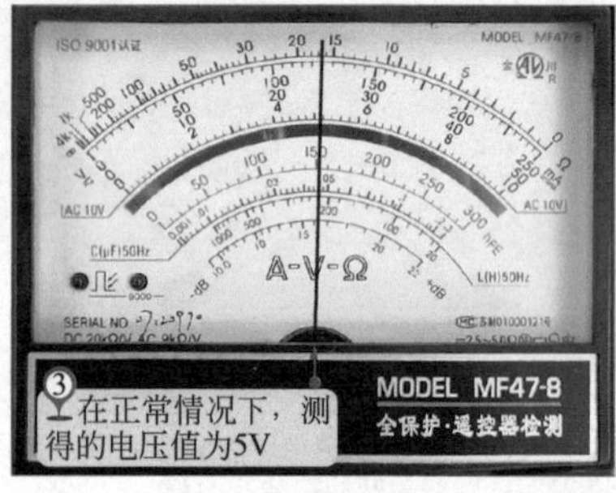

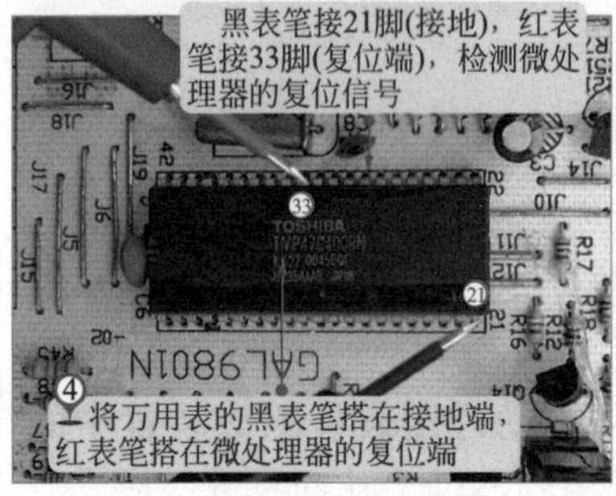

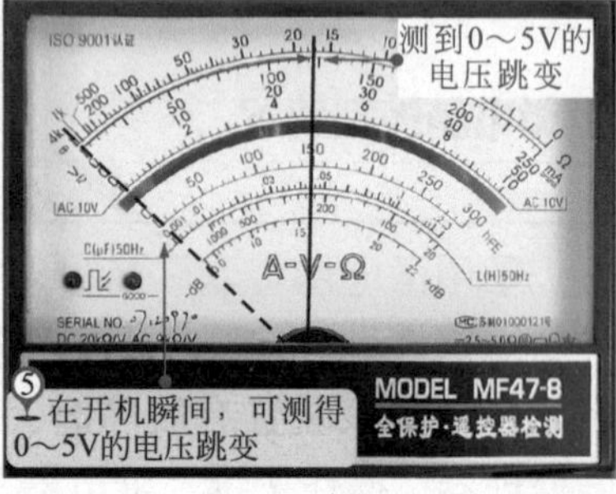

图 11-20 万用表检测操作按键的方法

在微波炉微电脑控制装置中，操作按键损坏经常会引起微波炉控制失灵的故障。使用万用表对操作按键进行检修时，可在断电状态通过万用表检测操作按键的通断情况来判断按键是否损坏。图 11-20 为万用表检测操作按键的方法。

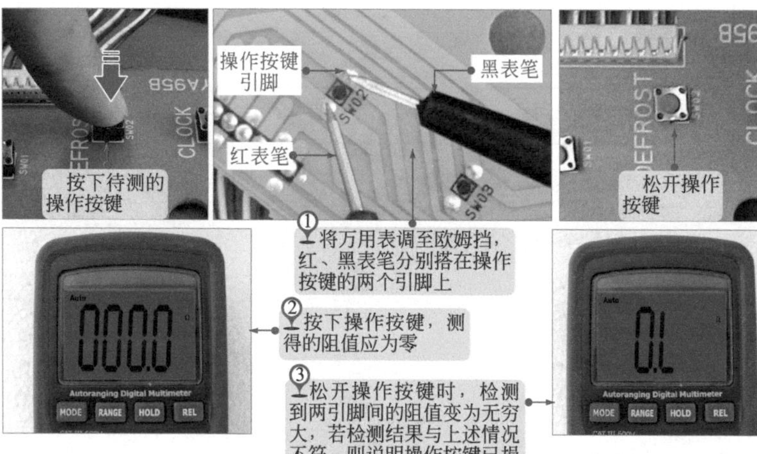

图 11-21　万用表检测整流二极管的方法

在微波炉微电脑控制装置中，通常将整流二极管、降压变压器安装在一块电路板中，若该部分损坏，则会造成微波炉整机无工作电压的故障。出现故障时，可使用万用表对其进行检测。图 11-21 为万用表检测整流二极管的方法。

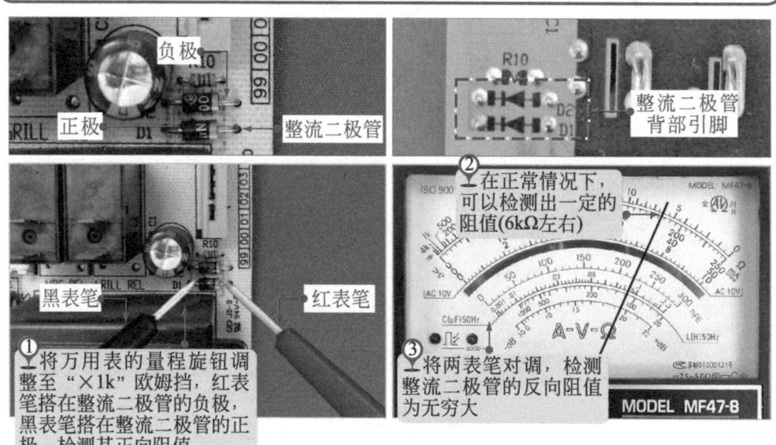

图 11-22 万用表检测降压变压器的方法

图 11-22 为万用表检测降压变压器的方法。

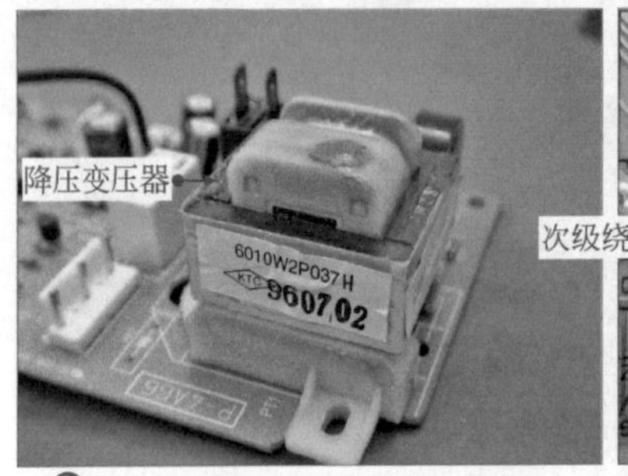

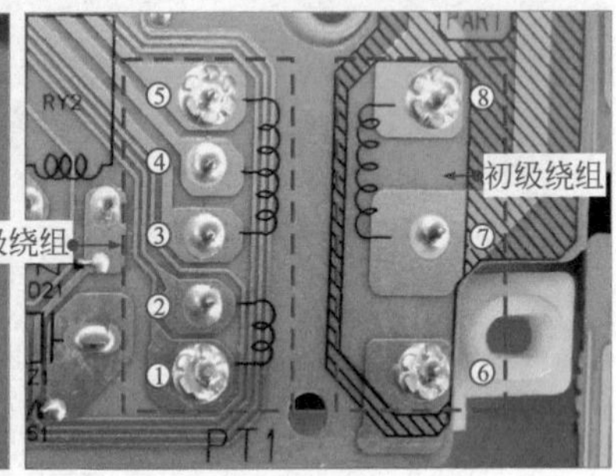

② 黑表笔接3脚，红表笔接5脚，检测降压变压器次级绕组3-5脚之间的阻值

③ 在正常情况下，应测得一个固定阻值

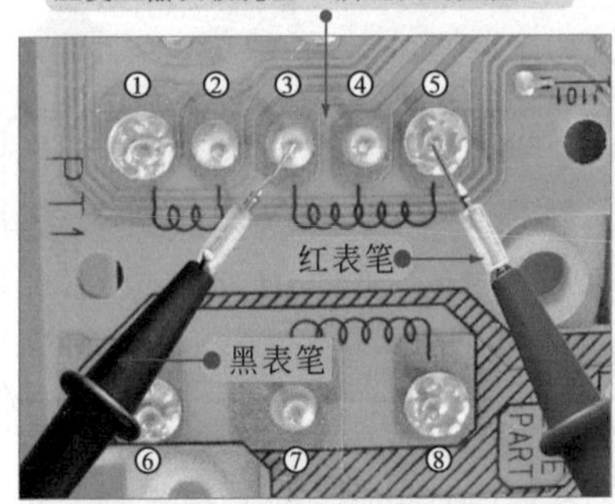

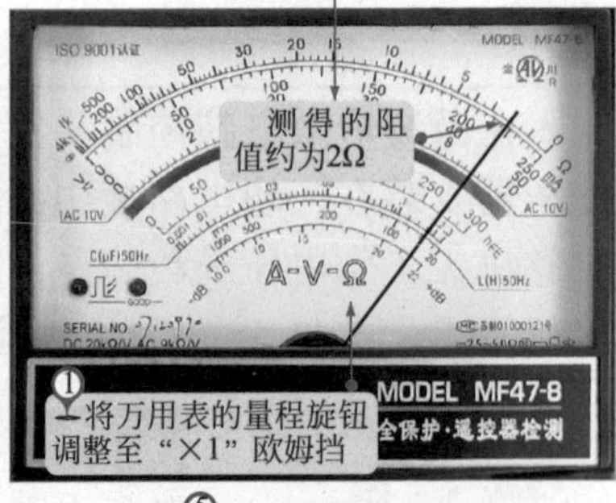

④ 黑表笔接1脚，红表笔接2脚，检测降压变压器次级绕组1-2脚之间的阻值

⑤ 在正常情况下，应测得一个固定阻值

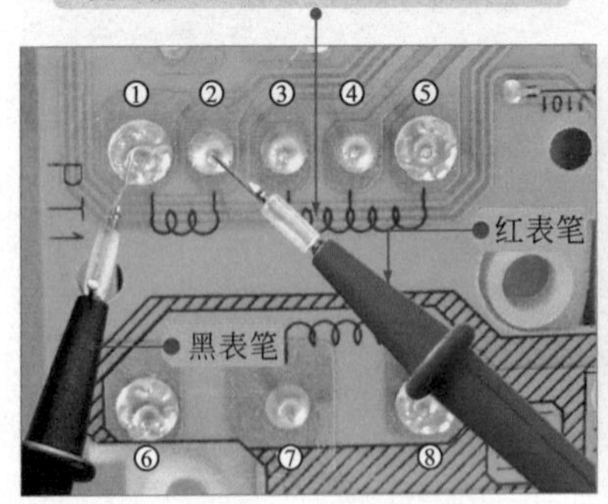

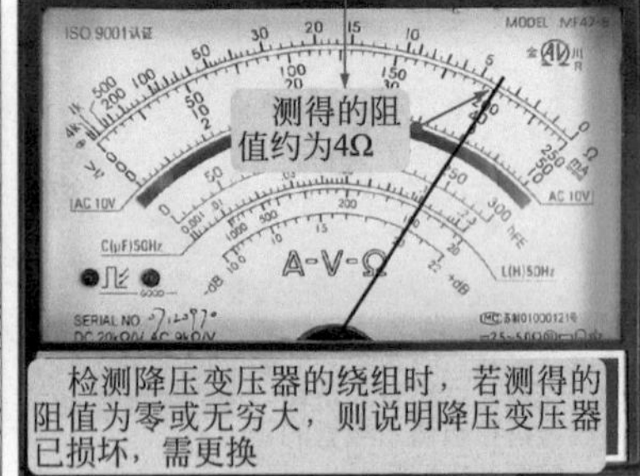

检测降压变压器的绕组时，若测得的阻值为零或无穷大，则说明降压变压器已损坏，需更换

图 11-23　万用表检测主继电器的方法

在微波炉微电脑控制装置中，继电器是控制风扇、转盘电动机和照明灯的关键器件，使用万用表对继电器进行检测时，可在通、断电两种状态下，检测其阻值来判断是否正常。图 11-23 为万用表检测主继电器的方法。

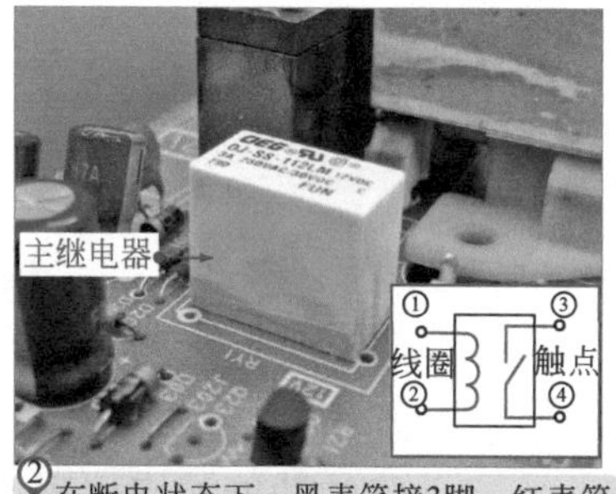

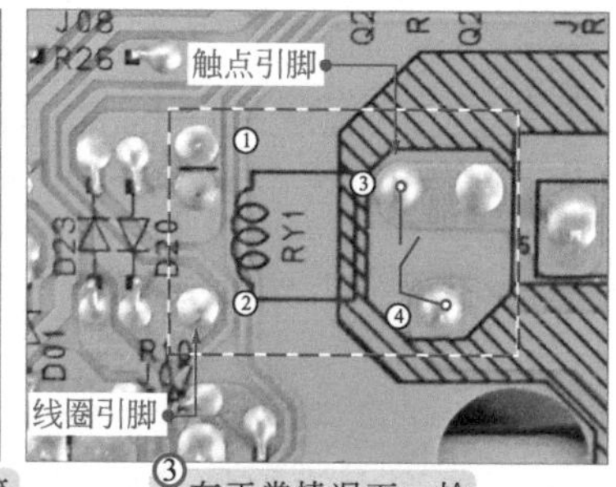

② 在断电状态下，黑表笔接3脚，红表笔接4脚，检测继电器触点之间的阻值

③ 在正常情况下，检测的阻值应为无穷大

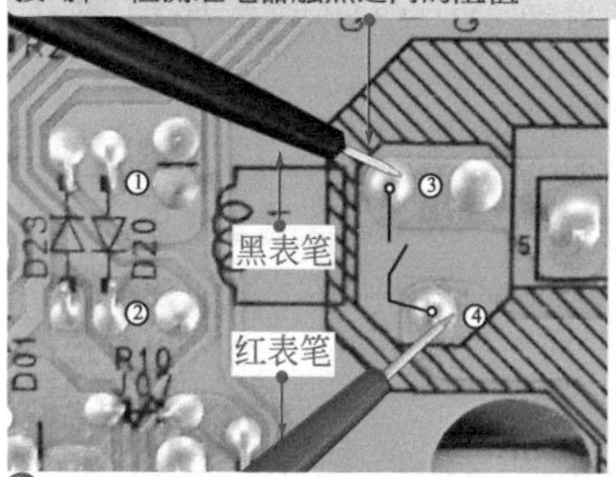

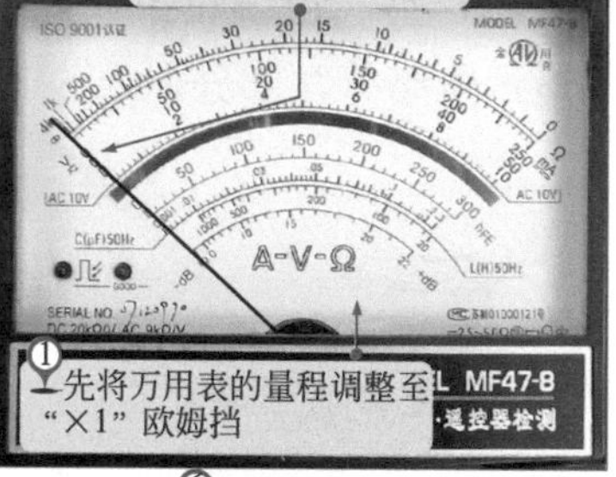

⑤ 在通电状态下，黑表笔接电路板零线端，红表笔接4脚，检测继电器的工作电压

⑥ 在正常情况下，检测出电压应为220V

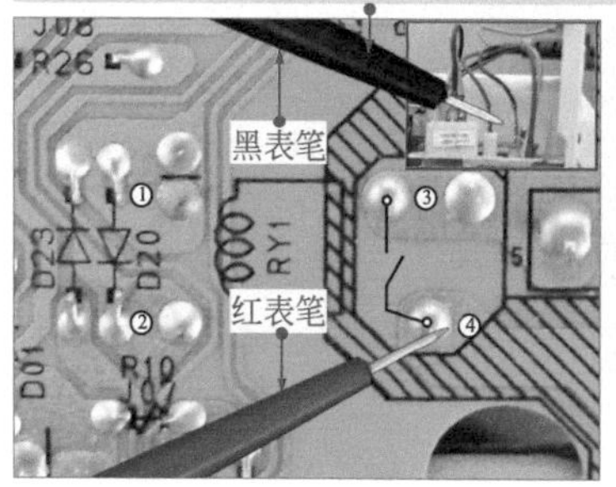

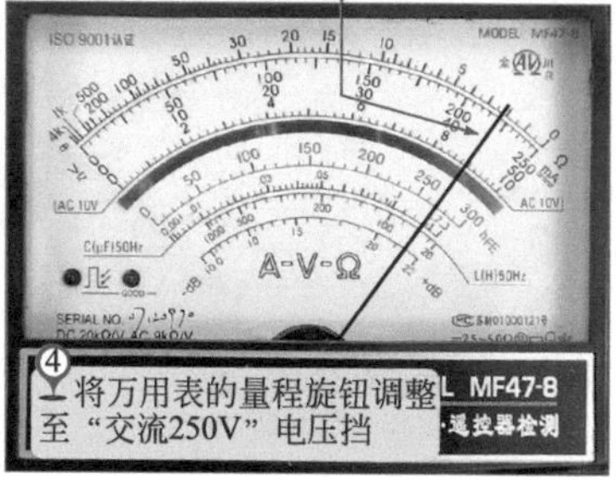

第12章 万用表检修电磁炉

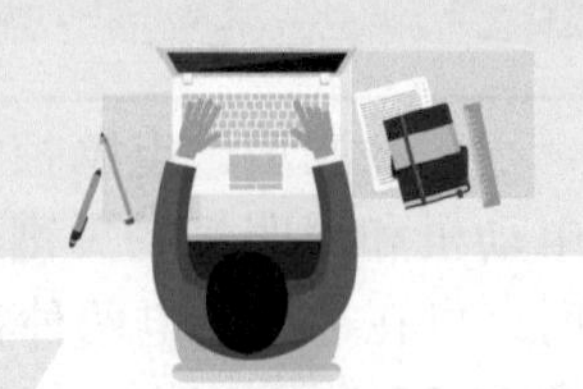

12.1 电磁炉的结构原理

12.1.1 电磁炉的结构特点

图 12-1 典型电磁炉的结构特点

电磁炉是一种利用电磁感应原理实现加热的电炊具。图12-1为典型电磁炉的结构特点，根据电路的功能特点电磁炉的电路可分为电源供电电路、功率输出电路、主控电路及操作显示电路等几部分。

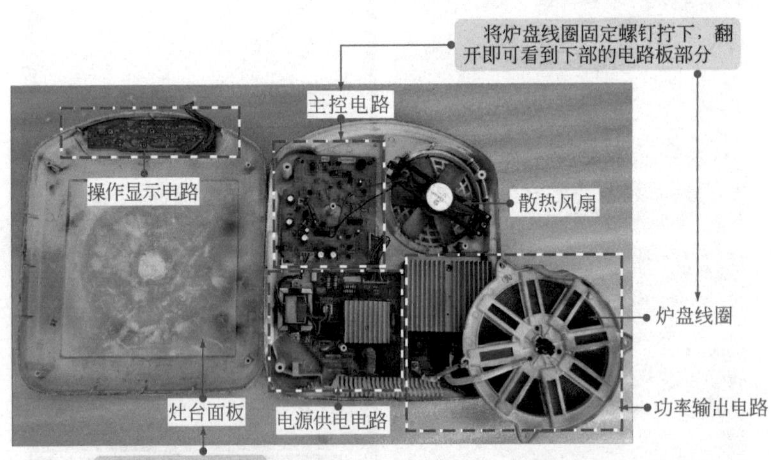

图 12-2　电磁炉的电路结构特点

不同型号的电磁炉其电路结构也不尽相同。如图 12-2 所示，有些电磁炉将电源供电电路、功率输出电路和主控电路设计在一块电路板上，有些电磁炉则将电源供电电路和功率输出电路设计在一起，主控电路为独立电路板设计。

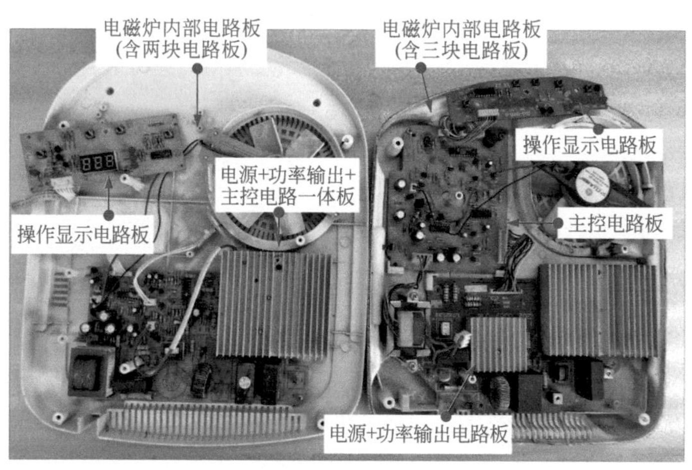

12.1.2　电磁炉的工作原理

图 12-3　电磁炉的工作原理

图 12-3 为电磁炉的工作原理示意图。可以看到，电磁炉在工作时，由电源电路为各单元电路及功能部件提供工作时所需要的各种电压。

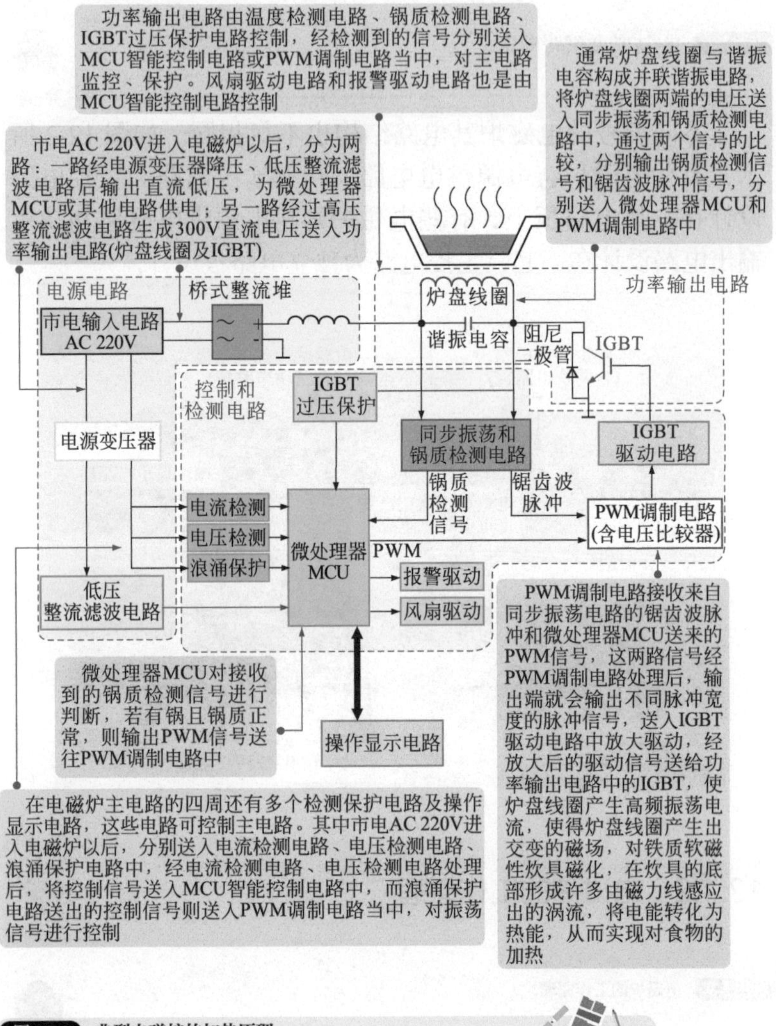

功率输出电路由温度检测电路、锅质检测电路、IGBT过压保护电路控制，经检测到的信号分别送入MCU智能控制电路或PWM调制电路当中，对主电路监控、保护。风扇驱动电路和报警驱动电路也是由MCU智能控制电路控制

通常炉盘线圈与谐振电容构成并联谐振电路，将炉盘线圈两端的电压送入同步振荡和锅质检测电路中，通过两个信号的比较，分别输出锅质检测信号和锯齿波脉冲信号，分别送入微处理器MCU和PWM调制电路中

市电AC 220V进入电磁炉以后，分为两路：一路经电源变压器降压、低压整流滤波电路后输出直流低压，为微处理器MCU或其他电路供电；另一路经过高压整流滤波电路生成300V直流电压送入功率输出电路(炉盘线圈及IGBT)

电源电路
桥式整流堆
市电输入电路
AC 220V
炉盘线圈
功率输出电路
谐振电容
阻尼
二极管
IGBT
控制和
检测电路
IGBT
过压保护
电源变压器
同步振荡和
锅质检测电路
IGBT
驱动电路
锅质
检测
信号
锯齿波
脉冲
电流检测
电压检测
浪涌保护
微处理器
MCU
PWM
PWM调制电路
(含电压比较器)
报警驱动
风扇驱动
低压
整流滤波电路
操作显示电路

微处理器MCU对接收到的锅质检测信号进行判断，若有锅且锅质正常，则输出PWM信号送往PWM调制电路中

PWM调制电路接收来自同步振荡电路的锯齿波脉冲和微处理器MCU送来的PWM信号，这两路信号经PWM调制电路处理后，输出端就会输出不同脉冲宽度的脉冲信号，送入IGBT驱动电路中放大驱动，经放大后的驱动信号送给功率输出电路中的IGBT，使炉盘线圈产生高频振荡电流，使得炉盘线圈产生出交变的磁场，对铁质软磁性炊具磁化，在炊具的底部形成许多由磁力线感应出的涡流，将电能转化为热能，从而实现对食物的加热

在电磁炉主电路的四周还有多个检测保护电路及操作显示电路，这些电路可控制主电路。其中市电AC 220V进入电磁炉以后，分别送入电流检测电路、电压检测电路、浪涌保护电路中，经电流检测电路、电压检测电路处理后，将控制信号送入MCU智能控制电路中，而浪涌保护电路送出的控制信号则送入PWM调制电路当中，对振荡信号进行控制

图 12-4　典型电磁炉的加热原理

如图 12-4 所示，根据电磁感应的原理，炉盘线圈中的电流变化会产生变化的磁力线，从而在周围空间产生磁场，在磁场范围内如有铁磁性的物质，就会在其中产生高频涡流。这些涡流通过灶具本身的阻抗将电能转化为热能，从而实现对食物的加热、炊饭功能。

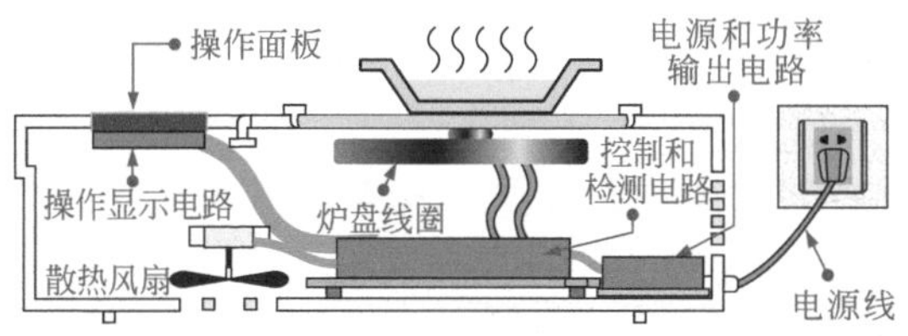

12.2 万用表检测电磁炉电源供电电路的方法

12.2.1 电磁炉电源供电电路的检测要点

图 12-5 典型电源供电电路的结构特点

电源供电电路主要是为电磁炉内的各单元电路或功能元器件提供所需要的各种电压，该电路将交流 220V 电压经处理后，分别输出两路电压，一路经整流变为 +300V 直流电压为炉盘线圈供电；另一路经变压器降压和稳压电路输出 +5V、+12V、+18V 直流低压为控制电路供电。图 12-5 为典型电源供电电路的结构特点。

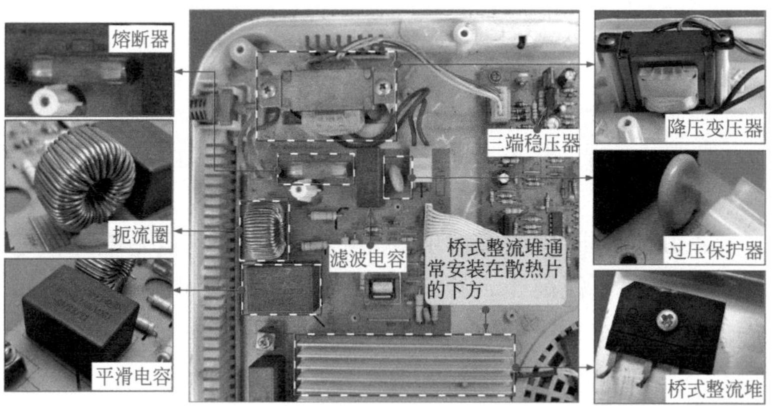

图 12-6 电源供电电路的检测要点

如图 12-6 所示，使用万用表检测电磁炉电源供电电路，应根据信号流程，重点对电压参数、桥式整流堆、降压变压器、三端稳压器进行检测。

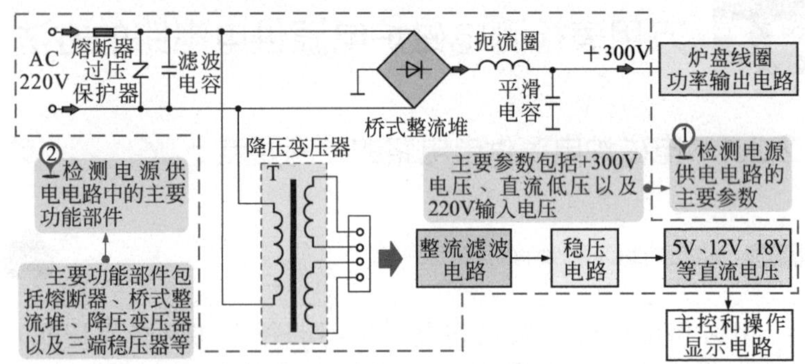

12.2.2　万用表检测电磁炉电源供电电路中的电压参数

使用万用表检测电磁炉电源供电电路的电压参数主要包括检测 +300V 电压、检测直流低压和检测 220V 输入电压。

① +300V电压

图 12-7 万用表检测 +300V 电压的方法

+300V 电压是功率输出电路的工作条件，也是电源供电电路输出的直流高压，若该电压正常，则表明电源供电电路的交流输入及整流滤波电路正常；若无该电压，则表明交流输入及整流滤波电路没有工作或有损坏的元器件。

使用万用表对 +300V 电压进行检测时，可以通过检测 +300V 的滤波电容判断该电压是否正常，同时还可以判断 +300V 滤波电容的性能是否正常。图 12-7 为万用表检测 +300V 电压的方法。

④正常情况下，万用表测得电压值为300V

②将万用表的红表笔搭在滤波电容器的正极引脚端

滤波电容的背部引脚

①将万用表的挡位调整至“直流500V”电压挡

③将万用表的黑表笔搭在滤波电容器的负极引脚端

② 直流低压

图 12-8　万用表检测直流低压的方法

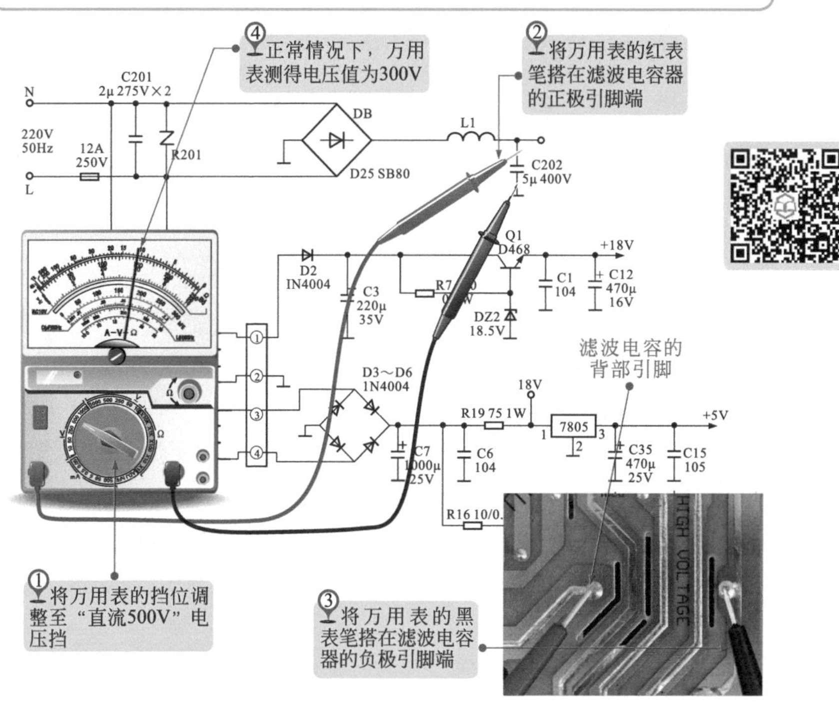

电磁炉电源供电电路无 +300V 电压输出时，还需要对电源供电电路输出的直流低压部分进一步检测，若输出的直流低压正常，则表明低压电源电路可以正常工作；若输出的直流低压不正常，则表明电源供电电路可能没有进入工作状态。

图 12-8 为万用表检测直流低压的方法。

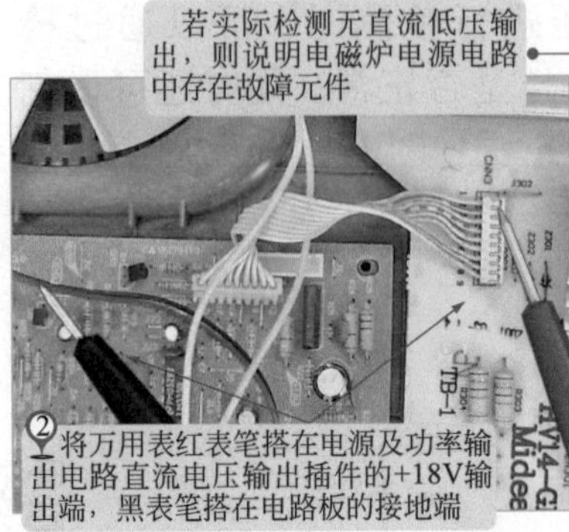

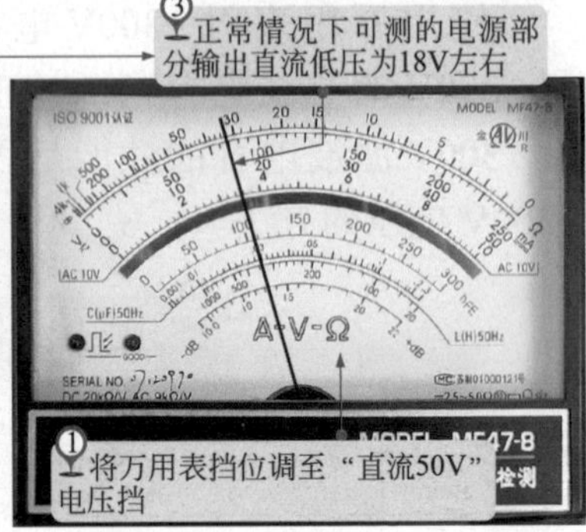

③ 220V输入电压

图 12-9 万用表检测 220V 输入电压的方法

若检测电源供电电路无任何电压输出时，首先怀疑电源供电电路没有进入工作状态，此时，应重点对交流 220V 输入的电压进行检测。

正常情况下，电源供电电路应有交流 220V 的供电电压，可通过万用表进行检测。图 12-9 为万用表检测 220V 输入电压的方法。

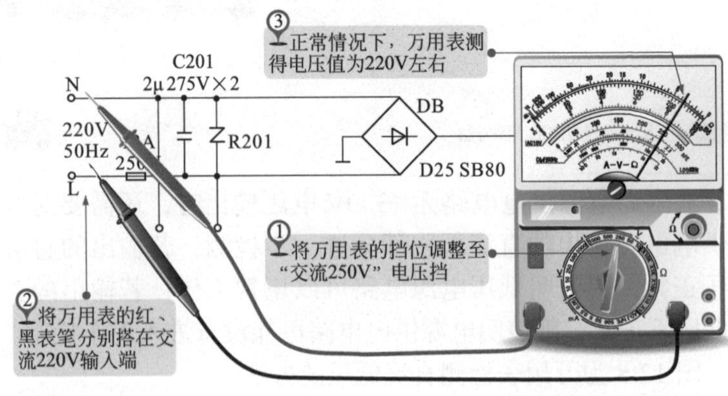

12.2.3　万用表检测电磁炉电源供电电路中的桥式整流堆

图 12-10　万用表检测桥式整流堆的方法

桥式整流堆用于将输入电磁炉中的交流 220V 电压整流成 +300V 直流电压，为功率输出电路供电，若桥式整流堆损坏，则会引起电磁炉出现不开机、不加热、开机无反应等故障。

如图 12-10 所示，可使用万用表检测桥式整流堆的输入、输出端电压值来判断桥式整流堆的好坏。

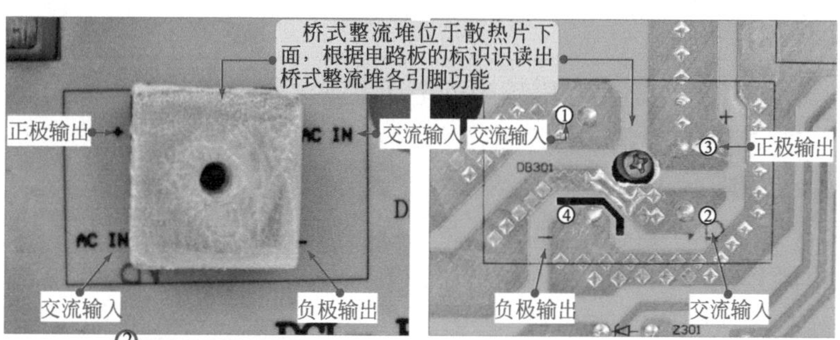

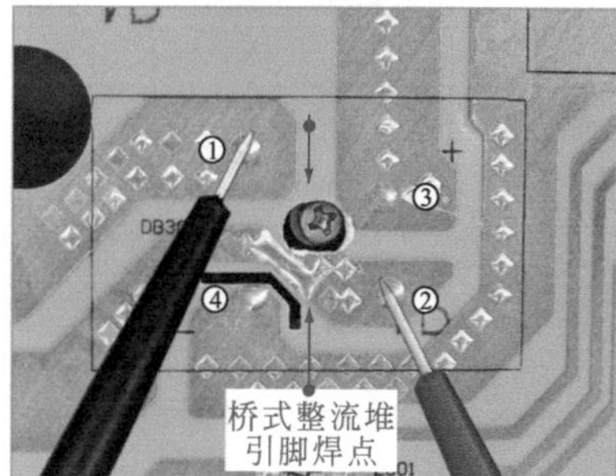

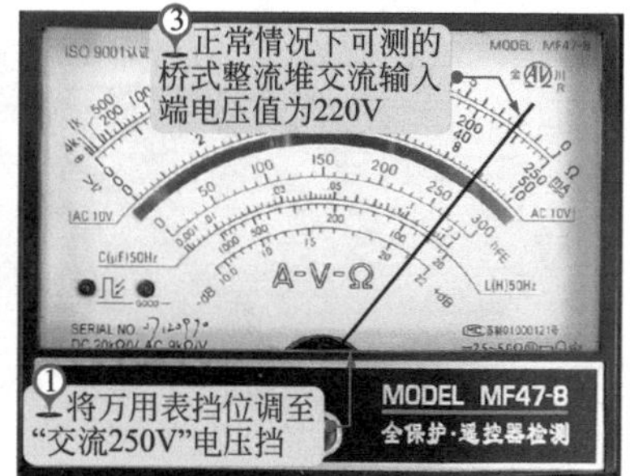

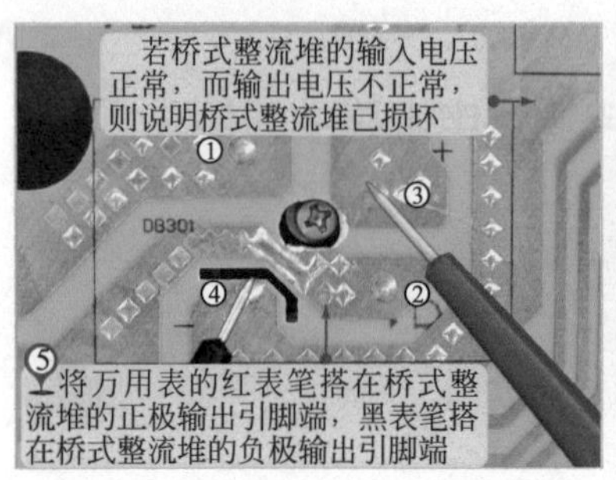

若桥式整流堆的输入电压正常，而输出电压不正常，则说明桥式整流堆已损坏
①
③
DB301
④
②
⑤将万用表的红表笔搭在桥式整流堆的正极输出引脚端，黑表笔搭在桥式整流堆的负极输出引脚端

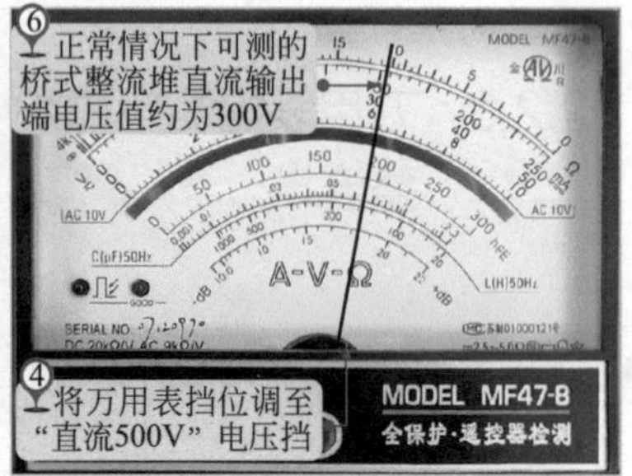

12.2.4 万用表检测电磁炉电源供电电路中的降压变压器

降压变压器是电磁炉中的电压变换元件，主要用于将交流220V电源进行降压，若电源变压器故障，将导致电磁炉不工作或加热不良等现象。

使用万用表对降压变压器进行检测时，可在通电的状态下，检测其输入侧和输出侧的电压值判断好坏。图12-11为万用表检测降压变压器的方法。

图12-11 万用表检测降压变压器的方法

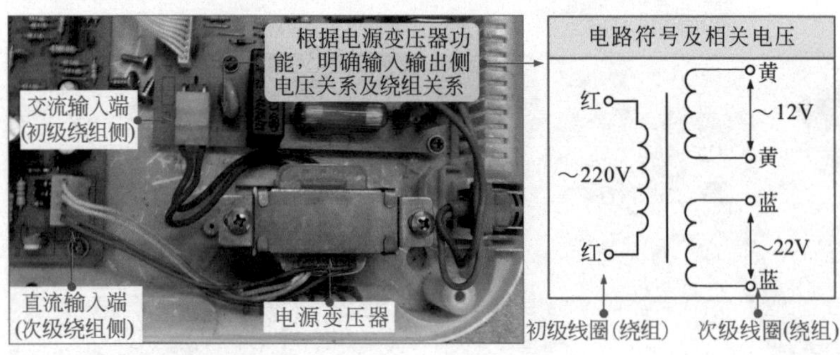

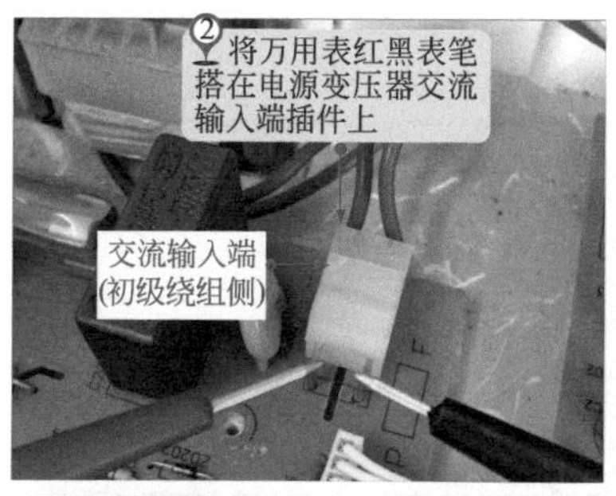

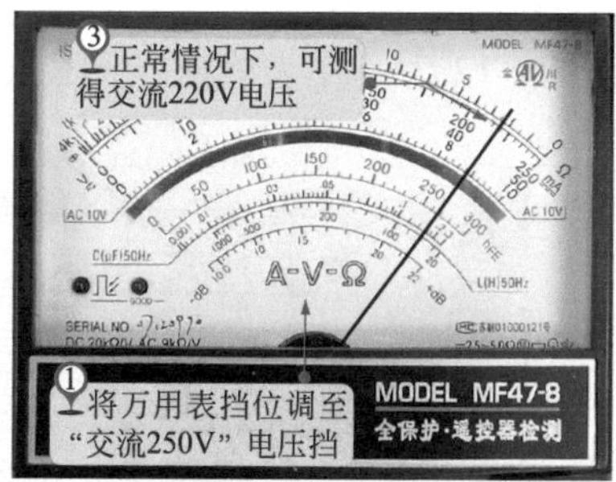

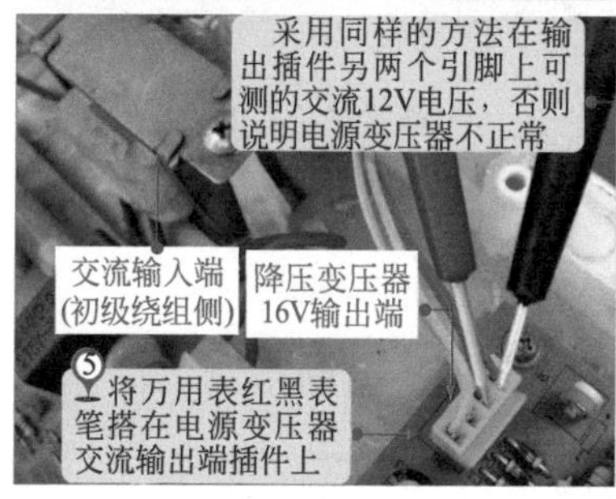

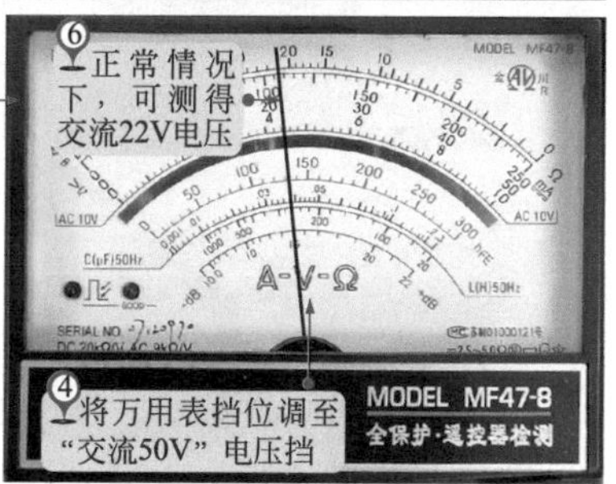

12.2.5　万用表检测电磁炉电源供电电路中的三端稳压器

图 12-12　万用表检测三端稳压器的方法

在电源供电电路中三端稳压器与稳压二极管的功能类似，都是用于稳压。若三端稳压器出现故障，则电源供电电路无直流低压输出。

使用万用表对三端稳压器进行检测时，可以在通电状态下，检测三端稳压器的输入、输出电压是否正常，若输入的电压正常，而输出电压不正常，则表明三端稳压器本身损坏。

图 12-12 为万用表检测三端稳压器的方法。

Q1 D468
+18V
C3 220μ 35V
R7 680 0.5W
C1 104
C12 470μ 16V
DZ2 18.5V
三端稳压器 7805
D3～D6 IN4004
18V
R19 75 1W
7805
+5V
C7 1000μ 25V
C6 104
C35 470μ 25V
C15 105
R16 10/0.5W
7812
+12V
C9 100μ 16V
C13 104
电压输入端
接地
电压输出端

①将万用表量程调至“直流50V”电压挡

②将万用表红表笔搭在三端稳压器的1脚，黑表笔搭在2脚上

三端稳压器背部引脚

③正常情况下，应检测到18V的直流电压

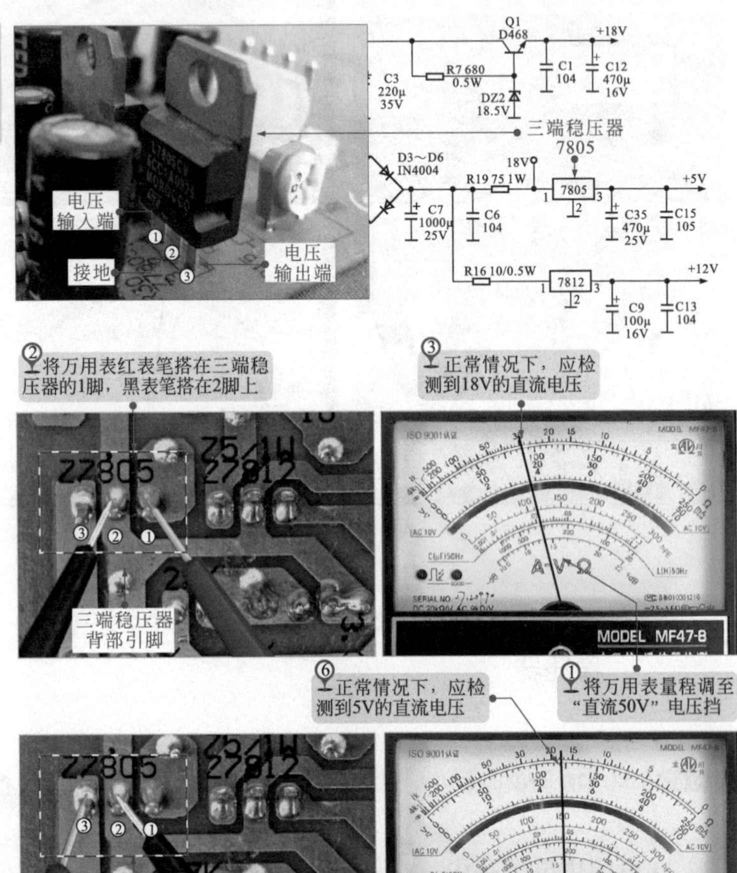

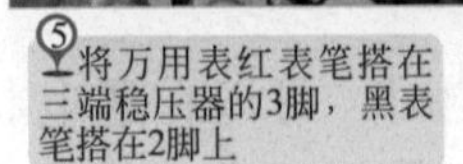

④将万用表量程调至“直流10V”电压挡

⑤将万用表红表笔搭在三端稳压器的3脚，黑表笔搭在2脚上

⑥正常情况下，应检测到5V的直流电压

12.3 万用表检测电磁炉功率输出电路的方法

12.3.1 电磁炉功率输出电路的检测要点

图 12-13　功率输出电路的结构特点

电磁炉的功率输出电路是用于驱动炉盘线圈、辐射电磁能的功能电路，也是一种将直流 300V 电压变成高频振荡的逆变单元电路，是电磁炉的主电路。

功率输出电路通常与电源供电电路安装在同一电路板中，如图 12-13 所示，可以看到，电磁炉的功率输出电路主要是由炉盘线圈、高频谐振电容、IGBT（门控管）以及阻尼二极管等组成。

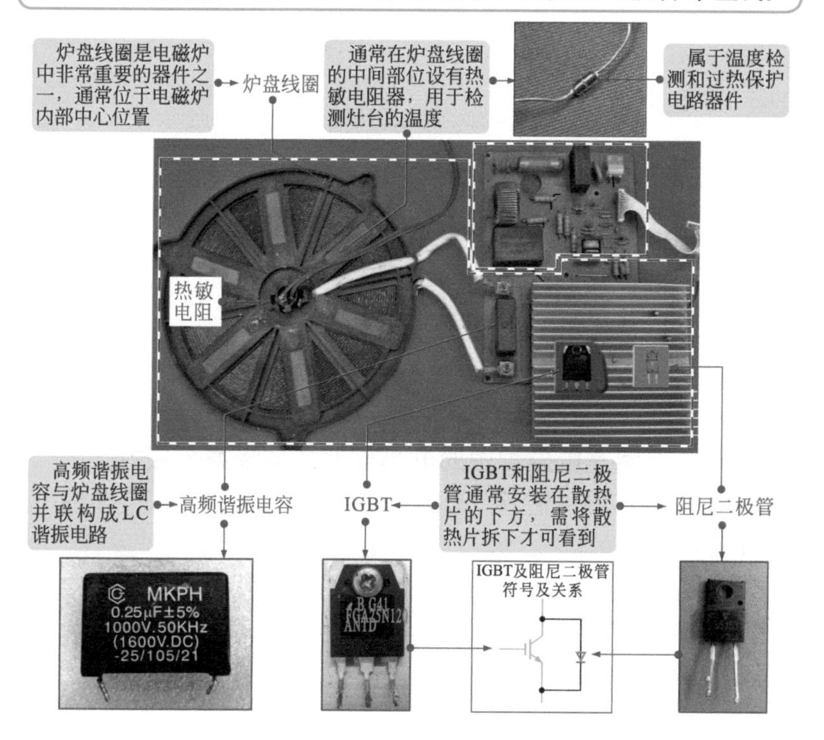

炉盘线圈是电磁炉中非常重要的器件之一，通常位于电磁炉内部中心位置

炉盘线圈

通常在炉盘线圈的中间部位设有热敏电阻器，用于检测灶台的温度

属于温度检测和过热保护电路器件

热敏电阻

高频谐振电容与炉盘线圈并联构成LC谐振电路

高频谐振电容

IGBT

IGBT和阻尼二极管通常安装在散热片的下方，需将散热片拆下才可看到

阻尼二极管

MKPH
0.25μF±5%
1000V.50KHz
(1600V.DC)
-25/105/21

IGBT及阻尼二极管符号及关系

图 12-14 功率输出电路的检测要点

在电磁炉中，功率输出电路是实现电磁炉加热食物时的关键电路。当功率输出电路出现故障时，常会引起电磁炉通电跳闸、不加热、烧熔断器、无法开机等现象。如图 12-14 所示，出现上述现象后，可重点检测炉盘线圈、高频谐振电容、IGBT 和阻尼二极管。

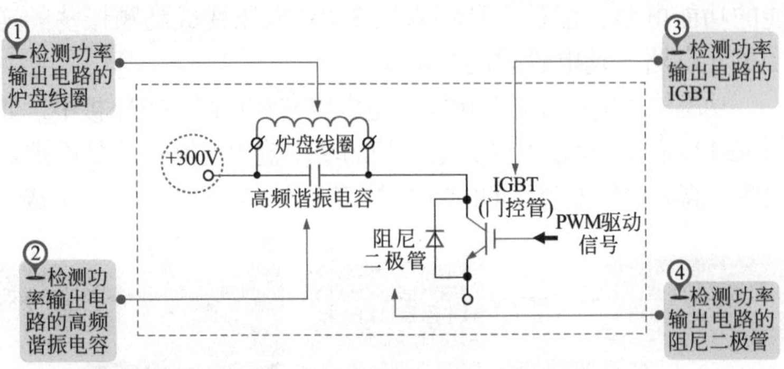

12.3.2 万用表检测电磁炉功率输出电路中的炉盘线圈

图 12-15 万用表检测炉盘线圈的方法

炉盘线圈是电磁炉中的电热部件，是该类产品中实现电能转换成热能的关键器件。若炉盘线圈损坏，将直接导致电磁炉无法加热。

使用万用表对炉盘线圈进行检测时，可利用万用表检测炉盘线圈阻值的方法，判断炉盘线圈是否损坏。图 12-15 为万用表检测炉盘线圈的方法。

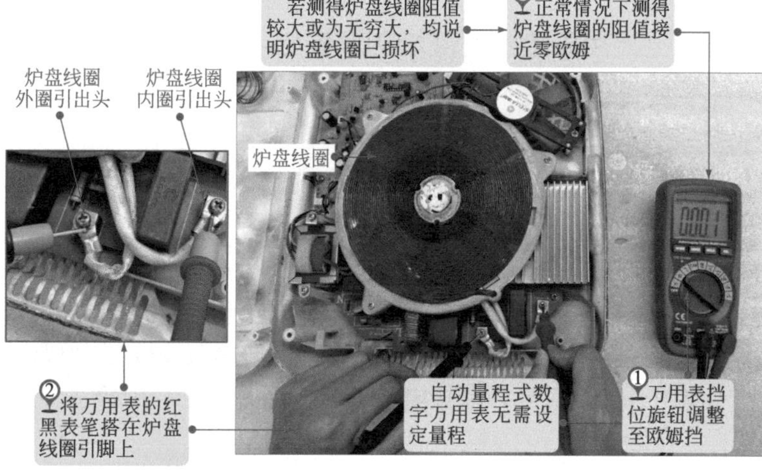

图 12-16　万用表检测炉盘线圈电感量

检查电磁炉炉盘线圈时，除可用万用表检测线圈阻值的方法判断外，也可借助数字万用表电感量测量挡位测量炉盘线圈的电感量来判断好坏，如图 12-16 所示，目前，电磁炉炉盘线圈的电感量主要有 137μH、140μH、175μH、210μH 等几种规格。

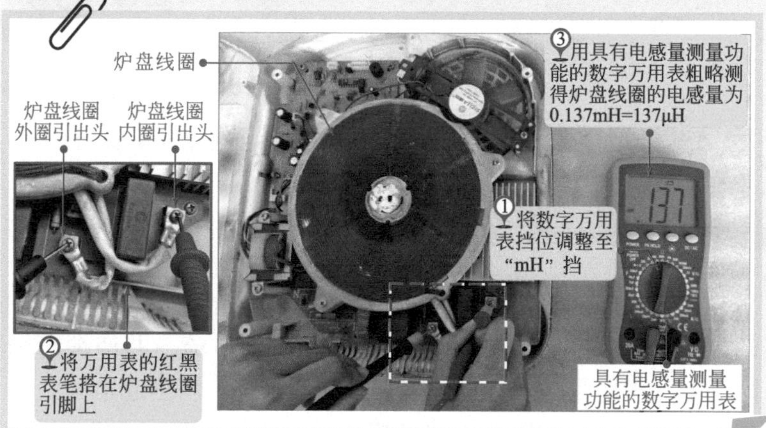

12.3.3 万用表检测电磁炉功率输出电路中的高频谐振电容

图 12-17 万用表检测高频谐振电容的方法

高频谐振电容与炉盘线圈构成 LC 谐振电路，若谐振电容损坏，电磁炉无法形成振荡回路，因此当谐振电容损坏时，将引起电磁炉出现加热功率低、不加热、击穿 IGBT 等故障。

使用万用表对高频谐振电容进行检测时，可利用数字万用表的电容量测量挡检测其电容量，将实测电容量值与标称值相比较来判断好坏。图 12-17 为万用表检测高频谐振电容的方法。

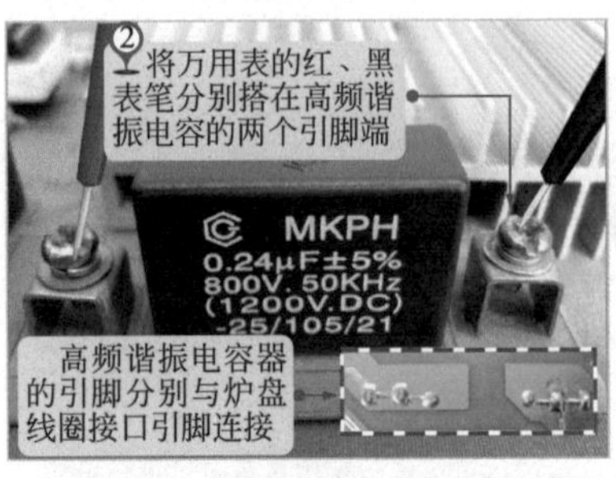

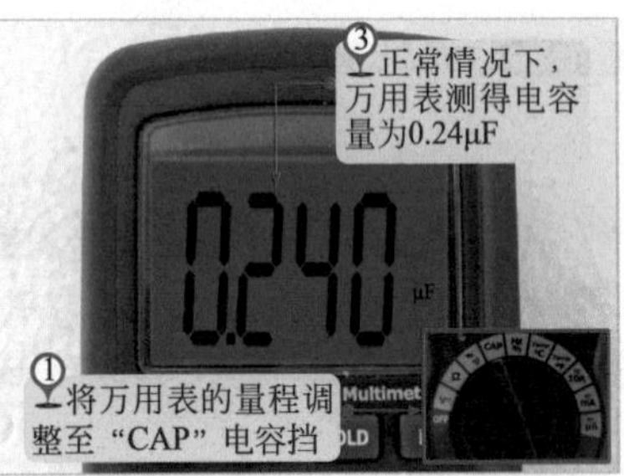

12.3.4 万用表检测电磁炉功率输出电路中的IGBT

图 12-18 万用表检测 IGBT 的方法

IGBT 用于控制炉盘线圈的电流，即在高频脉冲信号的驱动下使流过炉盘线圈的电流形成高速开关电流，并使炉盘线圈与并联电容形成高压谐振。若 IGBT 损坏，将引起电磁炉出现开机跳闸、烧保险、无法开机或不加热等故障。

使用万用表对 IGBT 进行检测时，可通过检测 IGBT 各引脚间的正反向阻值，来判断 IGBT 的好坏。图 12-18 为万用表检测 IGBT 的方法。

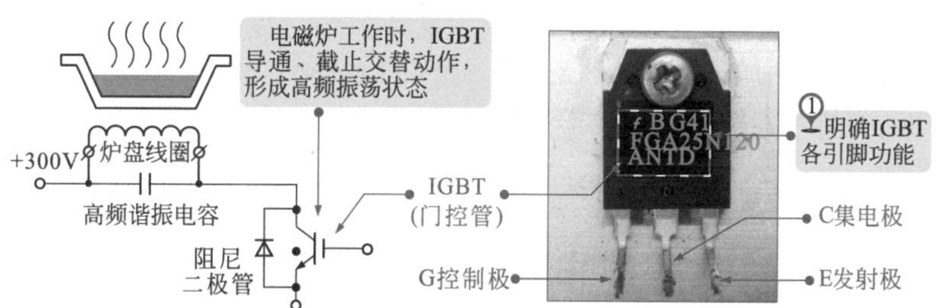

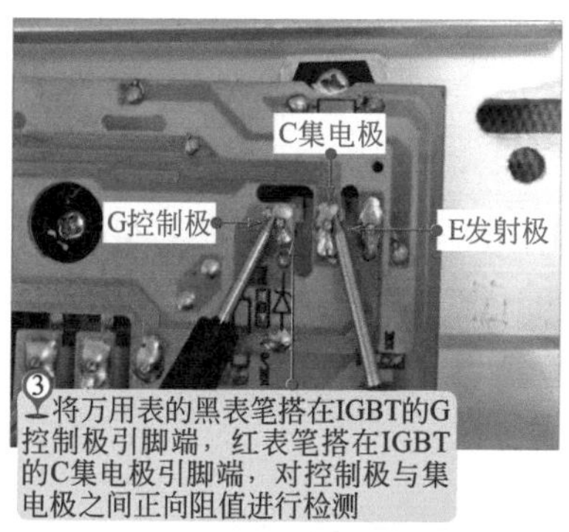

使用同样的方法对IGBT的G控制极与E发射极之间的正反向阻值进行检测。正常情况下控制极与发射极之间正向阻值为3kΩ、反向阻值为5kΩ左右

⑦观察万用表表盘读出实测数值为无穷大

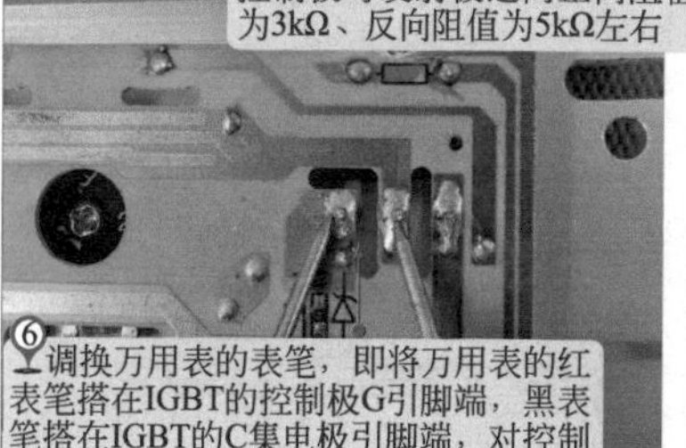

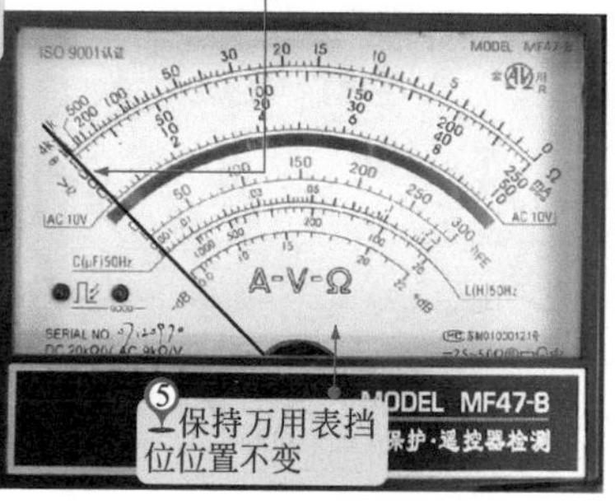

正常情况下，IGBT 在路检测时，控制极与集电极之间正向阻值为 9kΩ 左右，反向阻值为无穷大；控制极与发射极之间正向阻值为 3kΩ、反向阻值为 5kΩ 左右，若实际检测时，发现检测值与正常值有很大差异，则说明该 IGBT 损坏。另外，有些 IGBT 内部集成有阻尼二极管，因此检测集电极与发射极之间的阻值受内部阻尼二极管的影响，发射极与集电极之间二极管的正向阻值为 3kΩ，反向阻值为无穷大。而单独检测 IGBT（无阻尼二极管）集电极与发射极之间的正反向阻值均为无穷大。

12.3.5 万用表检测电磁炉功率输出电路中的阻尼二极管

图 12-19 万用表检测阻尼二极管的方法

在设有独立的阻尼二极管的功率输出电路中，若阻尼二极管损坏，极易引起 IGBT 击穿损坏，因此，在该电路的检测过程中，对阻尼二极管进行检测也是十分重要的环节。图 12-19 为万用表检测阻尼二极管的方法。

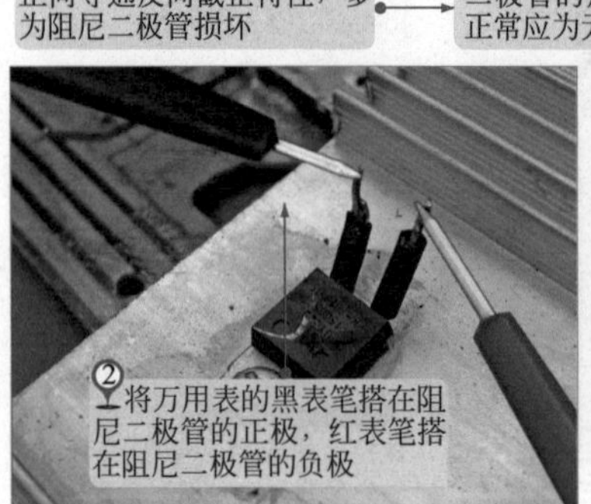

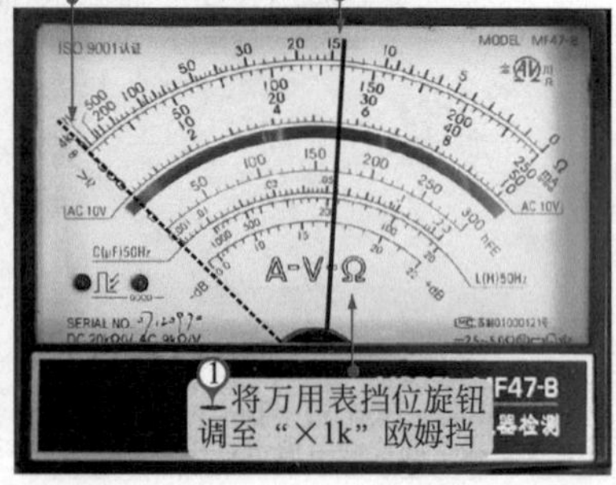

阻尼二极管是保护 IGBT（门控管）在高反压情况下不被击穿损坏的保护元器件，阻尼二极管损坏后，IGBT（门控管）很容易损坏。如发现阻尼二极管损坏，必须及时更换。且当发现 IGBT 损坏后，在排除故障时，还应检测阻尼二极管是否损坏，若损坏需要同时更换，否则即使更换 IGBT 后，也很容易再次损坏，引发故障。

12.4 万用表检测电磁炉主控电路的方法

12.4.1 电磁炉主控电路的检测要点

在电磁炉中，主控电路是实现电磁炉整机功能自动控制的关键电路。当主控电路出现故障时，常会引起电磁炉不开机、不加热、无锅不报警等故障。对主控电路进行检测时，根据主控电路的结构特点及检测要点进行检测。

图 12-20 典型主控电路的结构特点

图 12-20 为典型主控电路的结构特点。电磁炉的主控电路主要是由一个个的元件和部件构成的，包括微处理（CPU）、晶体、电压比较器（LM339）、运算放大器（LM324）、PWM 信号驱动芯片（TA8316）、蜂鸣器、电流检测变压器、温度检测传感器、散热风扇等。

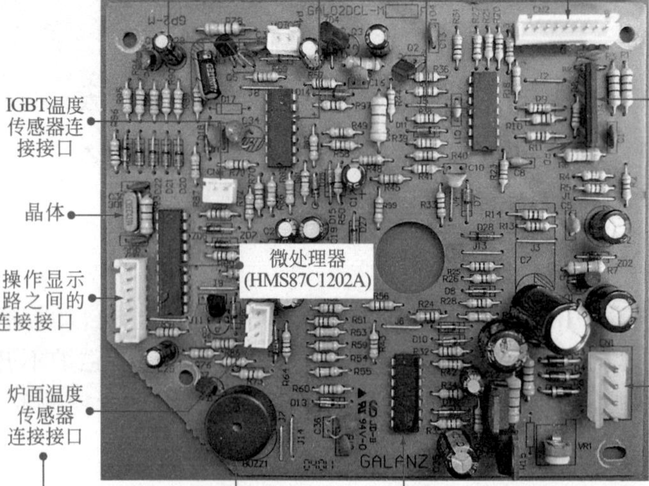

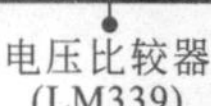

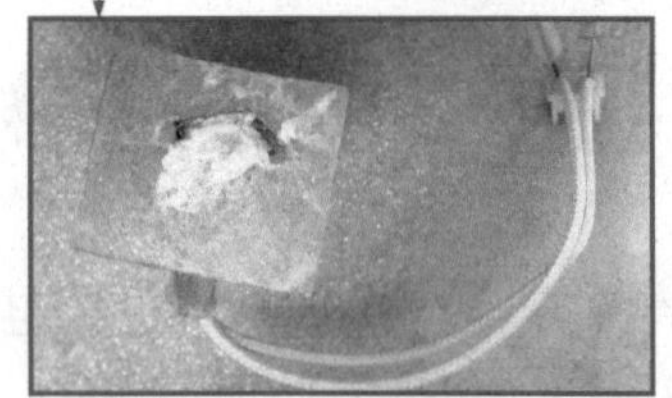

图 12-21 电磁炉主控电路的检测要点

在电磁炉中，主控电路是实现电磁炉整机功能自动控制的关键电路。当主控电路出现故障时，常会引起电磁炉不开机、

不加热、无锅不报警等故障。出现上述故障时，可主要对主控电路中直流供电电压、微处理器、电压比较器 LM339、PWM 信号驱动芯片、温度传感器和散热风扇电动机进行检测。图 12-21 为电磁炉主控电路的检测要点。

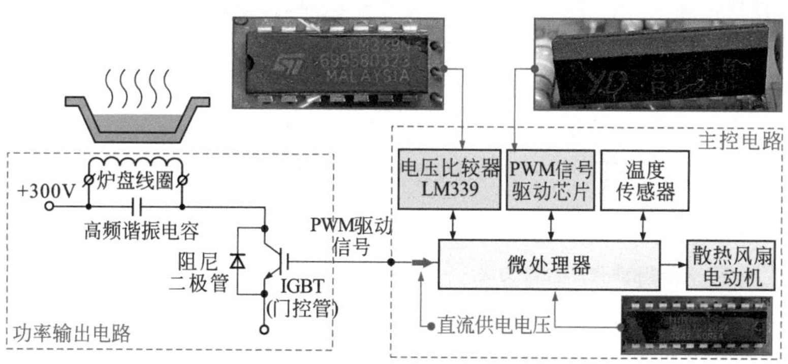

12.4.2 万用表检测电磁炉主控电路中的直流供电电压

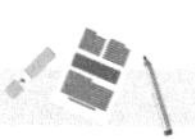

图 12-22 万用表检测直流供电电压的方法

若主控电路无驱动信号输出，首先怀疑主控电路未进入工作状态，此时，应重点对该电路的工作条件进行检测，这里我们首先检测主控电路直流供电电压。

使用万用表对直流供电电压进行检测时，可用万用表在主控电路供电插件处进行检测，如图 12-22 所示，若电压正常，说明主控电路的基本供电条件正常；若无电压则应检测电源供电电路部分。

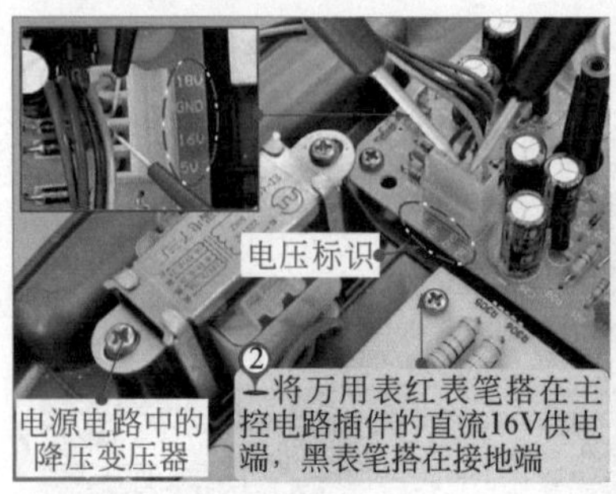

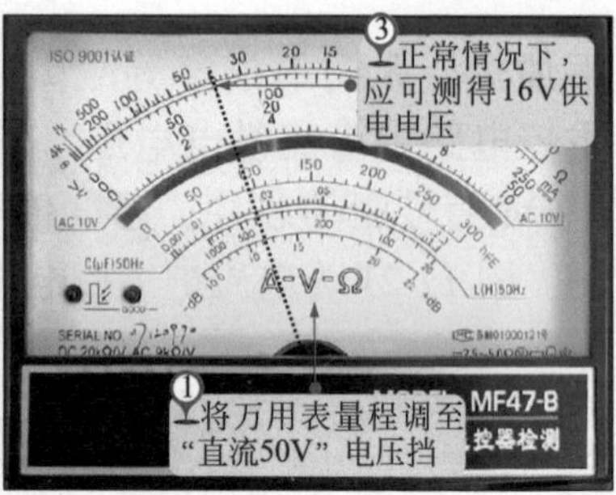

12.4.3 万用表检测电磁炉主控电路中的微处理器

图 12-23 万用表检测微处理器的方法

微处理器在主控电路中乃至电磁炉整机中，都是非常重要的器件。若微处理器损坏将直接导致电磁炉不开机、控制失常等故障。

使用万用表对微处理器进行检测时，可对其基本工作条件进行检测，即检测供电电压、复位电压和时钟信号，若三大工作条件满足前提下，微处理器不工作，则多为微处理器本身损坏。图 12-23 为万用表检测微处理器的方法。

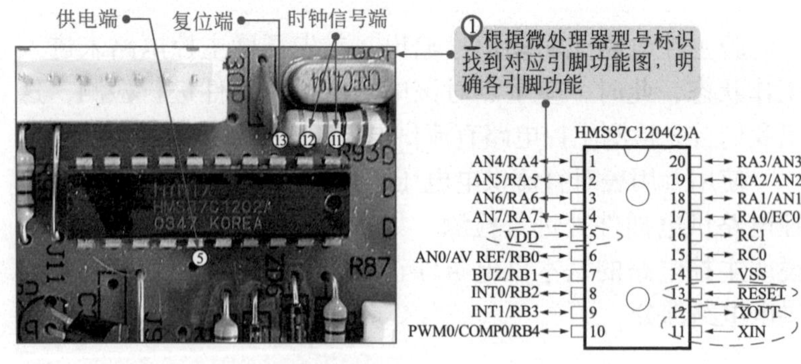

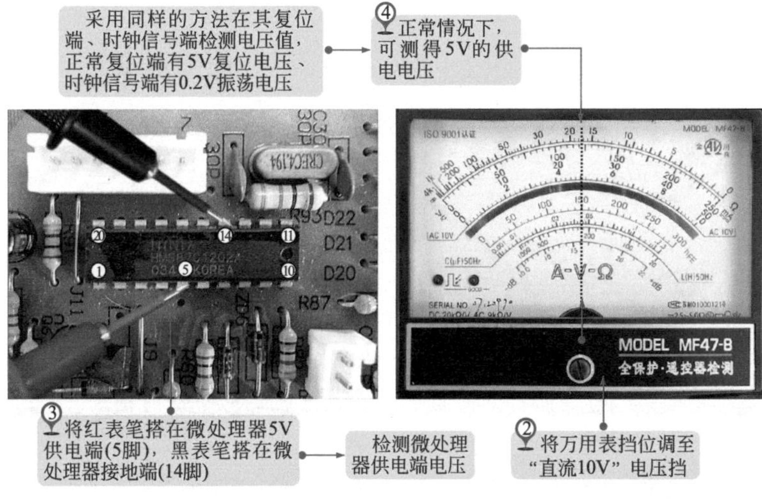

12.4.4　万用表检测电磁炉主控电路中的电压比较器LM339

图 12-24　万用表检测电压比较器 LM339 的方法

电压比较器 LM339 可应用在电磁炉中的浪涌保护电路、PWM 调制电路、锅质检测电路等电路中，所以在确保供电、微处理器输出的信号均正常的情况下，还应对电压比较器 LM339 的输出信号进行检测。若该元件异常将引起电磁炉不加热或加热异常故障。

使用万用表对电压比较器 LM339 进行检测时，通常可在断电条件下检测各引脚对地阻值的方法判断好坏。图 12-24 为万用表检测电压比较器 LM339 的方法。

调换表笔，采用同样的方法检测电压比较器各引脚的反向对地阻值

③正常情况下，可测得3脚正向对地阻值为2.9kΩ

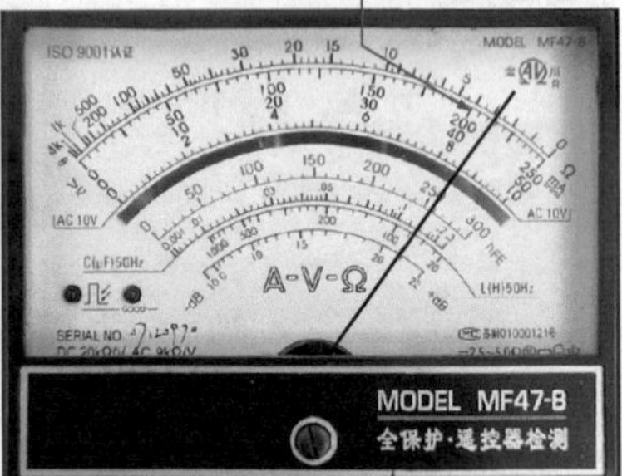

②红表笔依次搭在微处理器各引脚上(以3脚为例)，黑表笔搭在微处理器接地端(12脚)

检测微处理器各引脚正向对地阻值

①将万用表挡位调至“×1k”欧姆挡

将实测结果与正常值结构相比较，若偏差较大，则多为电压比较器内部损坏。一般情况下，若电压比较器引脚对地阻值未出现多组数值为零或为无穷大的情况，基本属于正常

表 12-1 为电压比较器 LM339 的各引脚对地阻值。

表 12-1　电压比较器 LM339 的各引脚对地阻值

引脚	对地阻值 /kΩ	引脚	对地阻值 /kΩ	引脚	对地阻值 /kΩ
1	7.4	6	1.7	11	7.4
2	3	7	4.5	12	0
3	2.9	8	9.4	13	5.2
4	5.5	9	4.5	14	5.4
5	7.4	10	8.5	–	–

12.4.5　万用表检测电磁炉主控电路中的温度传感器

图 12-25　万用表检测温度传感器的方法

在电磁炉中温度传感器实际就是热敏电阻器，该器件具有随温度变化自身阻值也变化的特点，是温度检测电路中的关键元件，若该元件异常可能导致电磁炉无法实现过热保护功能。

使用万用表对温度传感器进行检测时，一般可在改变温度条件下检测其阻值变化情况来判断好坏。图 12-25 为万用表检测温度传感器的方法。

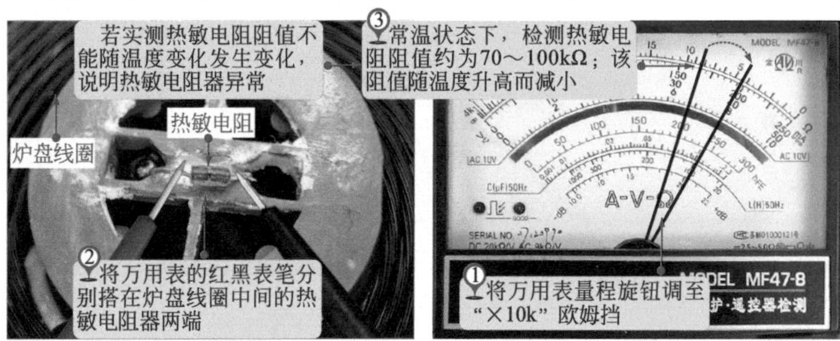

12.4.6　万用表检测电磁炉主控电路中的PWM信号驱动芯片

图 12-26　万用表检测 PWM 信号驱动芯片的方法

PWM 信号驱动芯片是 IGBT 截止和接通状态的驱动控制电路，若该芯片异常将导致 IGBT 不工作，进而引起电磁炉开机不加热故障。

使用万用表对 PWM 信号驱动芯片进行检测时，一般可在通电状态下检测其供电电压及各引脚正反向对地阻值。图 12-26 为万用表检测 PWM 信号驱动芯片的方法。

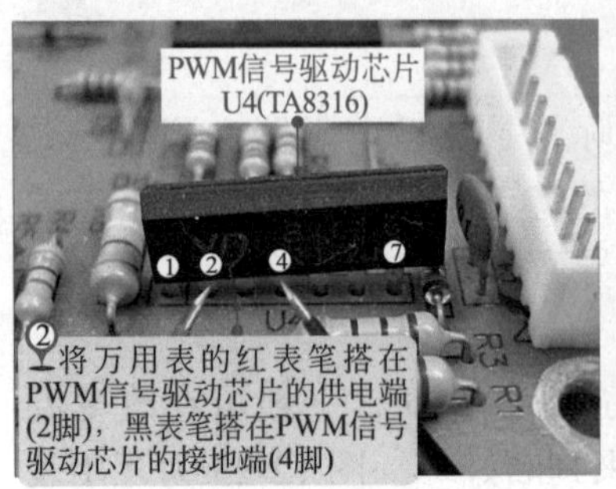

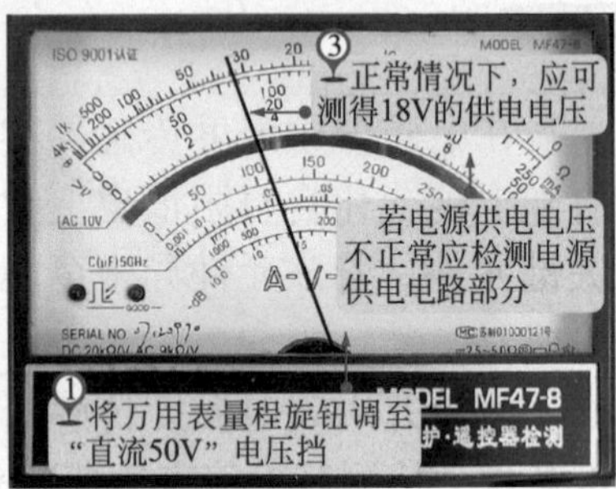

表 12-2 为 PWM 信号驱动芯片 U4（TA8316）的各引脚对地阻值。

表 12-2　PWM 信号驱动芯片 U4（TA8316）的各引脚对地阻值

引脚	正向阻值 /kΩ（×1k）	反向阻值 /kΩ（×1k）	引脚	正向阻值 /kΩ（×1k）	反向阻值 /kΩ（×1k）
1	2.5	2.5	5	6.5	32
2	5.5	27	6	6.5	32
3	6	28	7	6.5	32
4	0	0	—	—	—

12.4.7　万用表检测电磁炉主控电路中的散热风扇电动机

图 12-27　万用表检测散热风扇电动机的方法

散热风扇电动机主要用于带动风扇扇叶转动，将电磁炉

中的热量散发出去。若散热风扇电动机损坏，常会引起电磁炉出现保护停机的故障。

使用万用表检测散热风扇电动机时，可对散热风扇电动机的阻值进行检测，来判断散热风扇电动机是否正常。图 12-27 为万用表检测散热风扇电动机的方法。

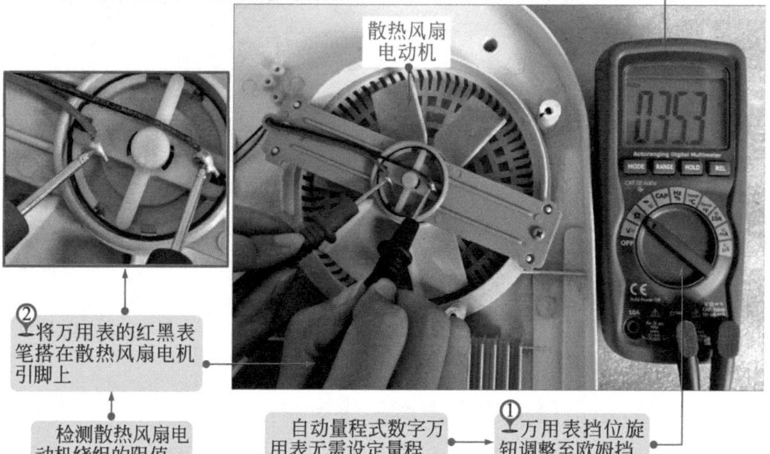

12.5 万用表检测电磁炉操作显示电路的方法

12.5.1 电磁炉操作显示电路的检测要点

图 12-28 典型操作显示电路的结构特点

操作显示电路是电磁炉实现人机交互的电路，不同品牌不同型号的电磁炉，其操作显示电路的组成器件也不相同，

图 12-28 为典型操作显示电路的结构特点，该操作显示电路主要是由操作按键、指示灯、连接插件以及数码显示管等元器件组成的。

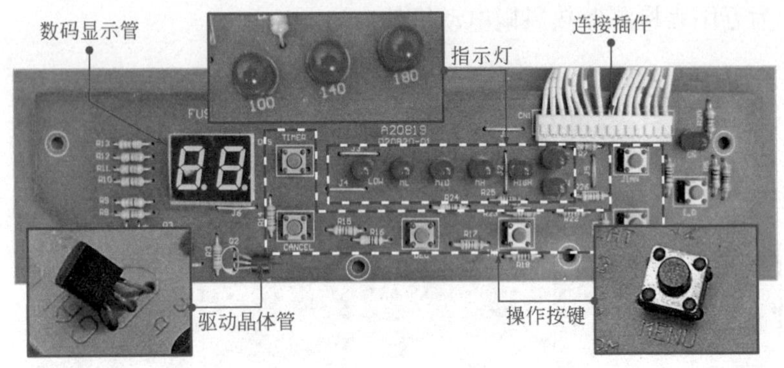

图 12-29 操作显示电路的检测要点

电磁炉的操作显示电路板出现故障后，常常会引起电磁炉操作功能失灵，或显示部分不动作。出现上述故障时，应主要对操作显示电路的操作按键、供电电压、指示灯进行检测。图 12-29 为操作显示电路的检测要点。

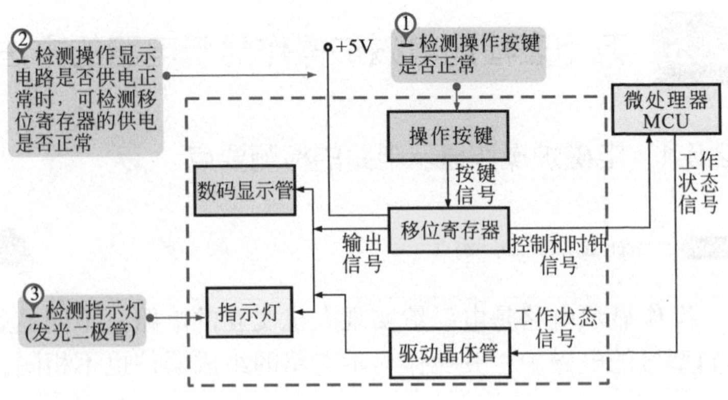

12.5.2　万用表检测电磁炉操作显示电路中的供电电压

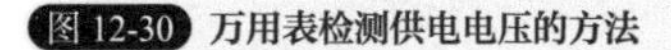

图 12-30 万用表检测供电电压的方法

操作显示电路正常工作需要一定的工作电压，若供电电压不正常，整个操作显示电路将不能正常工作，从而引起电磁炉出现按键无反应、指示灯、数码显示管无显示等故障。使用万用表对供电电压进行检测时，可在操作显示面板的插件或移位寄存器的供电端检测有无该供电电压。图 12-30 为万用表检测供电电压的方法。

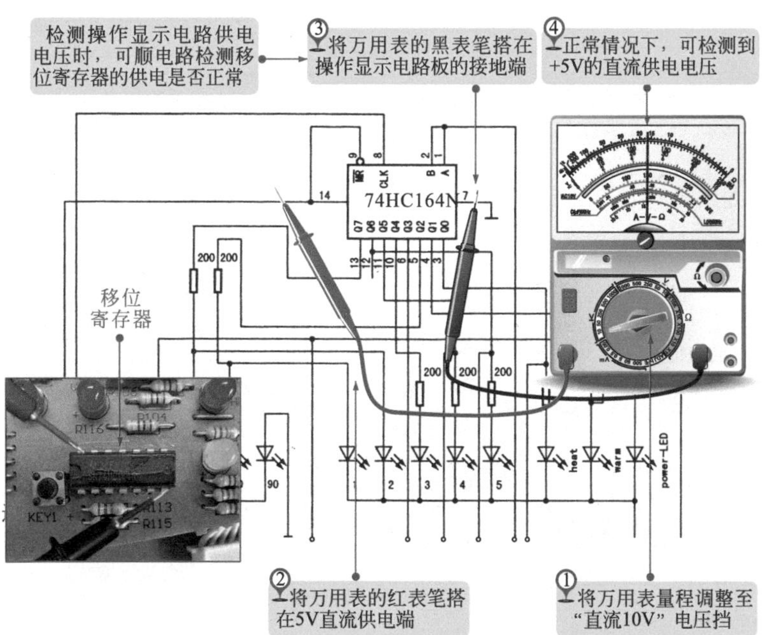

12.5.3 万用表检测电磁炉操作显示电路中的操作按键

图 12-31 万用表检测操作按键的方法

操作按键损坏经常会引起电磁炉控制失灵的故障，使用万用表对操作按键进行检测时，可检测操作按键的通断情况，以判断操作按键是否损坏。图 12-31 为万用表检测操作按键的方法。

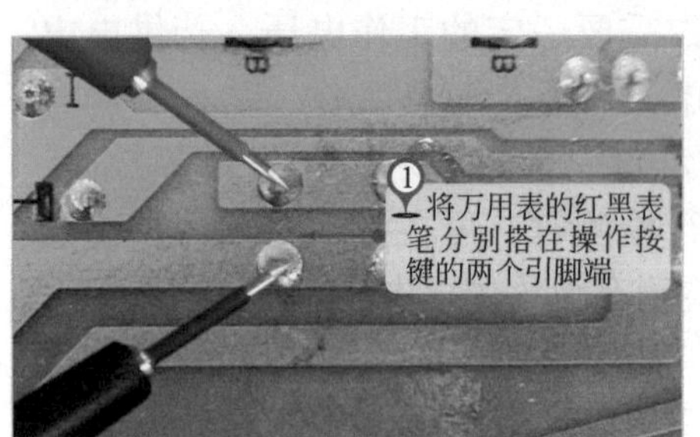

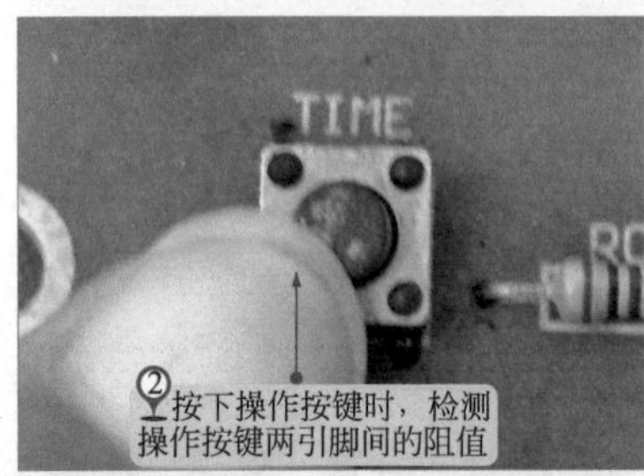

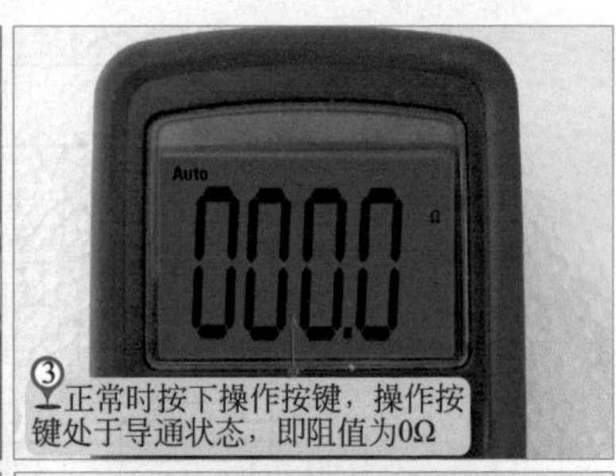

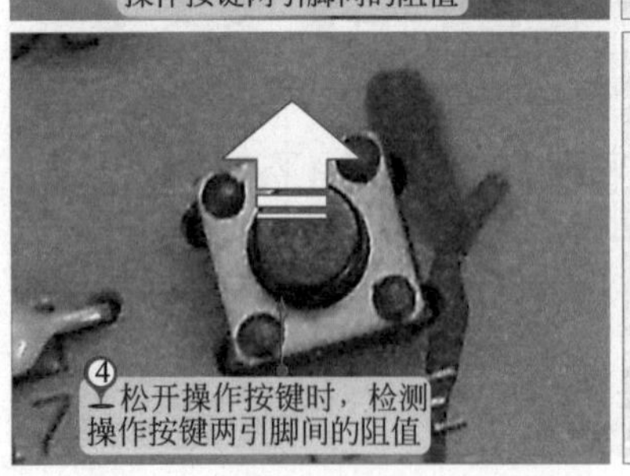

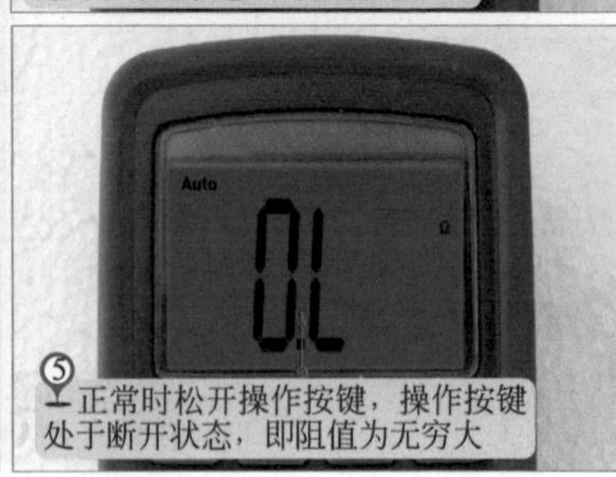

12.5.4　万用表检测电磁炉操作显示电路中的指示灯

图 12-32　万用表检测指示灯的方法

指示灯（发光二极管）是电磁炉主要的显示器件。当显示器件损坏时，经常会引起电磁炉显示异常的故障，如指示灯不亮。

使用万用表对指示灯进行检测时，可检测其阻值来判断指示灯的好坏。图 12-32 为万用表检测指示灯的方法。

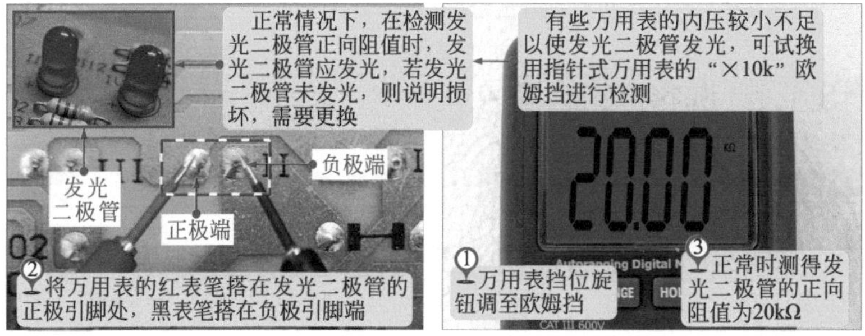

第13章 万用表检修洗衣机

13.1 洗衣机的结构原理

洗衣机是一种清洗衣物的家电产品，它是典型的机电一体化设备。通过相应的控制按钮和电路控制电动机的启、停运转，从而带动洗衣机洗涤系统转动，实现洗衣功能。洗衣机按照类型可分为波轮洗衣机和滚筒洗衣机。

13.1.1 洗衣机的结构特点

图 13-1 典型波轮洗衣机的结构特点

图 13-1 为典型波轮洗衣机的结构特点。由图可知，其主要是由外壳、围框、进排水管路、控制电路板、电动机、进水电磁阀、排水组件、减振支撑装置及其他相关的机械部件等部分构成的。

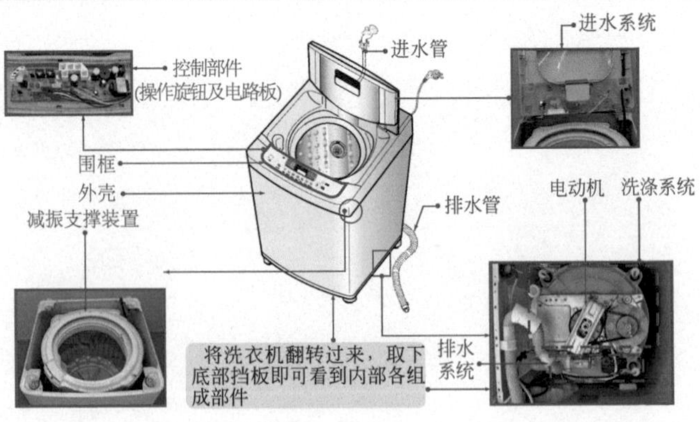

图 13-2　典型滚筒洗衣机的整机结构特点

滚筒洗衣机是将被洗涤的衣物放在水平（或接近水平）放置的洗涤桶内，使衣物的一部分浸入水中，滚筒定时正反转或连续转动，使衣物在桶内翻滚并与洗涤液之间产生碰撞、摩擦，从而达到洗涤目的。图 13-2 为典型滚筒洗衣机的整机结构特点。由图可知，滚筒洗衣机主要由进水系统、排水系统、洗涤系统、控制电路、减振支撑装置等部分构成。

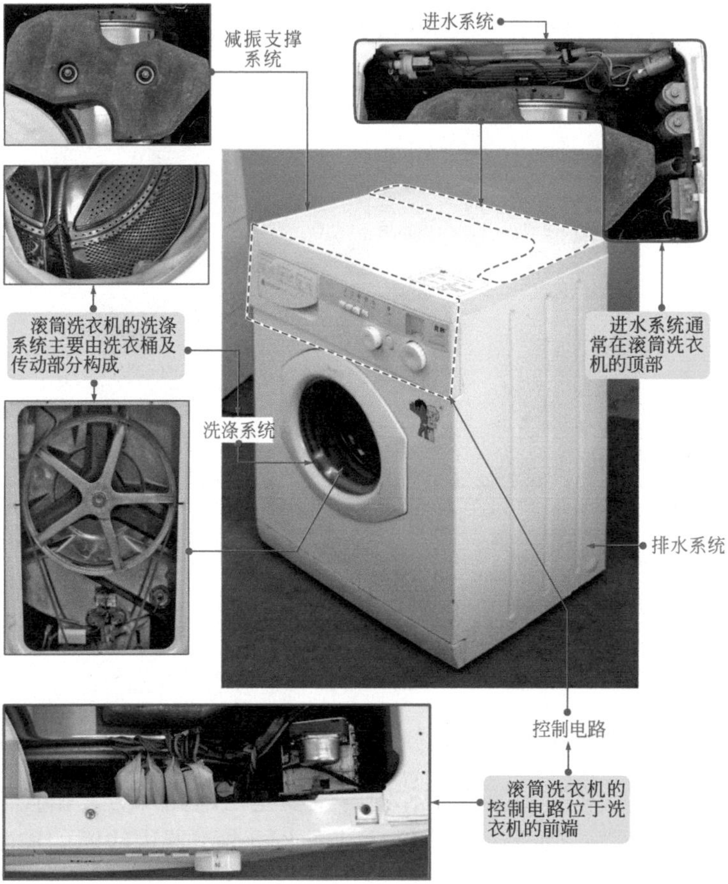

减振支撑系统

进水系统

滚筒洗衣机的洗涤系统主要由洗衣桶及传动部分构成

进水系统通常在滚筒洗衣机的顶部

洗涤系统

排水系统

控制电路

滚筒洗衣机的控制电路位于洗衣机的前端

13.1.2 洗衣机的工作原理

① 进水控制

图 13-3 进水系统与电路间的控制关系

图 13-3 为洗衣机进水系统与电路间的控制关系。洗衣机中的进水控制过程主要是由电路部分进行控制的，如进水系统中的进水电磁阀主要受电路部分控制，只有当电路部分正常输出进水控制指令时，电磁阀才可以开启并进行进水操作。

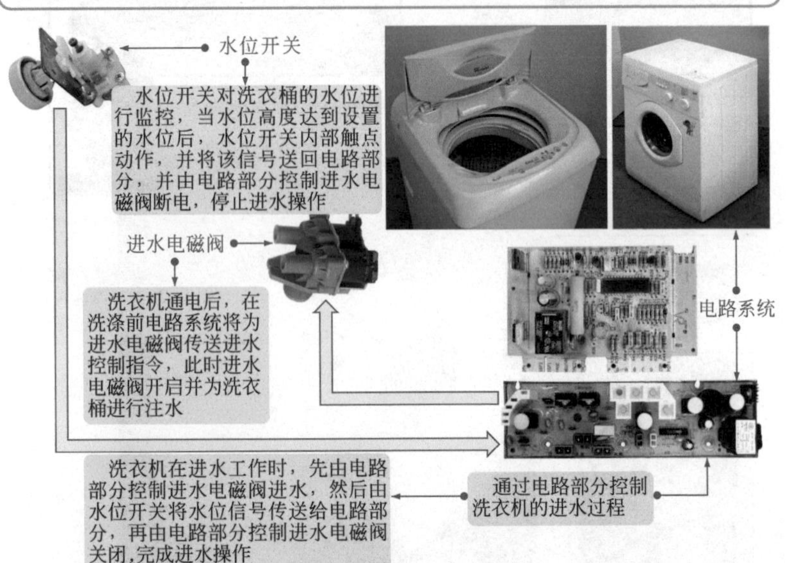

② 排水控制

图 13-4 排水系统与电路系统的关系

当洗衣机进行排水工作时，主要是由电路部分发出控制信号控制排水阀牵引器，通过对排水阀牵引器内线圈的控制

从而控制排水阀的开关状态。图 13-4 为排水系统与电路系统的关系。

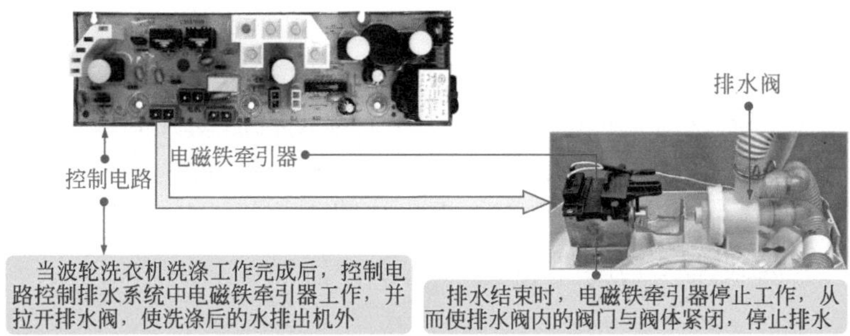

3 洗涤控制

图 13-5 洗涤控制与电路间的控制关系

当进水电磁阀停止进水后，控制电路控制洗涤电动机运转，并通过机械传动系统的配合完成洗涤工作。图 13-5 洗涤控制与电路间的控制关系。

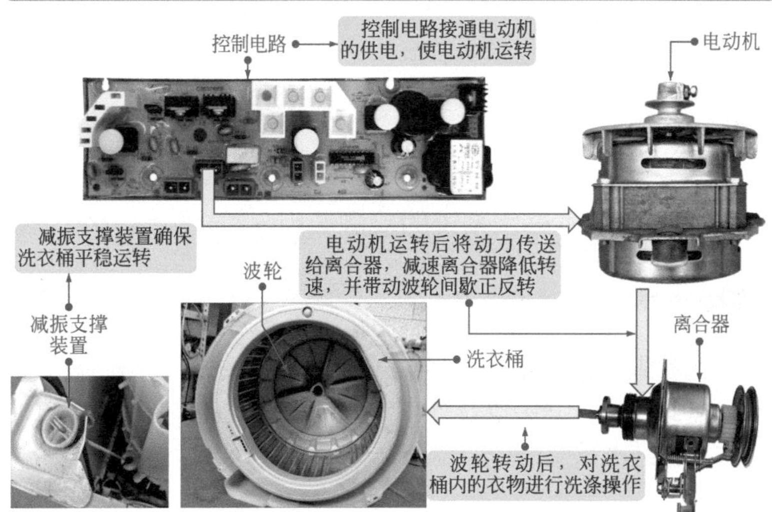

④ 脱水控制

图 13-6 脱水控制与电路间的控制关系

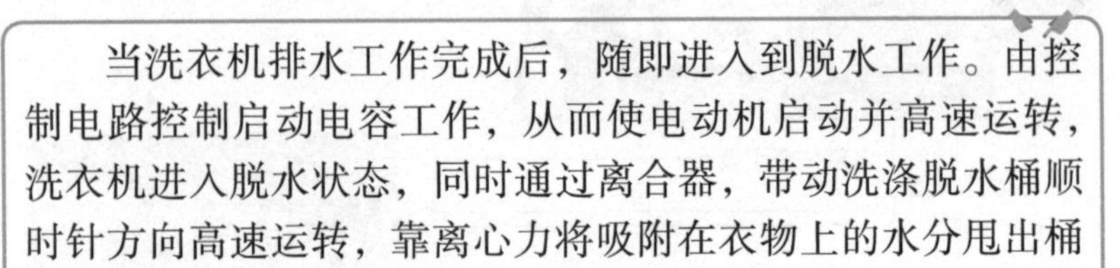

当洗衣机排水工作完成后，随即进入到脱水工作。由控制电路控制启动电容工作，从而使电动机启动并高速运转，洗衣机进入脱水状态，同时通过离合器，带动洗涤脱水桶顺时针方向高速运转，靠离心力将吸附在衣物上的水分甩出桶外，起到脱水作用。图 13-6 为脱水控制与电路间的控制关系。

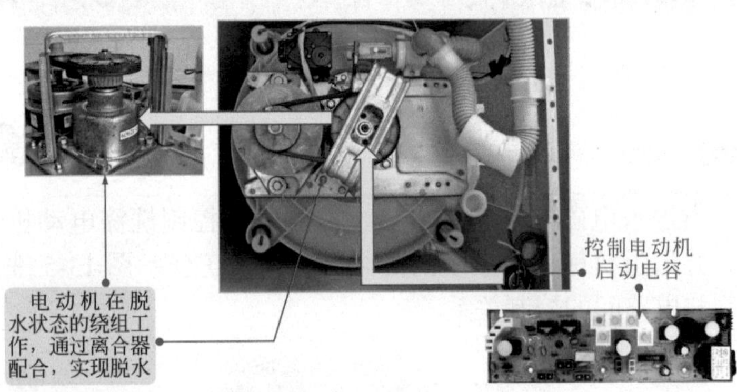

13.2 万用表监测洗衣机进水系统的方法

13.2.1 洗衣机进水系统的检测要点

图 13-7 典型洗衣机进水系统的结构特点

洗衣机的进水系统主要位于洗衣机围框内，主要是由进水电磁阀、水位开关以及外部一些部件构成的。图 13-7 为典型洗衣机进水系统的结构特点。

水位调节钮与水位开关相连，用于调节水位的高低

加水 高 低 中 水位

进水口位于波轮洗衣机的背部

出水盒　水位开关　水位调节钮　进水口

进水电磁阀　连接管　进水系统　洗衣机背部

进水电磁阀的一端接口为进水口；另一端与出水盒相连为出水口

波轮洗衣机的进水系统通常位于洗衣机整机的上部

图 13-8 洗衣机进水系统的检测要点

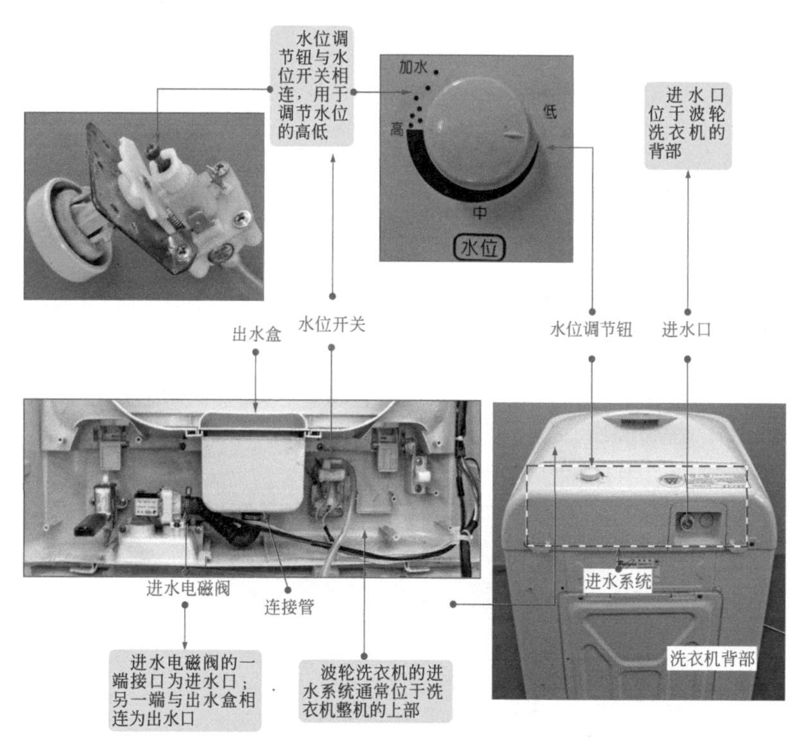

图 13-8 为洗衣机进水系统的检测要点。使用万用表检测洗衣机进水系统，应根据故障线索，沿信号流程，重点检测进水电磁阀和水位开关。

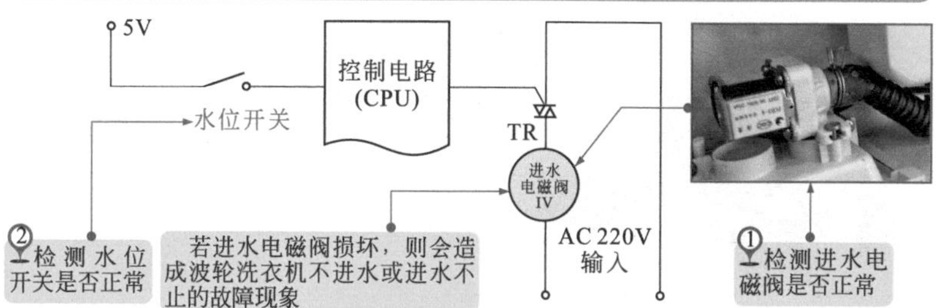

13.2.2 万用表检测洗衣机进水系统中的进水电磁阀

使用万用表对进水电磁阀进行检测时，主要对其供电电压和线圈阻值进行检测。

1 供电电压

图 13-9 万用表检测进水电磁阀供电电压的方法

使用万用表对供电电压进行检测时，可以检测进水电磁阀供电引脚端的电压来判断其好坏。图 13-9 为万用表检测进水电磁阀供电电压的方法。

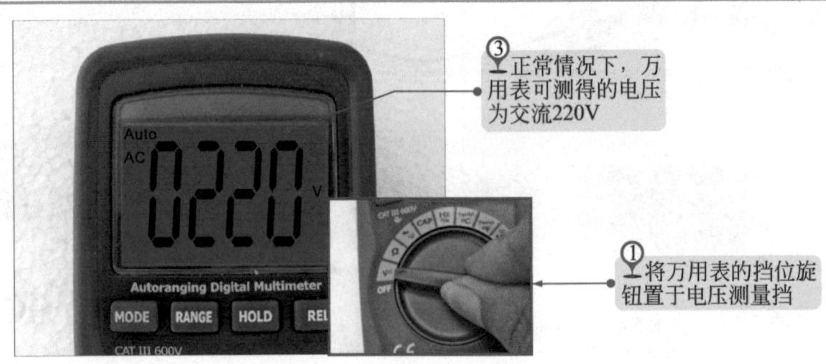

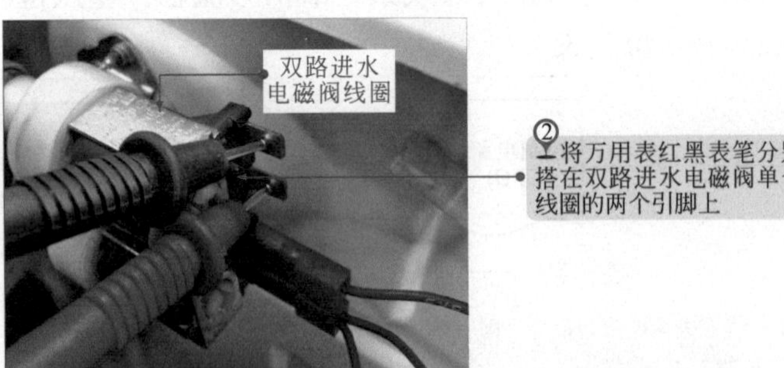

❷ 线圈阻值

图 13-10 万用表检测进水电磁阀线圈阻值的方法

图 13-10 为万用表检测进水电磁阀线圈阻值的方法。

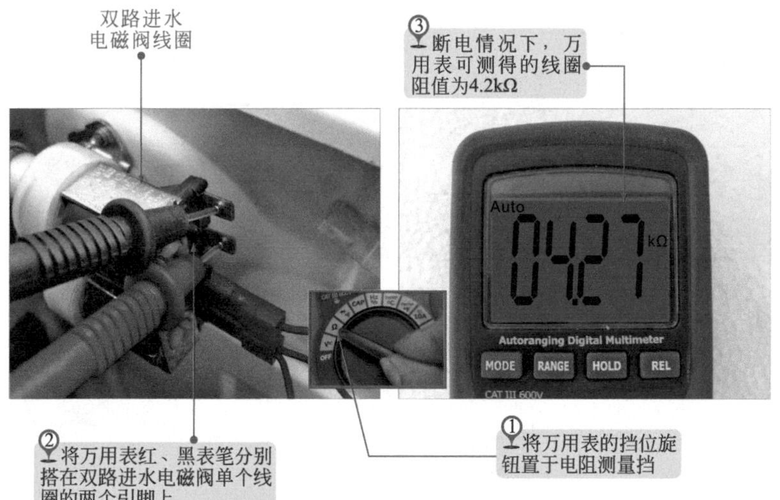

13.2.3　万用表检测洗衣机进水系统中的水位开关

图 13-11 万用表检测水位开关的方法

使用万用表对水位开关进行检测时，可对水位开关内各触点间的通断状态进行判断，在未注水或水位未达到设定高度的情况下，水位开关触点间的阻值应为无穷大；当水位达到设定高度时，水位开关触点间的阻值为零。图 13-11 为万用表检测水位开关的方法。

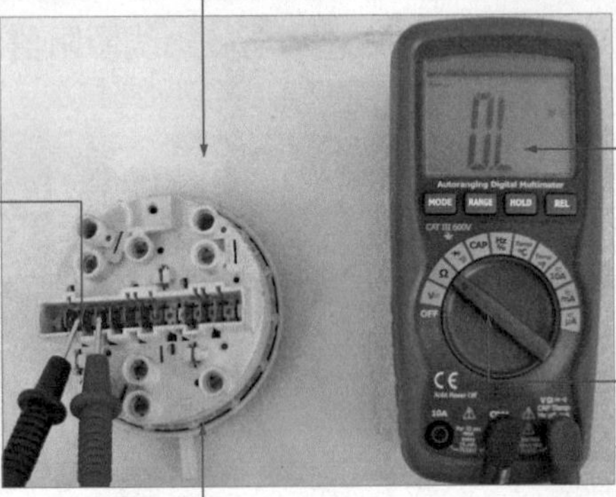

①将万用表的挡位调整至欧姆挡

②检测水位开关内高水位触点的阻值，红黑表笔分别搭在3、4脚上

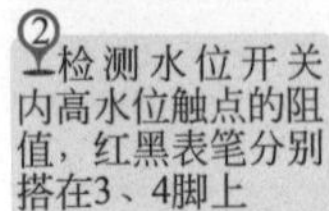

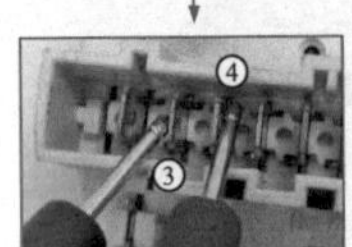

③未注水时，万用表测得3、4脚的阻值为无穷大

多水位开关在未注水或水位没有达到预定值时，内部触点均处于断开状态

④接下来，检测低水位触点的阻值，在未注水时，万用表测得的6、7脚阻值为无穷大

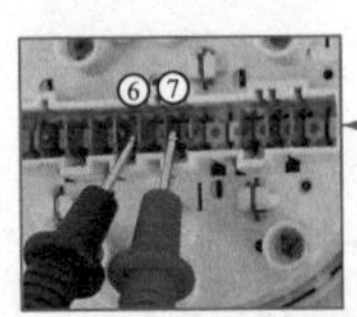

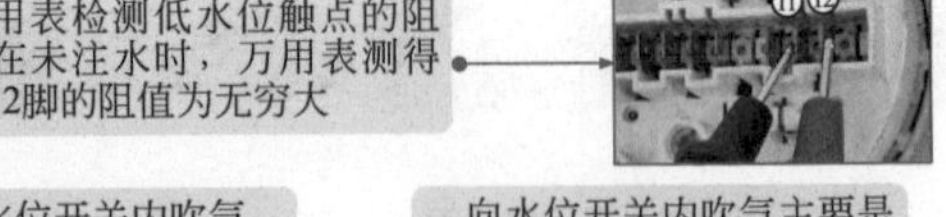

万用表检测低水位触点的阻值，在未注水时，万用表测得11、12脚的阻值为无穷大

向水位开关内吹气主要是通过气压的变化，模拟水位升高，使水位开关内的各触点处于闭合状态

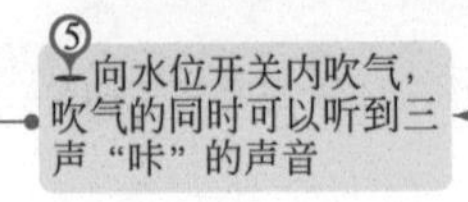

⑤向水位开关内吹气，吹气的同时可以听到三声“咔”的声音

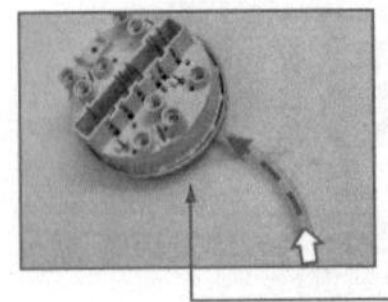

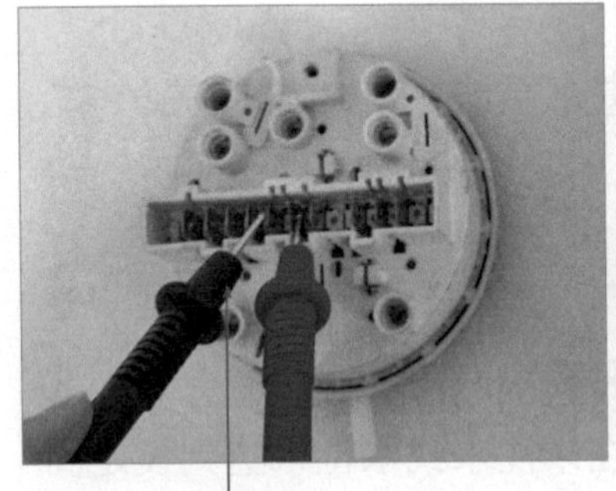

⑥在水位开关均闭合状态下，检测内部各触点间的阻值

⑦正常情况下，万用表测得阻值为零欧姆

13.3 万用表检测洗衣机洗涤系统的方法

13.3.1 洗衣机洗涤系统的检测要点

图 13-12 典型洗衣机洗涤系统的结构特点

洗衣机的洗涤系统是最为主要的系统之一，洗涤系统通常包括波轮、洗衣桶、电动机、离合器以及其他相连接的机械部件。图 13-12 为典型洗衣机洗涤系统的结构特点。

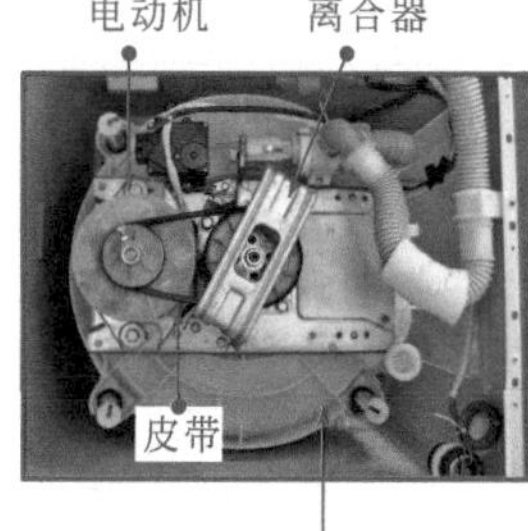

洗衣机中的离合器、电动机、皮带等位于波轮洗衣机的底部

洗衣机洗涤系统中的盛水桶(外桶)位于脱水桶与箱体之间

洗衣机洗涤系统中的波轮及脱水桶(内桶)位于洗衣机箱体内的中心部分

箱体

在洗衣机的洗涤系统中各部件间均是通过机械部件进行连接，共同协调工作，完成衣物的洗涤工作

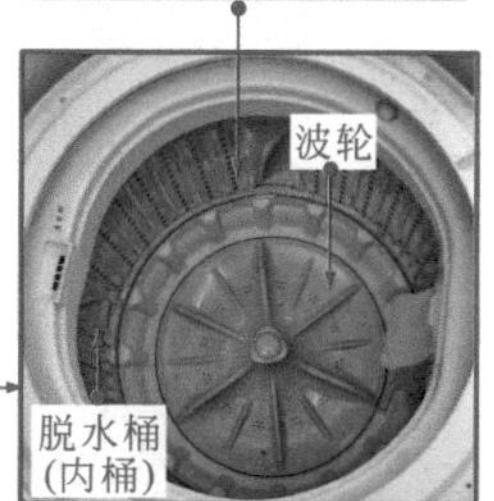

图 13-13 洗衣机洗涤系统的检测要点

使用万用表检测洗衣机的洗涤系统，应根据故障线索，重点检测启动电容和电动机。图 13-13 为洗衣机洗涤系统的检测要点。

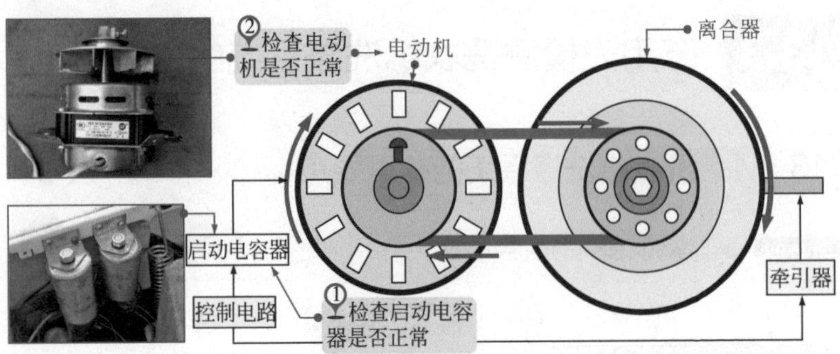

13.3.2 万用表检测洗衣机洗涤系统中的启动电容器

图 13-14 万用表检测启动电容器的方法

使用万用表对启动电容器进行检测时，可检测启动电容的电容量来判断是否损坏。图 13-14 为万用表检测启动电容器的方法。

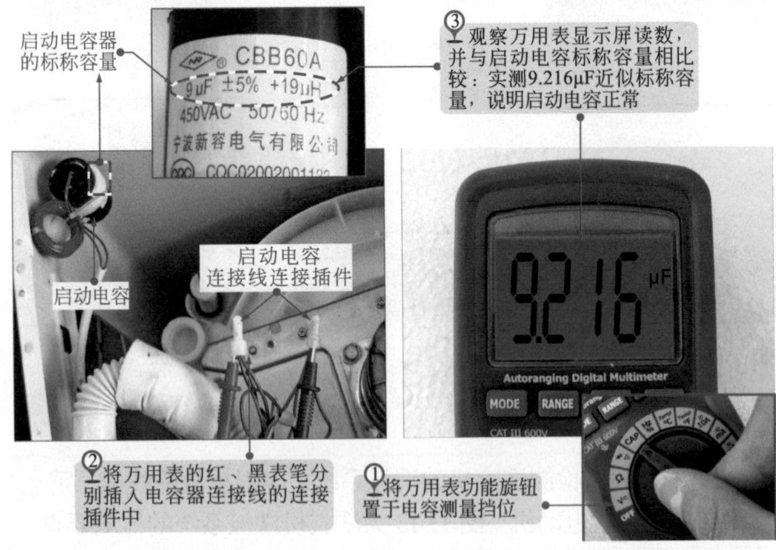

13.3.3　万用表检测洗衣机洗涤系统中的电动机

图 13-15　万用表检测电动机的方法

图 13-15 为万用表检测电动机的方法。

①将万用表黑表笔搭在单相异步电动机的启动端，红表笔搭在单相异步电动机的公共端

②正常情况下，可测得公共端与启动端之间的阻值为40.4Ω

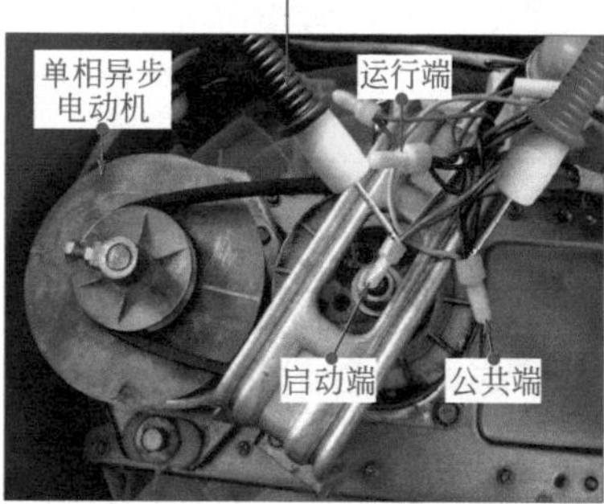

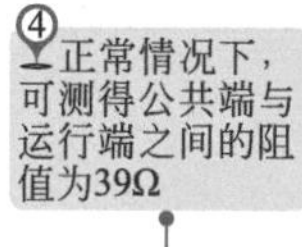

④正常情况下，可测得公共端与运行端之间的阻值为39Ω

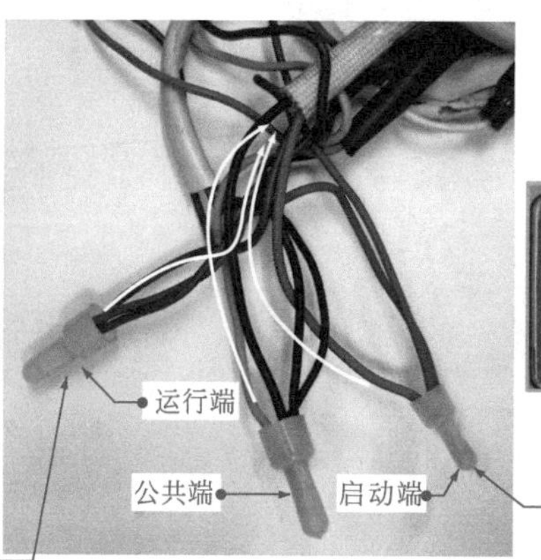

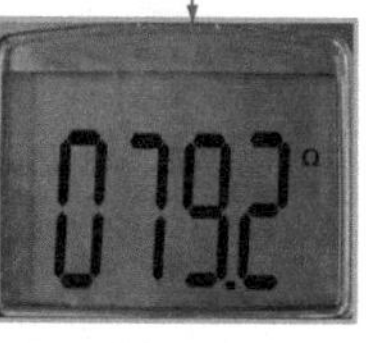

⑥正常情况下，可测得启动端与运行端之间的阻值为79.2Ω

③将黑表笔搭在单相异步电动机的运行端，红表笔搭在公共端

⑤将红表笔搭在单相异步电动机的启动端，黑表笔搭在运行端

图 13-16 万用表检测滚筒洗衣机中电动机的方法

滚筒洗衣机中的电动机通常采用电容运转式双速电动机，使用万用表对其进行检测时，可检测电动机中过热保护器、12 极绕组、2 极绕组的阻值以及 12 极绕组、2 极绕组与公共端之间的阻值，与正常值相比较，来判断电动机是否正常。图 13-16 为万用表检测滚筒洗衣机中电动机的方法。

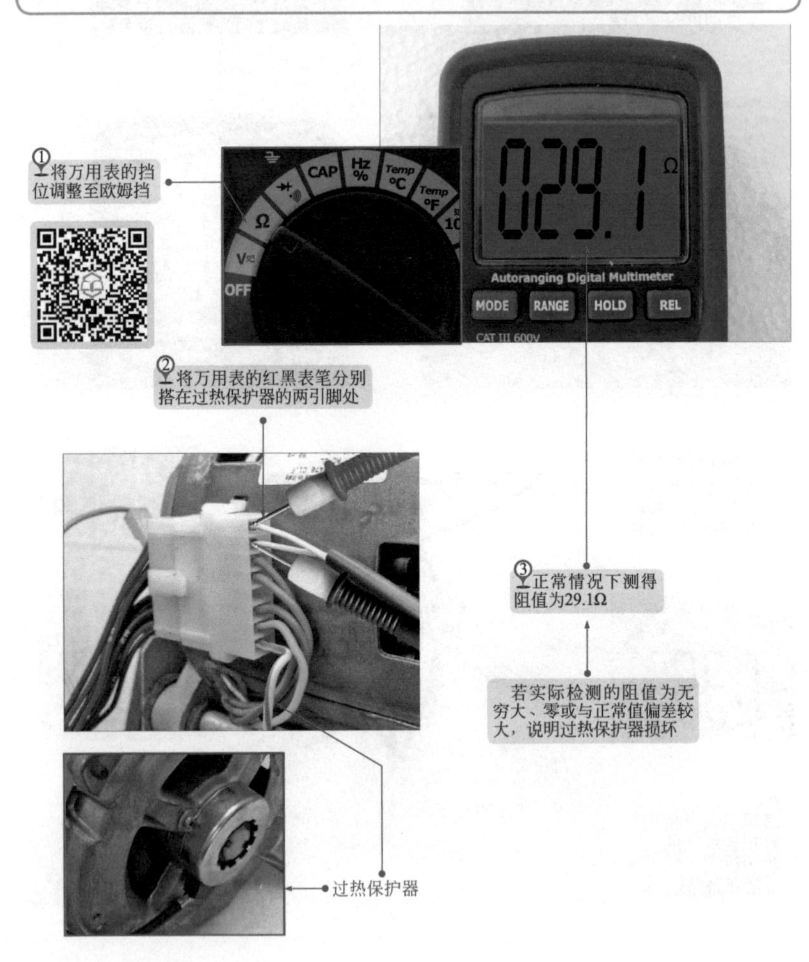

①将万用表的挡位调整至欧姆挡

②将万用表的红黑表笔分别搭在过热保护器的两引脚处

③正常情况下测得阻值为29.1Ω

若实际检测的阻值为无穷大、零或与正常值偏差较大，说明过热保护器损坏

过热保护器

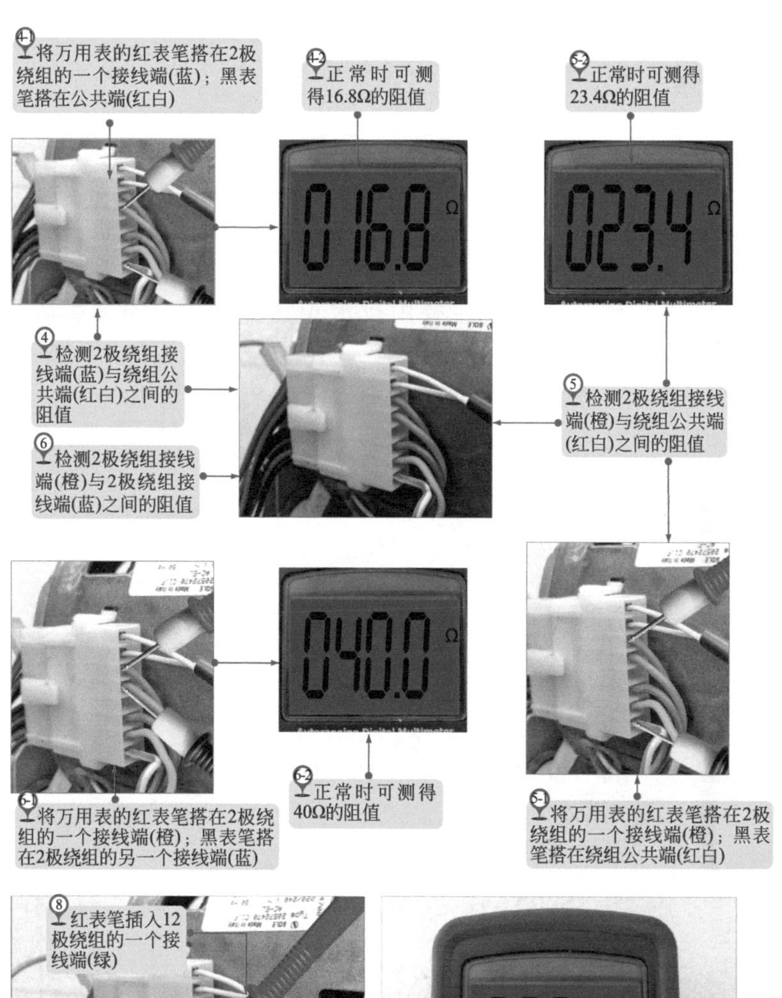
4-1 将万用表的红表笔搭在2极绕组的一个接线端(蓝)；黑表笔搭在公共端(红白)
4-2 正常时可测得16.8Ω的阻值
016.8 Ω
5-2 正常时可测得23.4Ω的阻值
023.4 Ω
4 检测2极绕组接线端(蓝)与绕组公共端(红白)之间的阻值
6 检测2极绕组接线端(橙)与2极绕组接线端(蓝)之间的阻值
5 检测2极绕组接线端(橙)与绕组公共端(红白)之间的阻值
040.0 Ω
6-2 正常时可测得40Ω的阻值
6-1 将万用表的红表笔搭在2极绕组的一个接线端(橙)；黑表笔搭在2极绕组的另一个接线端(蓝)
5-1 将万用表的红表笔搭在2极绕组的一个接线端(橙)；黑表笔搭在绕组公共端(红白)
8 红表笔插入12极绕组的一个接线端(绿)
检测12极绕组中另一接线端(棕)与绕组公共端之间的阻值为36.1Ω；12极绕组两接线端(棕)和(绿)之间的阻值为49.5Ω
7 将万用表的黑表笔插入绕组公共端(红白)
035.4 Ω
Autoranging Digita
MODE
RANGE
9 正常时可测得35.4Ω的阻值

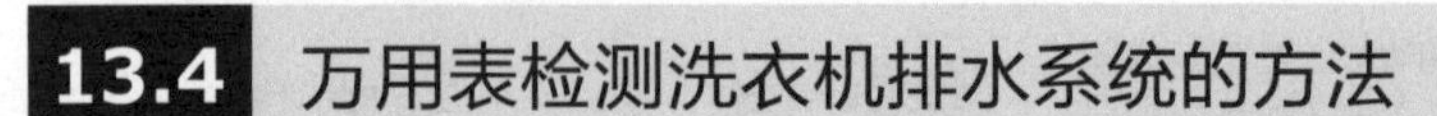

13.4 万用表检测洗衣机排水系统的方法

13.4.1 洗衣机排水系统的检测要点

图 13-17 典型洗衣机电磁铁牵引式排水系统的结构特点

洗衣机的排水系统主要由排水阀和排水阀牵引器组成，根据牵引器的牵引方式不同主要有电磁铁牵引式排水系统和电动机牵引器排水系统两种。图 13-17 为典型洗衣机电磁铁牵引式排水系统的结构特点。

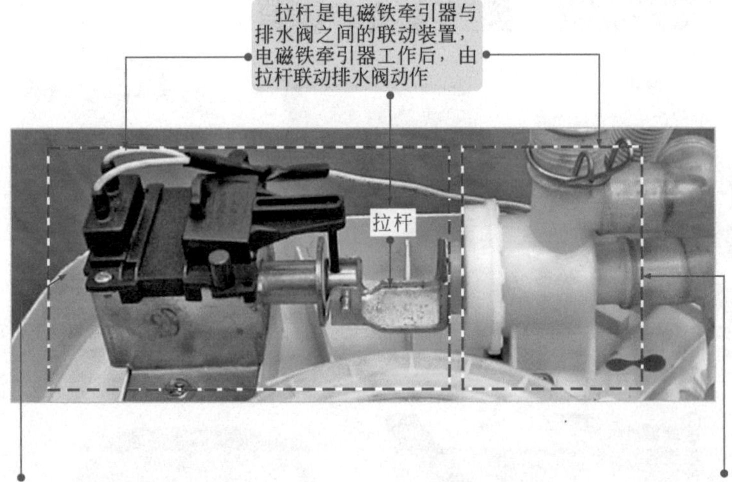
拉杆是电磁铁牵引器与排水阀之间的联动装置，电磁铁牵引器工作后，由拉杆联动排水阀动作
拉杆
电磁铁牵引器
排水阀

图 13-18 典型洗衣机电动机牵引器排水系统的结构特点

图 13-18 为典型洗衣机电动机牵引器排水系统的结构特点。

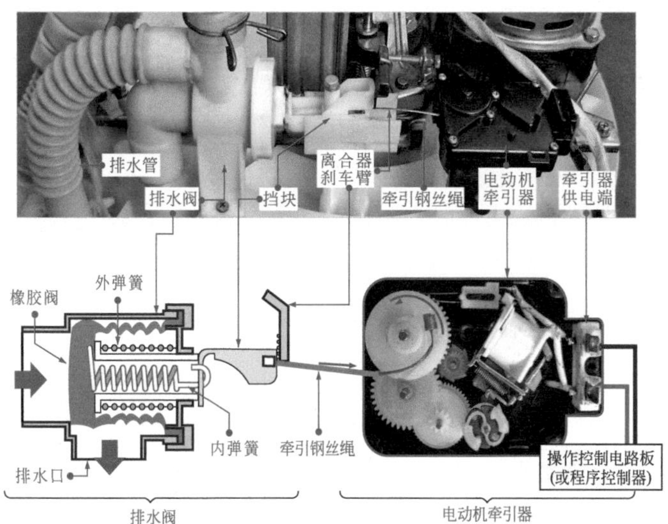

图 13-19 洗衣机排水系统的检测要点

使用万用表检测洗衣机的排水系统，应重点对牵引器进行检测。图 13-19 为洗衣机排水系统的检测要点。

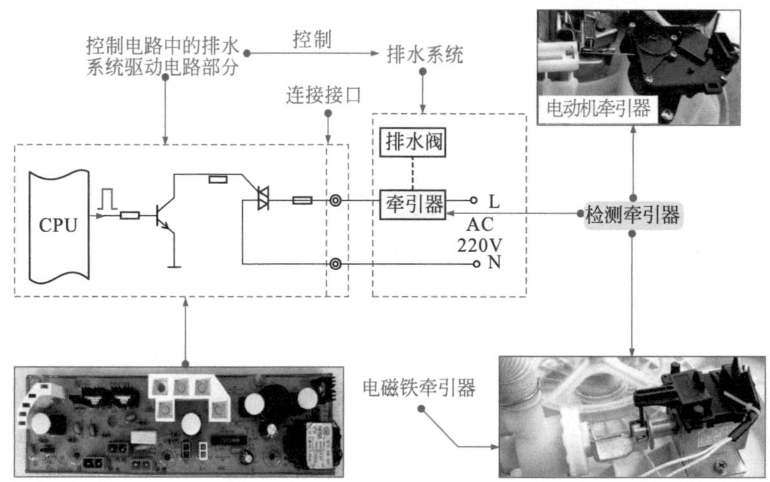

13.4.2 万用表检测洗衣机排水系统中的电磁铁牵引器

使用万用表对电磁铁牵引器进行检测时，主要对其供电电压和内部线圈阻值进行检测。

❶ 供电电压

图 13-20 万用表检测电磁铁牵引器供电电压的方法

图 13-20 为万用表检测电磁铁牵引器供电电压的方法。

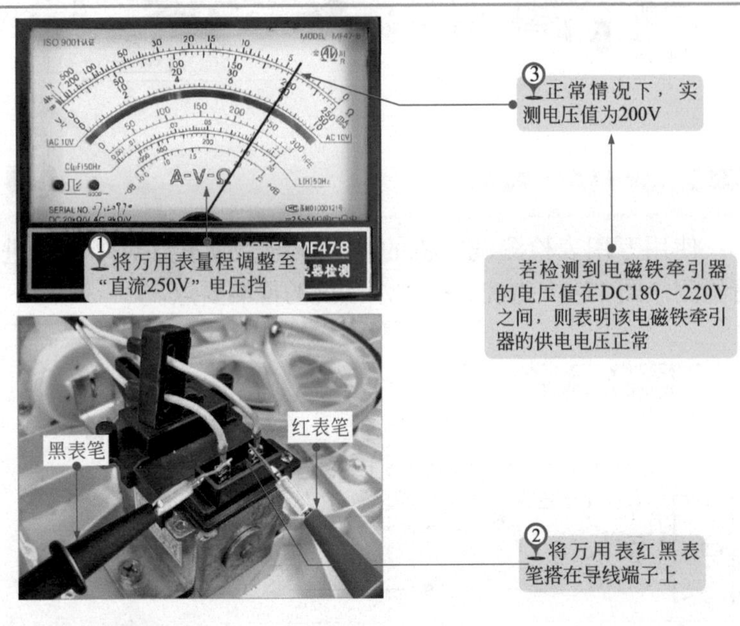

❷ 内部线圈阻值

图 13-21 万用表检测电磁铁牵引器内部线圈阻值的方法

图 13-21 为万用表检测电磁铁牵引器内部线圈阻值的方法。

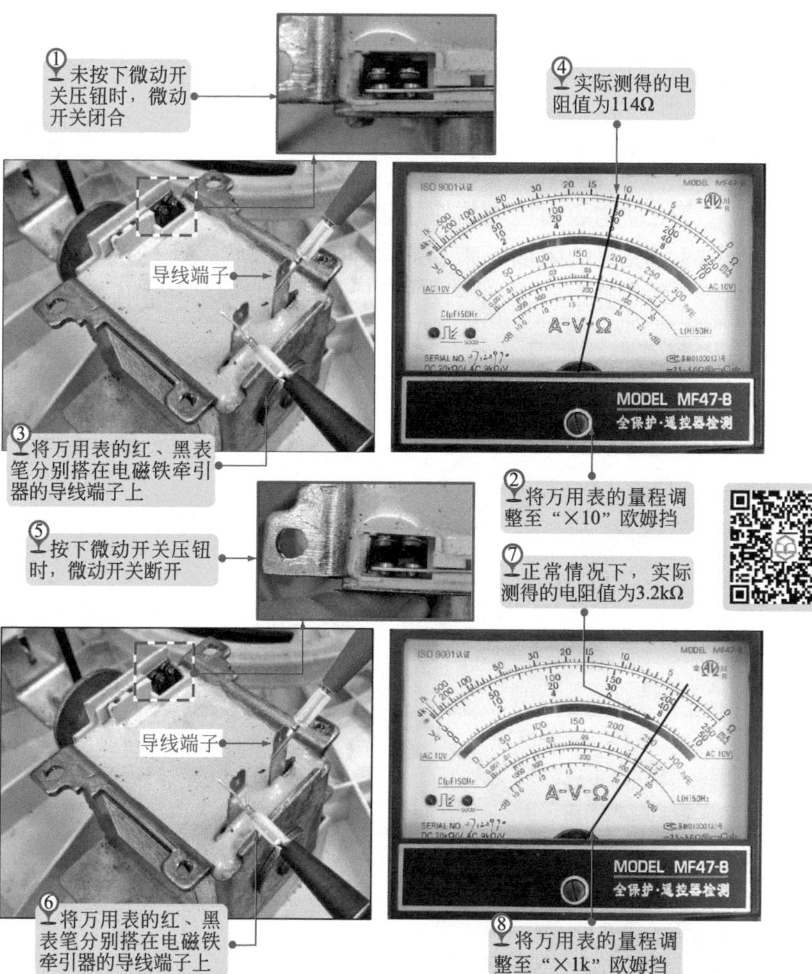

在检测中，所测得的两个阻值如果过大或者过小，都说明电磁铁牵引器线圈出现短路或者开路故障，并且在没有按下微动开关压钮时，所测得的阻值超过 200Ω，就可以判断为转换触点接触不良。此时，就可以将电磁铁牵引器拆卸下来，查看转换触点是否被烧蚀导致其接触不良，可以通过清洁转换触点以排除故障。

13.4.3 万用表检测洗衣机排水系统中的电动机牵引器

图 13-22 万用表检测电动机牵引器的方法

使用万用表对电动机牵引器进行检测时，可检测电动机阻值（内部绕组的阻值）来判断电动机的好坏。图 13-22 为万用表检测电动机牵引器的方法。

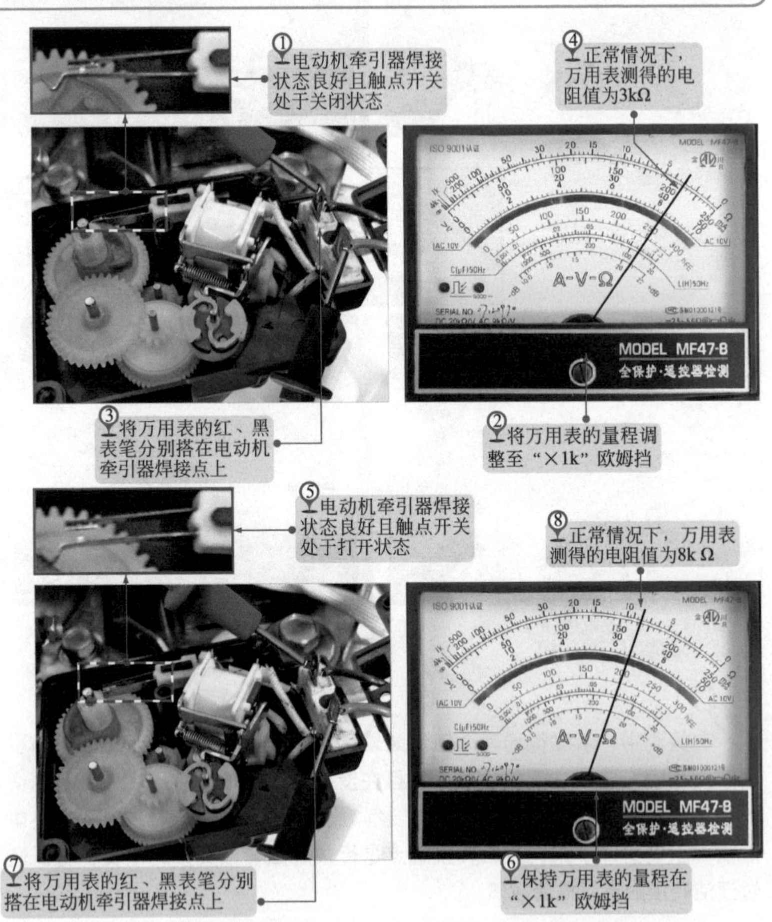

①电动机牵引器焊接状态良好且触点开关处于关闭状态

②将万用表的量程调整至“×1k”欧姆挡

③将万用表的红、黑表笔分别搭在电动机牵引器焊接点上

④正常情况下，万用表测得的电阻值为3kΩ

⑤电动机牵引器焊接状态良好且触点开关处于打开状态

⑥保持万用表的量程在“×1k”欧姆挡

⑦将万用表的红、黑表笔分别搭在电动机牵引器焊接点上

⑧正常情况下，万用表测得的电阻值为8k Ω

13.5 万用表检测洗衣机控制电路的方法

13.5.1 洗衣机控制电路的检测要点

图 13-23 洗衣机控制电路的检修要点

洗衣机控制电路出现故障，将直接导致洗衣机不工作、洗涤或进水、排水控制功能失常、电动机不运转等故障。使用万用表对其进行检测时，应根据故障线索，重点检测熔断器、供电电压和高电平信号。图 13-23 为洗衣机控制电路的检修要点。

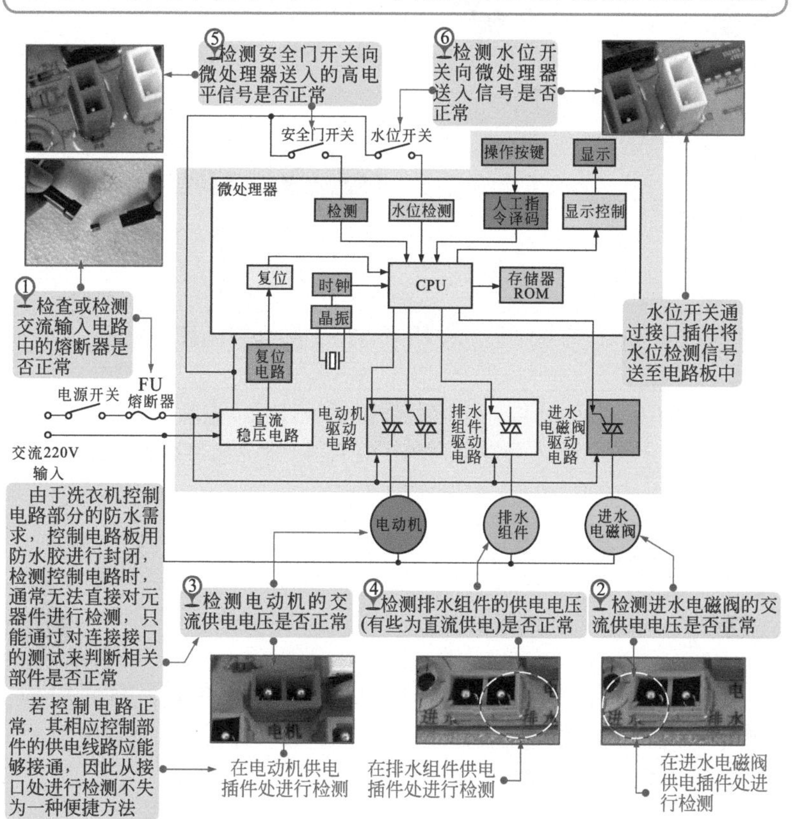

⑤检测安全门开关向微处理器送入的高电平信号是否正常

⑥检测水位开关向微处理器送入信号是否正常

安全门开关　水位开关

操作按键　显示

微处理器

检测　水位检测　人工指令译码　显示控制

复位　时钟　CPU　存储器ROM

晶振

复位电路

水位开关通过接口插件将水位检测信号送至电路板中

①检查或检测交流输入电路中的熔断器是否正常

电源开关　FU 熔断器

直流稳压电路

电动机驱动电路　排水组件驱动电路　进水电磁阀驱动电路

交流220V输入

电动机　排水组件　进水电磁阀

由于洗衣机控制电路部分的防水需求，控制电路板用防水胶进行封闭，检测控制电路时，通常无法直接对元器件进行检测，只能通过对连接接口的测试来判断相关部件是否正常

③检测电动机的交流供电电压是否正常

④检测排水组件的供电电压（有些为直流供电）是否正常

②检测进水电磁阀的交流供电电压是否正常

若控制电路正常，其相应控制部件的供电线路应能够接通，因此从接口处进行检测不失为一种便捷方法

在电动机供电插件处进行检测

在排水组件供电插件处进行检测

在进水电磁阀供电插件处进行检测

13.5.2 万用表检测洗衣机控制电路中的熔断器

图 13-24 万用表检测熔断器的方法

洗衣机熔断器通过熔断器盒串接在洗衣机交流 220V 供电引线的相线中，起到过流、过载保护的作用。使用万用表对熔断器进行检测时，可检测其电阻值来判断熔断器是否损坏。图 13-24 为万用表检测熔断器的方法。

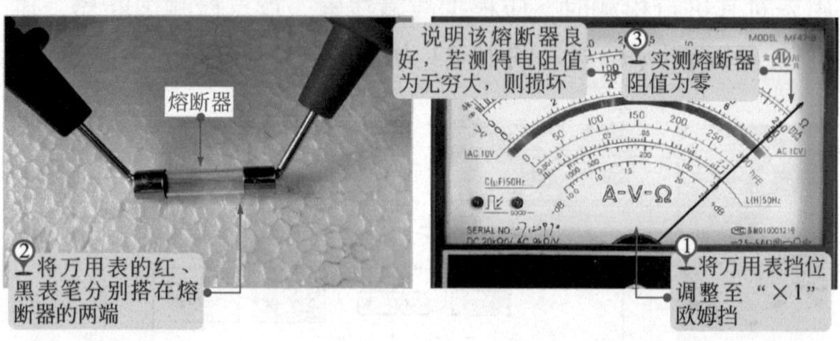

13.5.3 万用表检测洗衣机控制电路中的供电电压

使用万用表对供电电压进行检测时，主要对电动机交流供电电压、进水电磁阀供电电压和排水组件供电电压进行检测。

1 电动机交流供电电压

图 13-25 万用表检测电动机交流供电电压

当洗衣机出现电动机不转，无法进行洗涤时，首先应检测电动机的交流供电是否正常。图 13-25 为万用表检测电动机交流供电电压的方法。

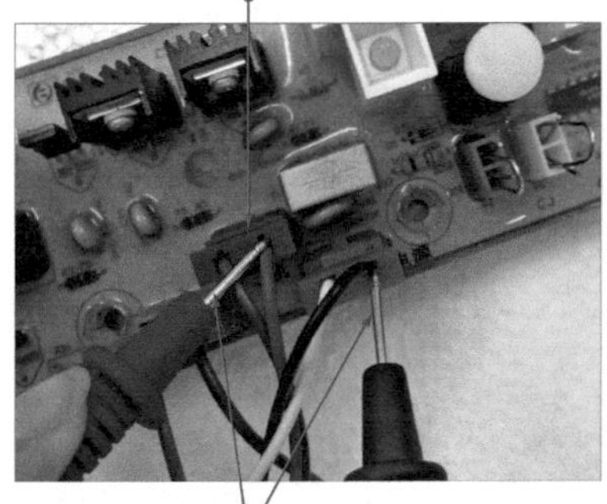

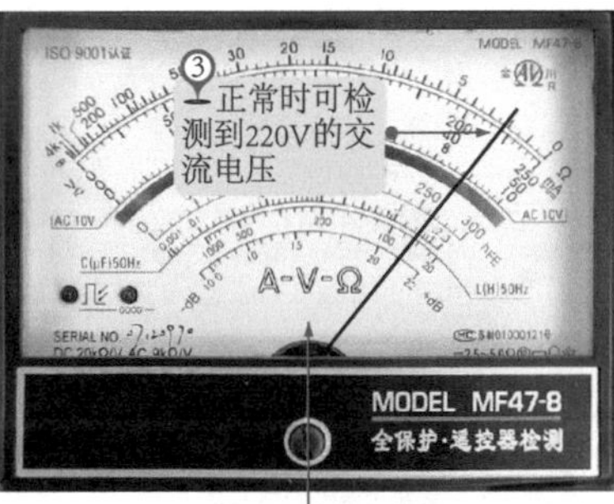

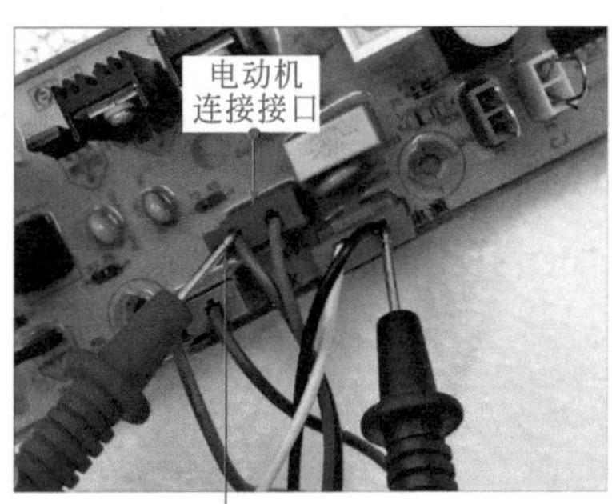

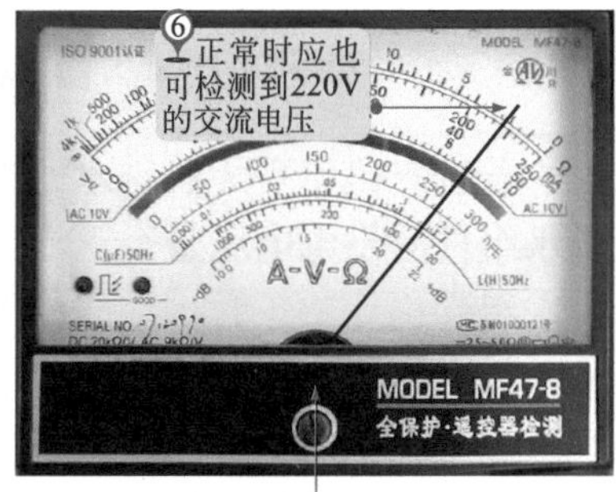

2 进水电磁阀供电电压

图 13-26 万用表检测进水电磁阀供电电压的方法

若洗衣机出现无法进水或进水不止等故障时，应使用万用表对进水电磁阀的供电电压进行检测。图 13-26 为万用表检测进水电磁阀供电电压的方法。

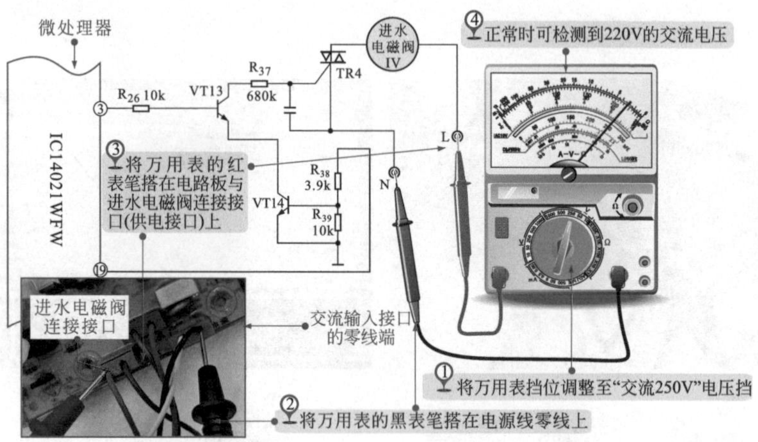

③ 排水组件供电电压

图 13-27 万用表检测排水组件供电电压的方法

若洗衣机出现无法排水或排水不止等故障时，首先应检测排水组件的供电电压是否正常，如图 13-27 所示。若供电正常，排水组件仍无法正常排水或排水异常，则多为排水组件本身故障，应进行进一步检测或更换排水组件；若无交流供电或交流供电异常，则多为控制电路故障，应重点检查排水组件驱动电路（即双向晶闸管和控制线路其他元件）、微处理器等。

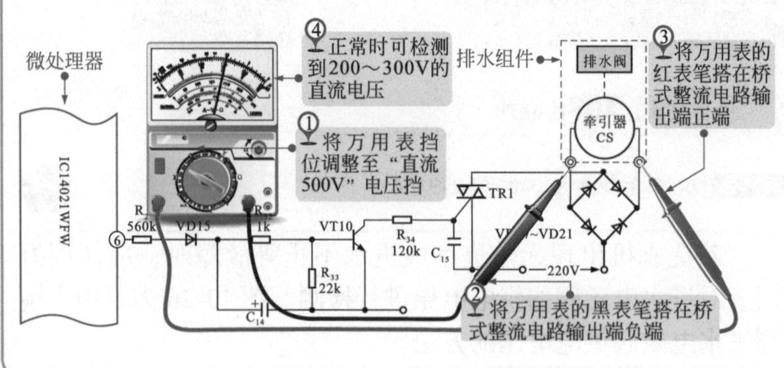

13.5.4 万用表检测洗衣机控制电路中的高电平信号

使用万用表对高电平信号进行检测时，主要对安全门开关向微处理器送入的高电平信号和水位开关向微处理器送入的高电平信号进行检测。

❶ 安全门开关向微处理器送入的高电平信号

图13-28 万用表检测安全门开关向微处理器送入高电平信号的方法

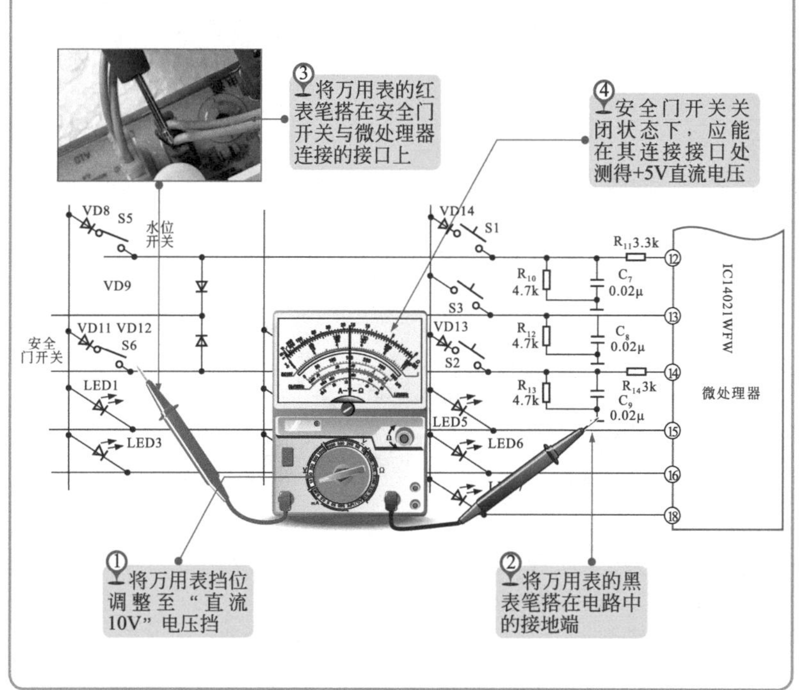

图13-28为万用表检测安全门开关向微处理器送入高电平信号的方法。

③将万用表的红表笔搭在安全门开关与微处理器连接的接口上

④安全门开关关闭状态下，应能在其连接接口处测得+5V直流电压

①将万用表挡位调整至“直流10V”电压挡

②将万用表的黑表笔搭在电路中的接地端

VD8 S5 水位开关 VD9 VD11 VD12 安全门开关 S6 LED1 LED3 VD14 S1 S3 VD13 S2 LED5 LED6 R_{10} 4.7k R_{12} 4.7k R_{13} 4.7k C_7 0.02μ C_8 0.02μ C_9 0.02μ R_{11}3.3k R_{14}3k IC14021WFW 微处理器

图 13-29 万用表检测洗衣机操作控制电路板防水胶内的元件引脚焊点

测量电路中的直流供电电压时，应注意区分红、黑表笔的连接位置，通常红表笔接待测端，黑表笔接接地端（如连接到滤波电容的负极引脚上，不可连接到交流供电接口的零线上）。然而，由于洗衣机操作控制电路板上都带有防水胶，万用表表笔无法直接触及电路板上元件的引脚或引脚焊点。

因此，实际检测时，可在万用表表笔上绑扎缝衣针或大头针，然后直接扎进防水胶内，接触待测点焊点上即可，如图 13–29 所示。

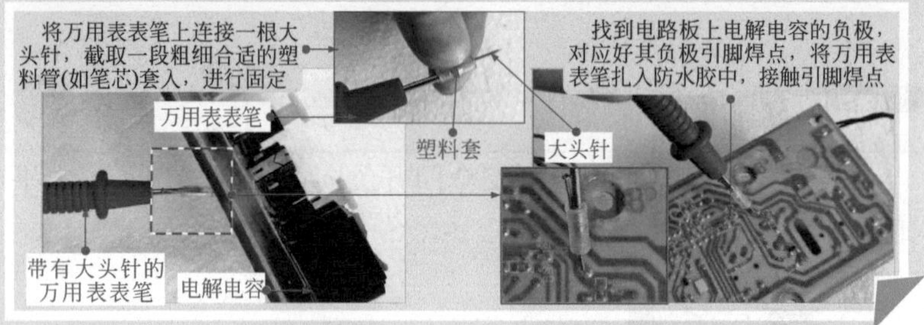

2 水位开关向微处理器送入的高电平信号

图 13-30 万用表检测水位开关向微处理器送入高电平信号的方法

图 13-30 为万用表检测水位开关向微处理器送入高电平信号的方法。

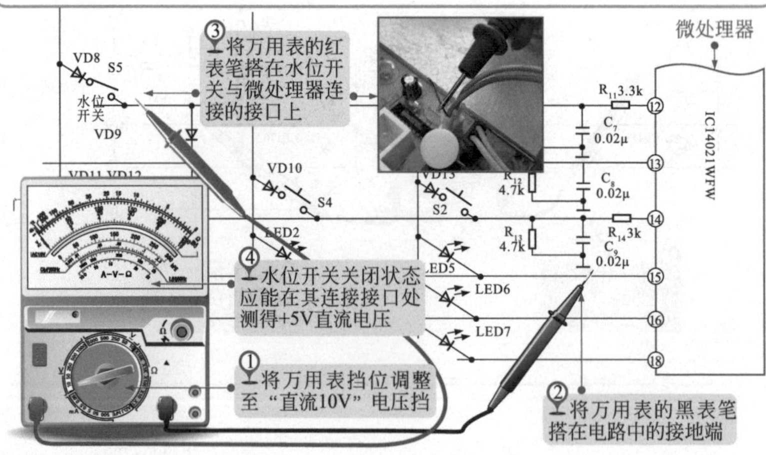

第 14 章 万用表检修电动自行车

14.1 电动自行车的结构原理

14.1.1 电动自行车的结构特点

图 14-1 典型电动自行车的结构特点

图 14-1 为典型电动自行车的结构特点。电动自行车主要是由电气系统和机械系统构成的。其中电气系统是电动自行车特有的部分，主要包括电动机、控制器、蓄电池、调速转把、闸把、仪表盘、电源锁、车灯和充电器等。

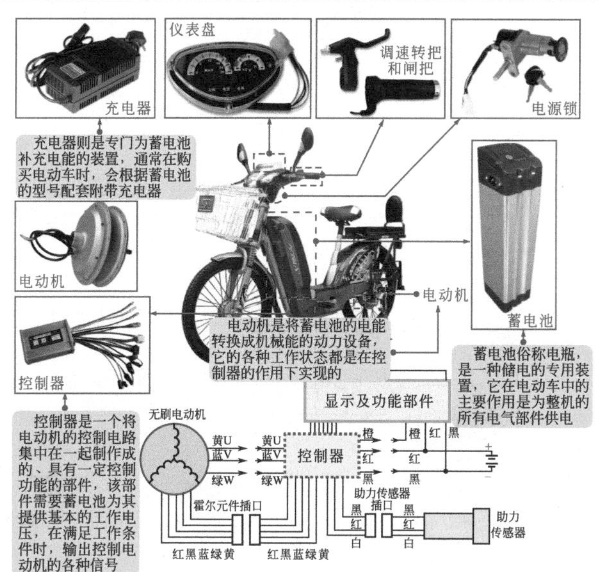

14.1.2 电动自行车的工作原理

图 14-2 电动自行车的工作原理

图 14-2 为电动自行车的工作原理。电动自行车在行驶过程中，按下闸把时，闸把通过信号线将制动信号送入控制器中，控制器收到信号后，立即断开电动机的供电电源，同时闸把通过闸线控制电动自行车前、后轮的车闸动作，实现机械制动刹车。

当需要人力骑行电动自行车时，通过踩踏脚蹬带动轮盘转动，轮盘带动链条使后轮的飞轮转动，从而带动后轮转动，推动电动自行车前进。

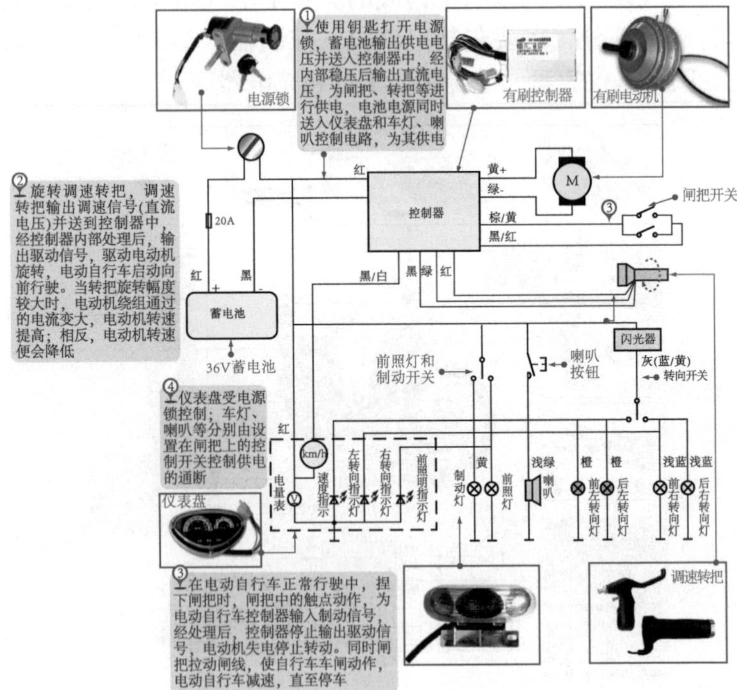

14.2 万用表检修电动自行车的方法

14.2.1 电动自行车的检测要点

图 14-3 电动自行车的检测要点

使用万用表检测电动自行车时，要根据电动自行车的整机结构和工作过程确定主要检测部位，通过对主要检测部位的检测，即可查找到故障线索。图 14-3 为电动自行车的检测要点。

14.2.2 万用表检测电动自行车中的控制器

图 14-4 万用表检测控制器供电电压的方法

使用万用表可以检测控制器的供电电压，与转把、闸把、电动机之间的电压信号等，根据检测结构判断控制器是否正常。图 14-4 为万用表检测控制器供电电压的方法。

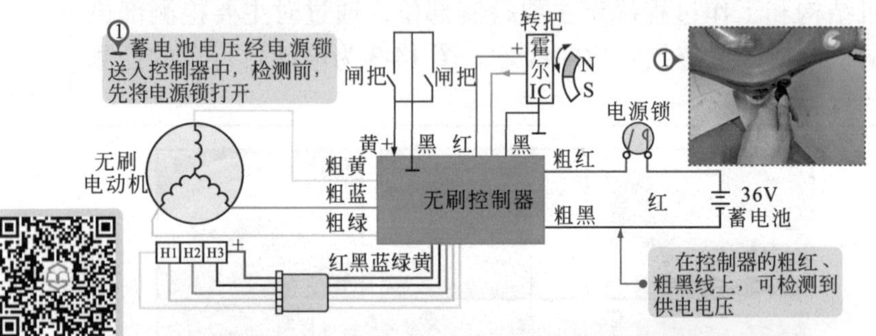

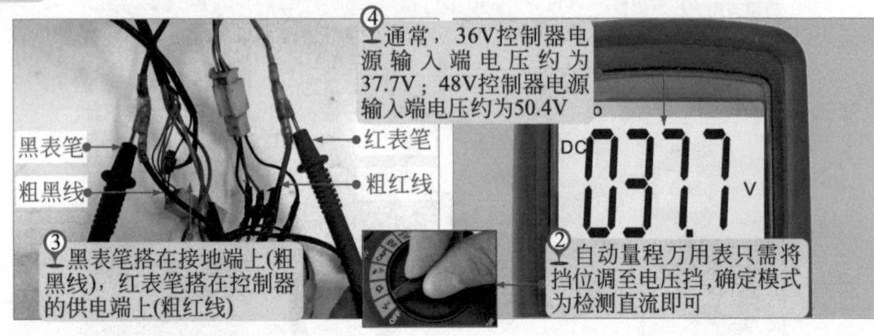

图 14-5 万用表检测调速信号的方法

使用万用表检测控制器输入的调速电压信号，根据检测结果可判断出控制器或转把是否存在故障。图 14-5 为万用表检测调速信号的方法。

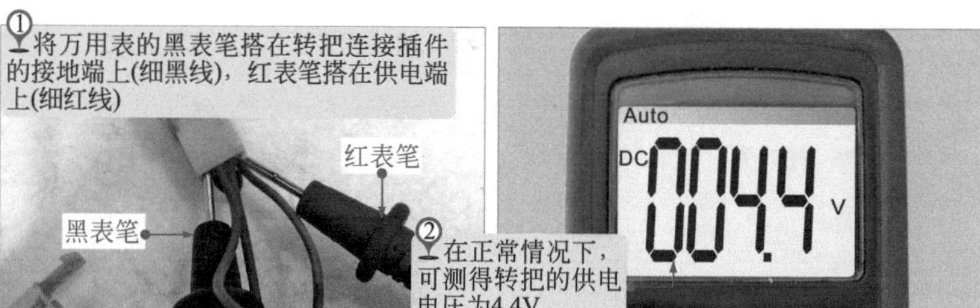

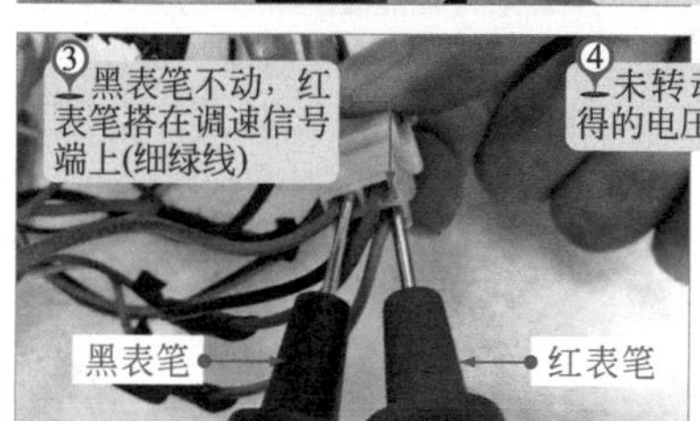

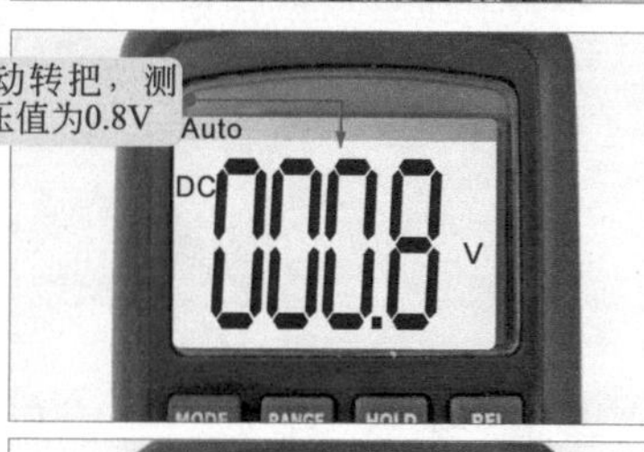

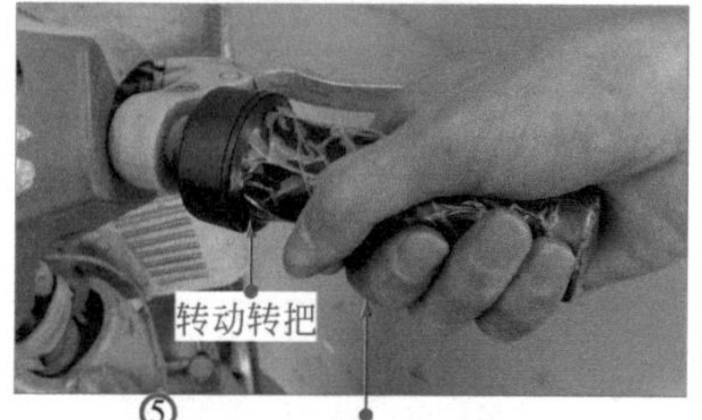

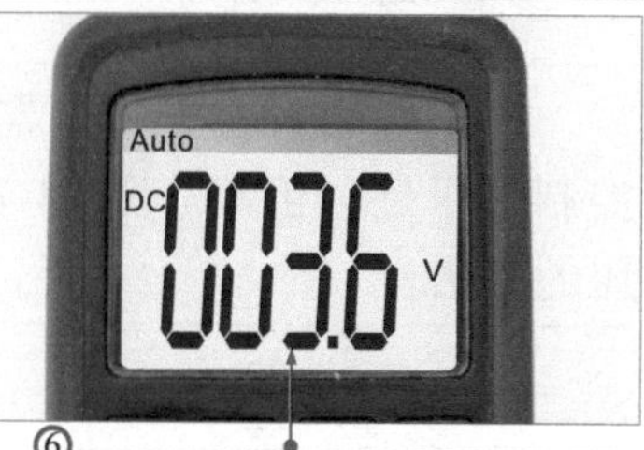

通常，转把与控制器由三根引线连接（若引线有五根，则其他两根为巡航线，用来实现电动自行车定速行驶的功能）。一般万用表的测量读数应在 0.8 ～ 4.8V 之间变化。

图 14-6　万用表检测控制器输入信号的方法

使用万用表检测控制器输入的刹车电压信号，根据检测结果可判断出控制器或闸把是否存在故障。图 14-6 为万用表检测控制器输入信号的方法。

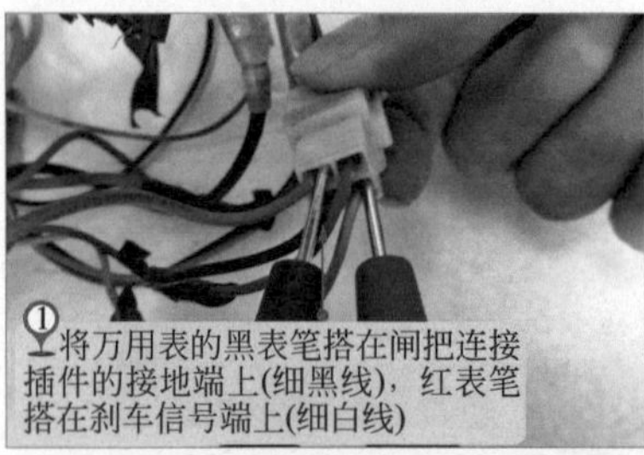

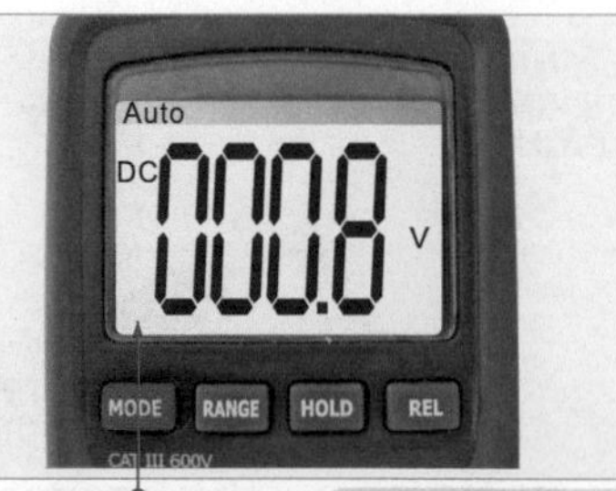

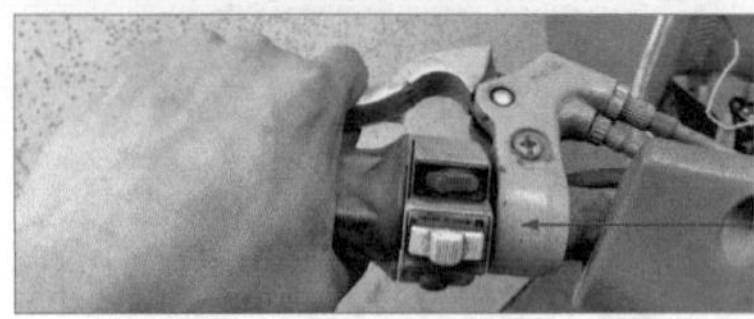

②在未捏紧闸把的情况下，测得的电压为4.8V

③在捏紧闸把的情况下，测得的电压值立刻变为0V

通常，未操作闸把时，控制器与闸把之间的高电平信号应不小于4V；当捏下闸把时，闸把刹车信号端的电压应变为低电平(接近0V)

图 14-7 万用表检测控制器输出控制电压的方法

使用万用表检测控制器输入正常时，还需要检测输出的控制电压是否正常。图 14-7 为万用表检测控制器输出控制电压的方法。

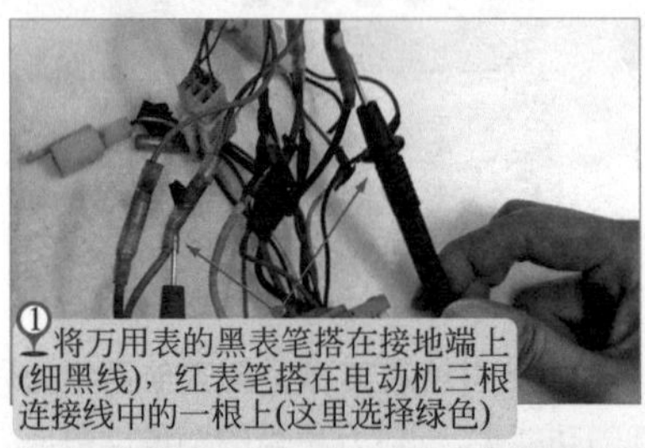

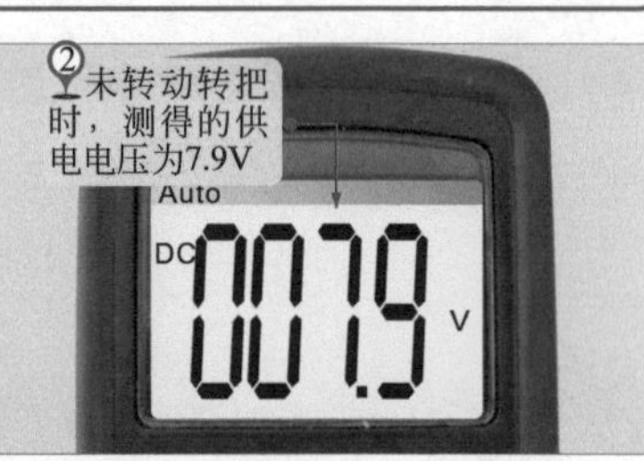

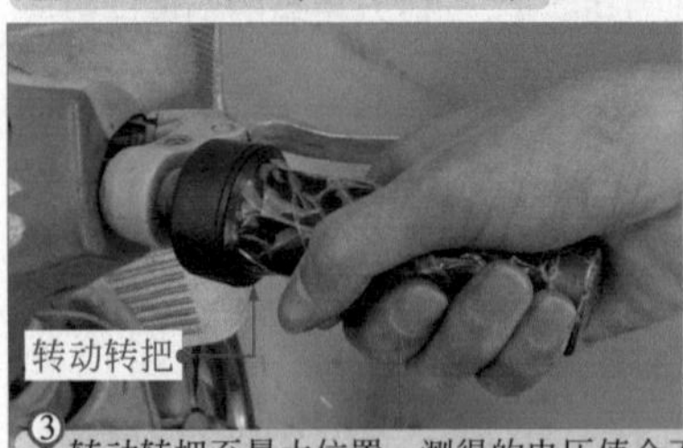

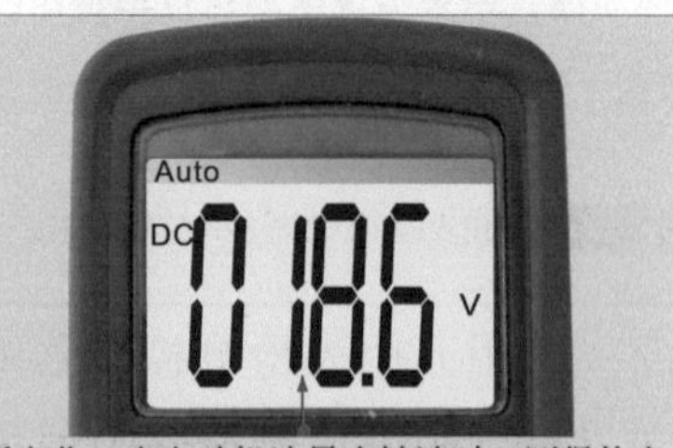

③转动转把至最大位置，测得的电压值会不断变化，当电动机达最大转速时，测得的电压值为18.6V。以同样的方法，检测电动机其他两根引线在调速转把达到最大速度时的电压值，在正常情况下，所测得信号电压基本相同。若检测不到电压或某一根引线电压过高或过低，均表明控制器内的相关元件存在故障

图 14-8　万用表检测霍尔元件输入电压信号的方法

若电动自行车的电动机为无刷电动机时，还可以使用万用表检测霍尔元件的输入电压信号，如图 14-8 所示。

信号线	最低值	最高值	平均值
绿色信号线	0.04V	5.04V	2.54V
蓝色信号线	0.04V	4.86V	2.44V
黄色信号线	0.04V	5.04V	2.431V

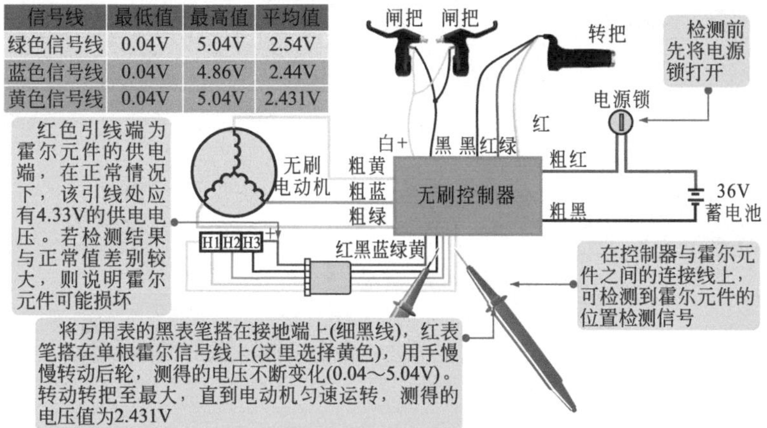

14.2.3　万用表检测电动自行车中的电动机

图 14-9　万用表检测电动机的方法

电动机是电动自行车的动力源。若电动机不正常，则会引起电动自行车无法正常行驶的故障。

使用万用表对电动机进行检测时，可通过检测电动机绕组的阻值、霍尔元件阻值等来判断电动机是否损坏。图 14-9 为万用表检测电动机的方法。

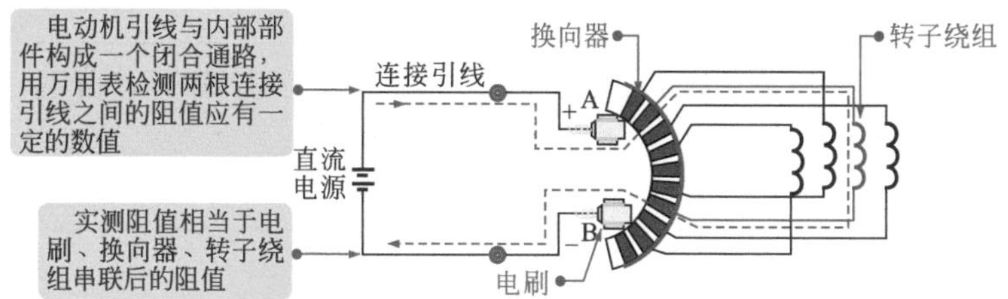

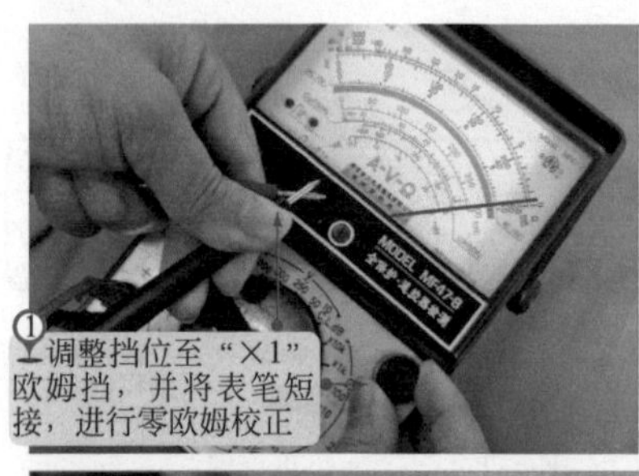

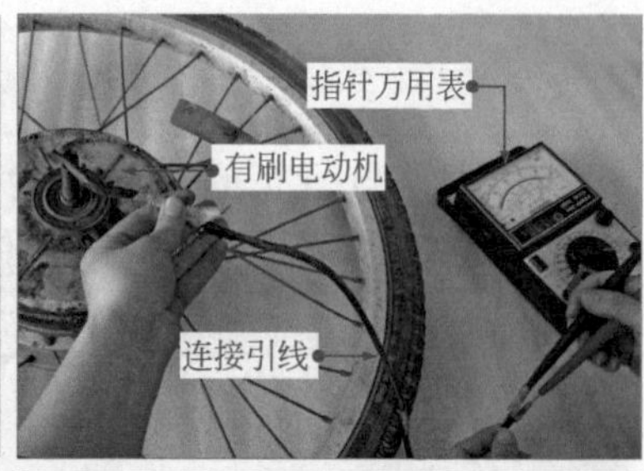

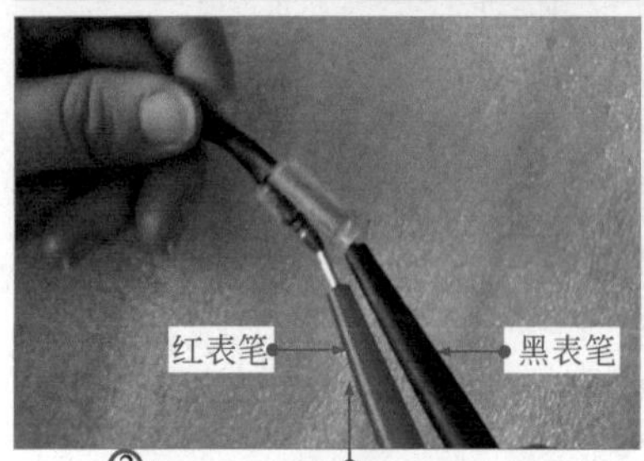

若改变引线状态，发现万用表测量的阻值有明显变化，则一般说明引线中可能存在短路或断路故障，应更换引线或将引线重新连接好；若电阻值趋于无穷大，则说明电动机供电引线线路中可能存在断路故障，如引线断路、电刷未与换向器接触、转子绕组断路等。

14.2.4 万用表检测电动自行车中的蓄电池

图 14-10 万用表检测蓄电池的方法

蓄电池是为电动自行车提供电能，使用万用表对蓄电池进行检测时，主要是检测蓄电池的总电压、单体蓄电池电压。图 14-10 为万用表检测蓄电池的方法。

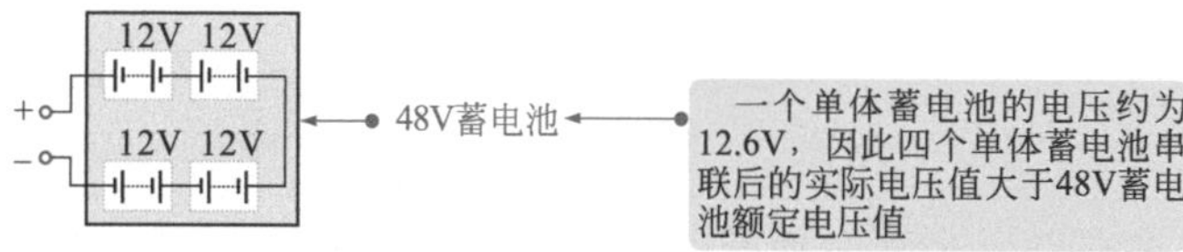

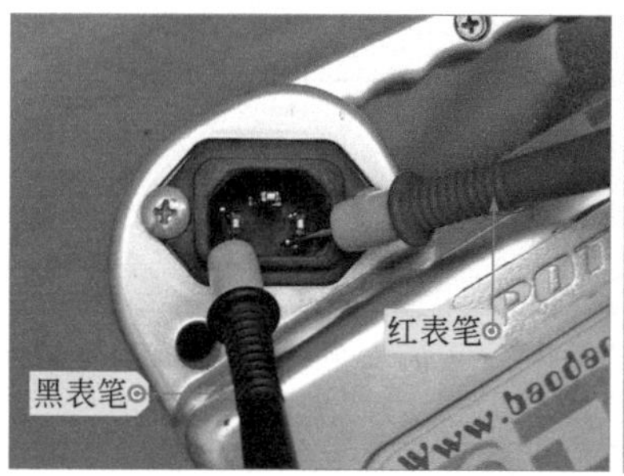

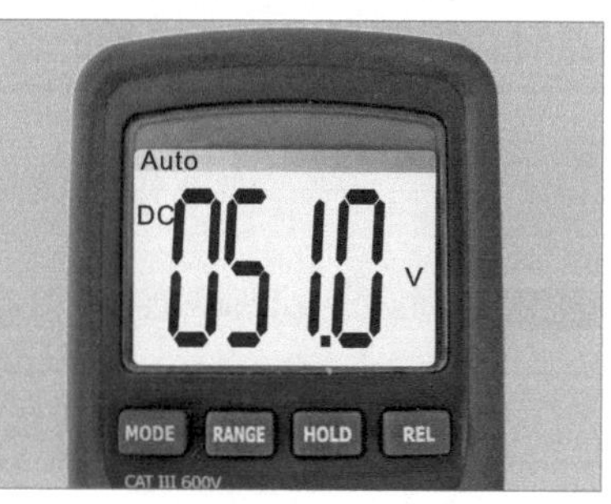

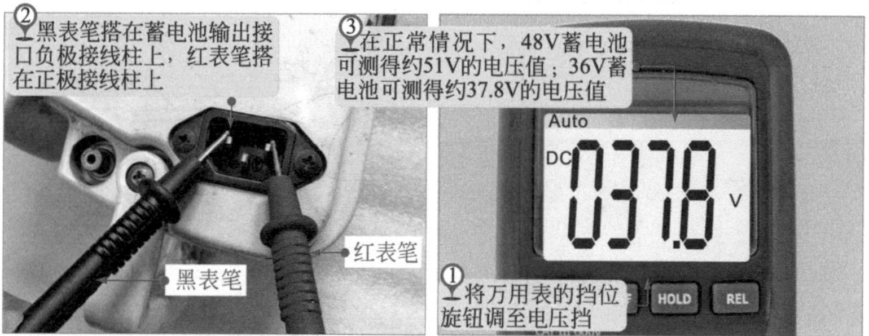

在正常空载情况下，36V 蓄电池电压应在 36 ～ 40.5V 之间，48V 蓄电池电压应在 48 ～ 54V 之间。万用表直接检测蓄电池空载电压只能粗略判断蓄电池总电压是偏低还是偏高，不能直接说明电量的高、低和蓄电池的好、坏。一般来说，若蓄电池电压明显偏高或偏低，则说明内部单体蓄电池可能有一个或多个电池异常。

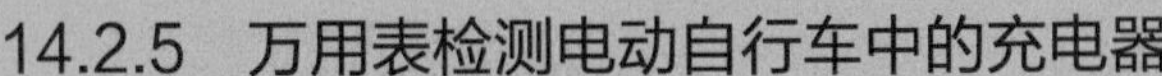

14.2.5 万用表检测电动自行车中的充电器

充电器是为蓄电池充电的主要器件，使用万用表检测充电器时，主要是检测充电器的输出电压及内部元器件是否正常。

❶ 充电器的输出电压

图 14-11 万用表检测充电器的方法

图 14-11 为万用表检测充电器的方法。

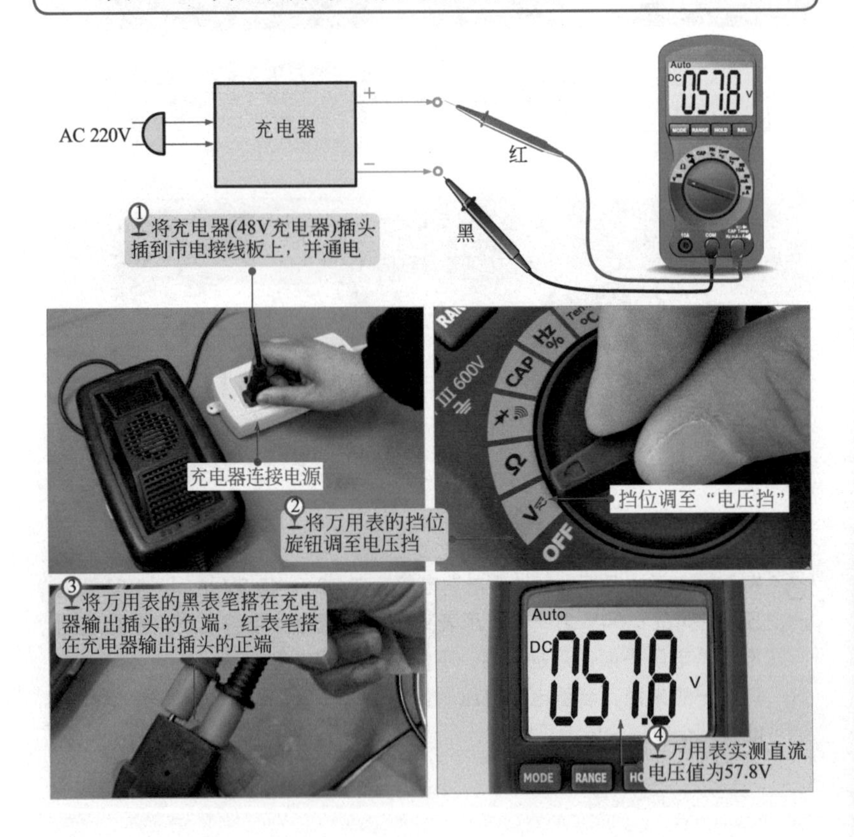

AC 220V

充电器

+

−

红

黑

Auto DC 057.8 V

①将充电器(48V充电器)插头插到市电接线板上，并通电

充电器连接电源

②将万用表的挡位旋钮调至电压挡

挡位调至“电压挡”

③将万用表的黑表笔搭在充电器输出插头的负端，红表笔搭在充电器输出插头的正端

④万用表实测直流电压值为57.8V

在正常情况下，36V 充电器输出电压应为 41 ～ 44V，48V 充电器输出电压应为 55 ～ 58V。若无电压输出或输出电压较低，则说明充电器内部电路板上的元器件出现故障，应使用万用表逐一检测，查找故障元器件。

❷ 熔断器

图 14-12 万用表检测熔断器的方法

图 14-12 为万用表检测熔断器的方法。

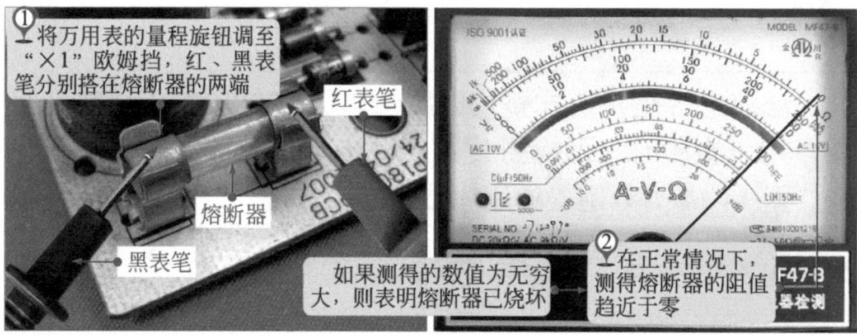

❸ 桥式整流电路

图 14-13 万用表检测桥式整流电路的方法

桥式整流电路是将交流 220V 整流后输出 +300V 的直流电压值，若该部分损坏，则会造成充电器无输出电压的故障。使用万用表检测桥式整流电路时，可分别检测四个整流二极管是否正常。图 14-13 为万用表检测桥式整流电路的方法。

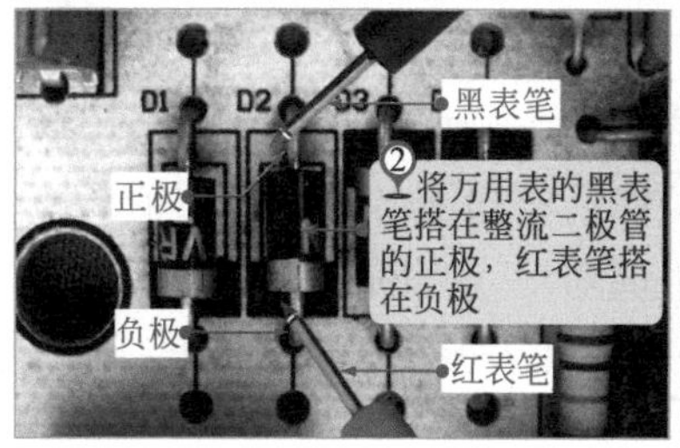

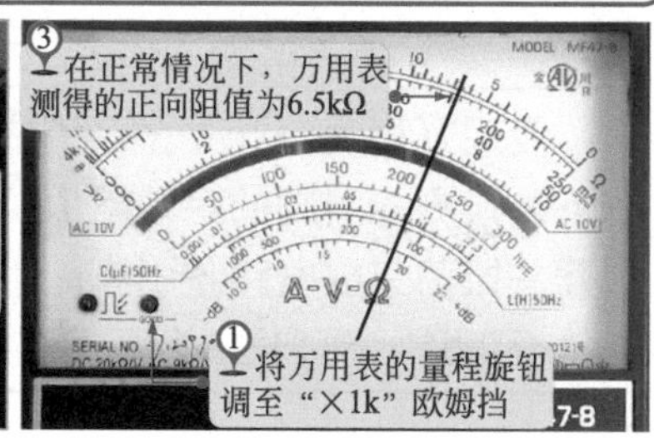

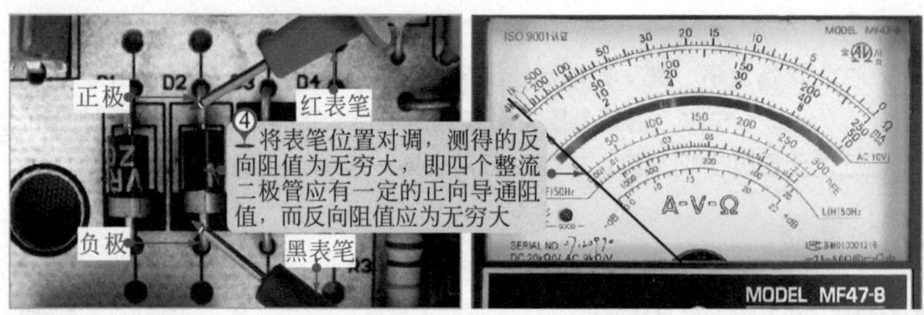

④ 滤波电容

图 14-14 万用表检测滤波电容的方法

滤波电容是将桥式整流电路输出的 +300V 电压滤波，使用万用表检测时，可检测其充放电状态是否正常来判断其好坏。图 14-14 为万用表检测滤波电容的方法。

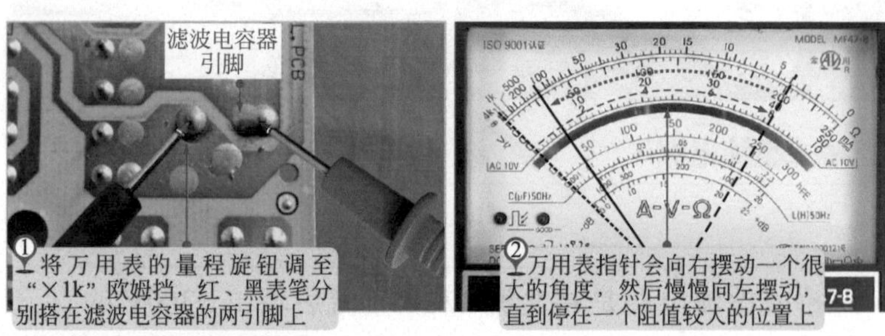

⑤ 开关振荡集成电路

图 14-15 万用表检测开关振荡集成电路的方法

使用万用表对开关振荡集成电路进行检测时，可在断电状态下，检测各引脚的对地阻值，然后将检测各引脚的阻值与正常开关振荡集成电路各引脚的阻值对比，判断开关振荡集成电路是否正常。图 14-15 为万用表检测开关振荡集成电路的方法。

①将万用表的量程旋钮调至“×1k”欧姆挡，黑表笔搭在开关振荡集成电路的接地端(5脚)，红表笔依次搭在各个引脚端(以1脚为例)

②在正常情况下，万用表测得1脚的正向阻值约为6.6kΩ；然后调换表笔位置，测得1脚的反向阻值约为8kΩ

使用万用表分别检测其他各引脚的正、反向阻值，实际检测结果应与下表接近，若测得阻值多为零或无穷大，则说明开关振荡集成电路可能已损坏。表 14-1 为开关振荡集成电路 KA3842 各引脚阻值。

表 14-1 开关振荡集成电路 KA3842 各引脚阻值

引脚	黑表笔接地/kΩ	红表笔接地/kΩ	引脚	黑表笔接地/kΩ	红表笔接地/kΩ
1	6.6	8	5	0	0
2	0	0	6	6.4	7.5
3	0.3	0.3	7	5	∞
4	7.4	12	8	3.7	3.8

⑥ 开关晶体管

图 14-16 万用表检测开关晶体管的方法

使用万用表对开关晶体管进行检测时，可在断电状态下，检测开关晶体管三个引脚间的阻值是否正常。图 14-16 为万用表检测开关晶体管的方法。

①将万用表的量程调至“×1k”欧姆挡，黑表笔搭在开关晶体管的源极(S)，红表笔搭在栅极(G)上

②在正常情况下，可测得5.2kΩ的阻值

③对换表笔位置，可测得7.3kΩ的阻值

以上述同样的检测方法，使用万用表分别检测开关晶体管其他各引脚间的阻值，实际检测结果应与表 14–2 接近，若测得阻值差距较大，则说明开关晶体管可能已损坏。表 14–2 为开关晶体管各引脚的阻值。

在路检测可能有偏差，是由外围元器件引起的，此时应将该管焊下，在开路状态下，利用上述方法再次检测，若测量结果仍不正常，则可判断该管被击穿损坏。

表 14–2　开关晶体管各引脚的阻值

红表笔	黑表笔	阻值 /kΩ	红表笔	黑表笔	阻值 /kΩ
栅极（G）	漏极（D）	∞	源极（S）	栅极（G）	7.3
漏极（D）	栅极（G）	15.8	漏极（D）	源极（S）	4.3
栅极（G）	源极（S）	5.2	源极（S）	漏极（D）	∞

❼ 光电耦合器

图 14-17 万用表检测光电耦合器的方法

使用万用表对光电耦合器进行检测时，可根据光电耦合器的内部构成（光敏晶体管和一个发光二极管），分别检测发光二极管和光敏晶体管的正、反向阻值是否正常。图 14-17 为万用表检测光电耦合器的方法。

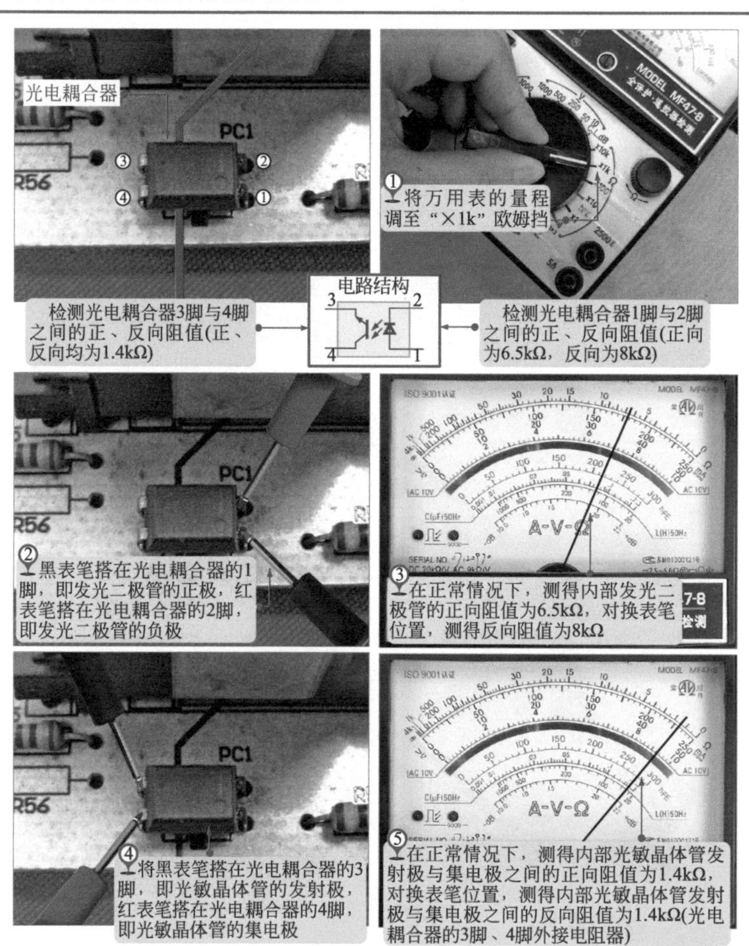

14.2.6 万用表检测电动自行车中的转把

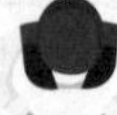

图 14-18 万用表检测转把内霍尔元件的方法

使用万用表对转把进行检测时，主要检测转把内霍尔元件的阻值及供电、输出信号（前文控制器处已检测）。图 14-18 为万用表检测转把内霍尔元件的方法。

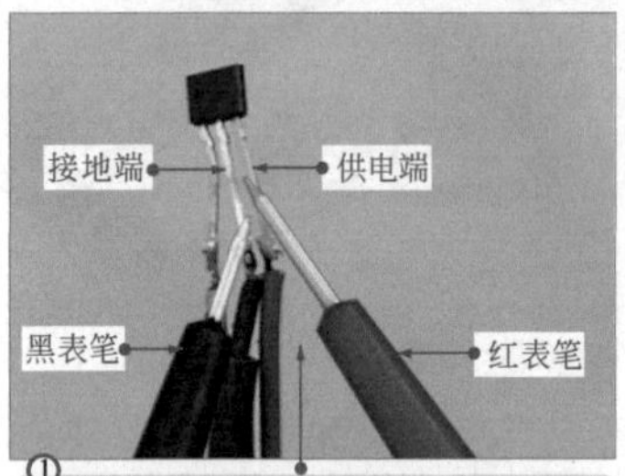

①首先使用万用表检测霍尔元件供电端的正、反向阻值，将万用表的黑表笔搭在霍尔元件的接地端，红表笔搭在供电端

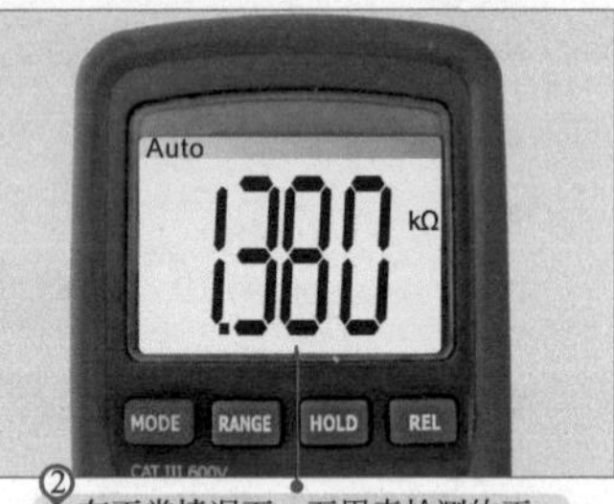

②在正常情况下，万用表检测的正、反向对地阻值均为1.38kΩ左右

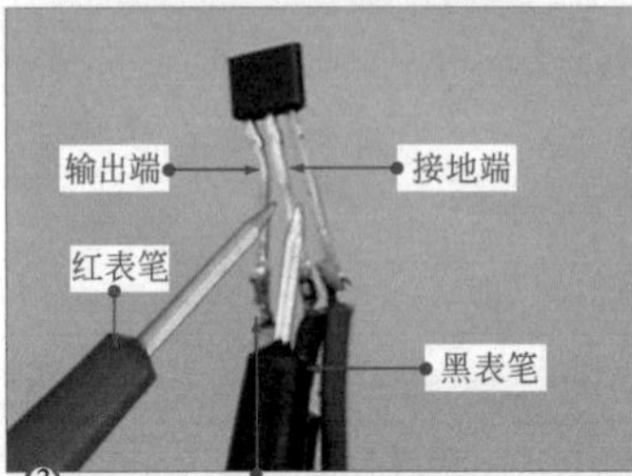

③接下来将万用表的黑表笔搭在霍尔元件的接地端，红表笔搭在输出端

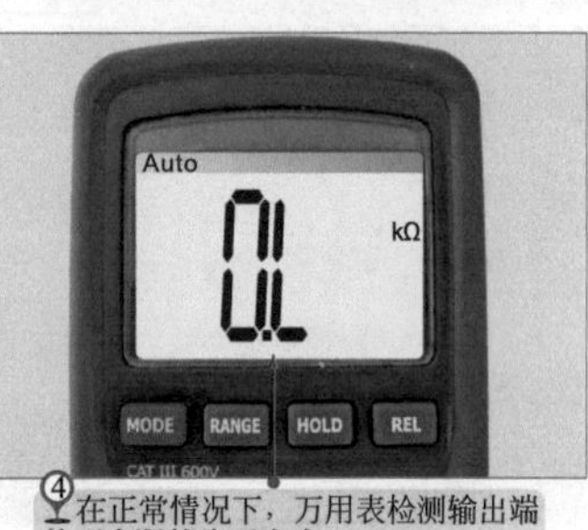

④在正常情况下，万用表检测输出端的正向阻值为无穷大

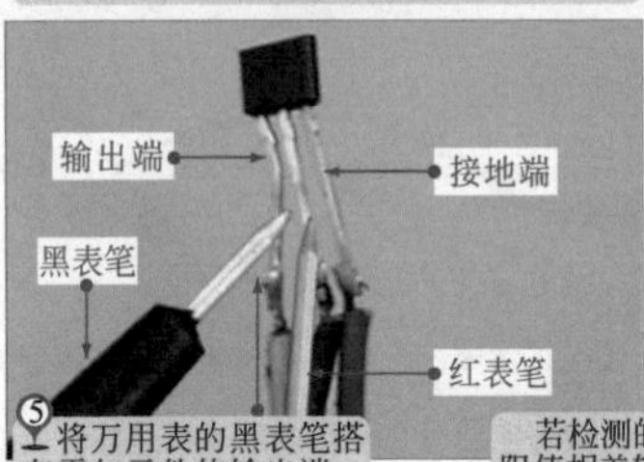

⑤将万用表的黑表笔搭在霍尔元件的输出端，红表笔搭在接地端

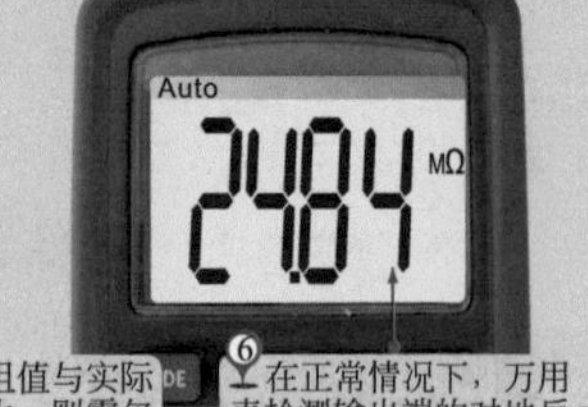

⑥在正常情况下，万用表检测输出端的对地反向阻值为24.84MΩ左右

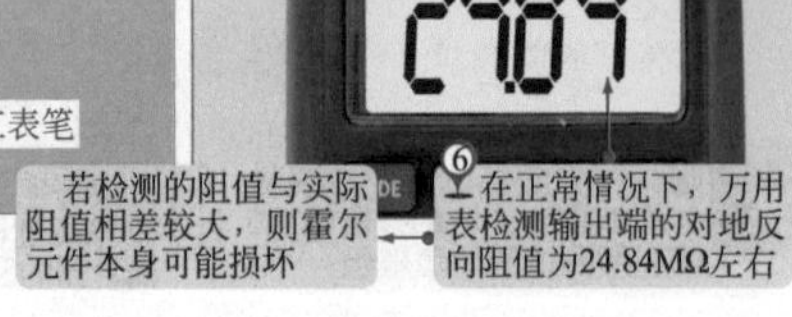

若检测的阻值与实际阻值相差较大，则霍尔元件本身可能损坏

14.2.7　万用表检测电动自行车中的闸把

图 14-19　万用表检测闸把的方法

使用万用表对闸把进行检测时，主要检测闸把内微动开关的阻值，根据检测结果判断微动开关是否异常。图 14-19 为万用表检测闸把的方法。

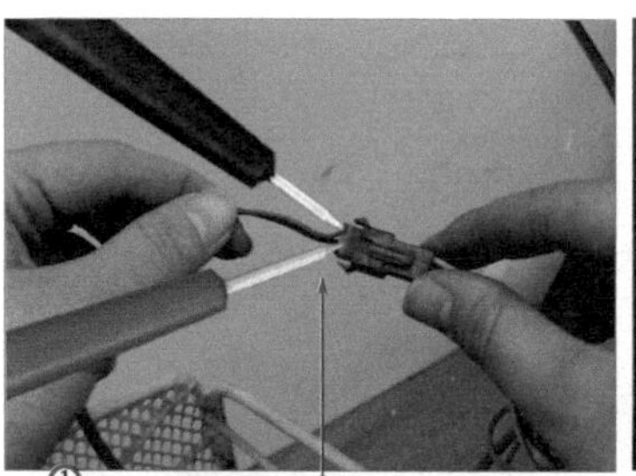
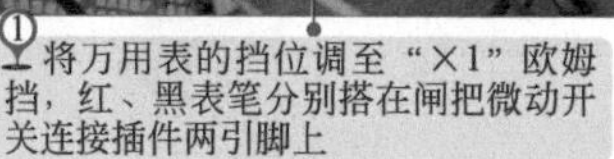

①将万用表的挡位调至“×1”欧姆挡，红、黑表笔分别搭在闸把微动开关连接插件两引脚上

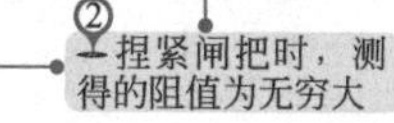

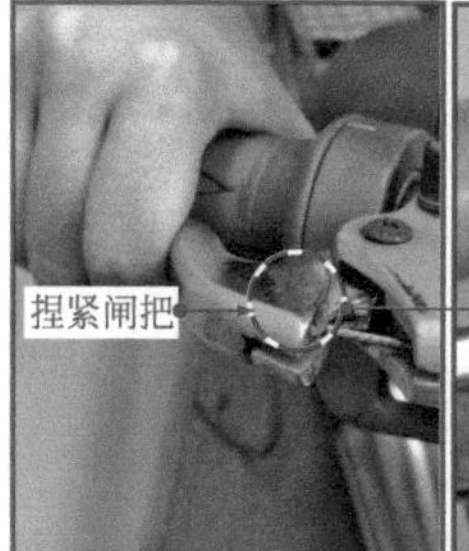

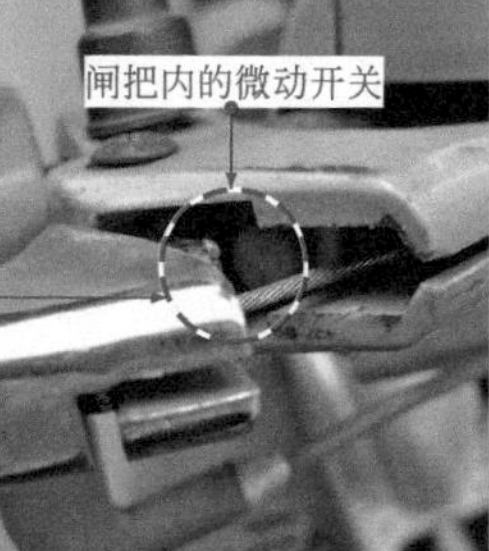

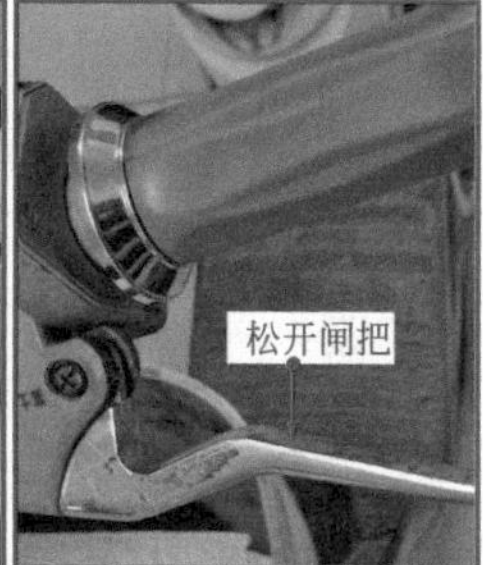

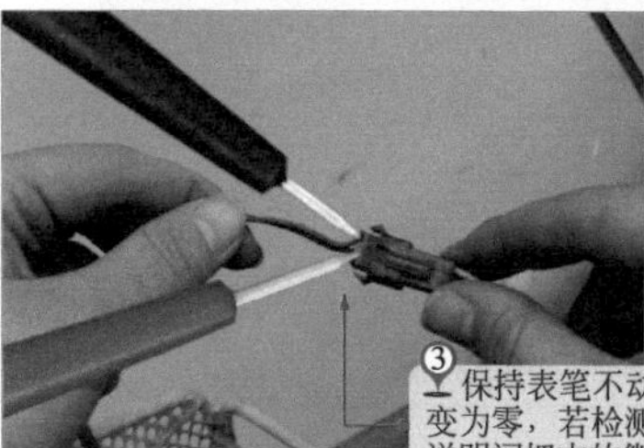

③保持表笔不动，松开闸把，测得的阻值变为零，若检测结果与上述情况不符，则说明闸把中的微动开关不良，需更换
MODEL MF47-8
全保护·遥控器检测

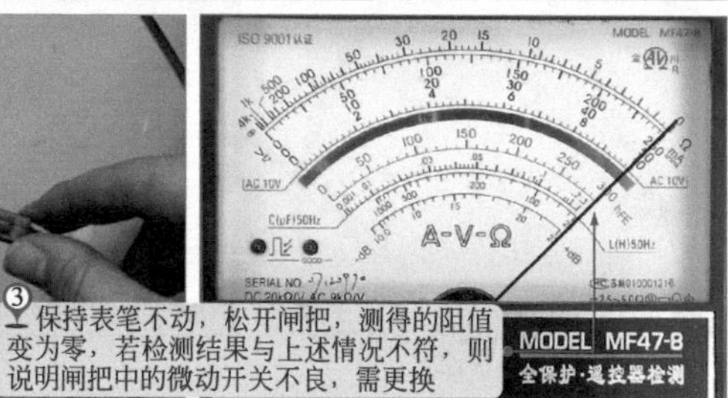

14.2.8 万用表检测电动自行车中的电源锁

图 14-20 万用表检测电源锁的方法

使用万用表对电源锁进行检测时，主要检测电源锁在不同转动状态下的阻值，根据检测结果判断其是否损坏。图 14-20 为万用表检测电源锁的方法。

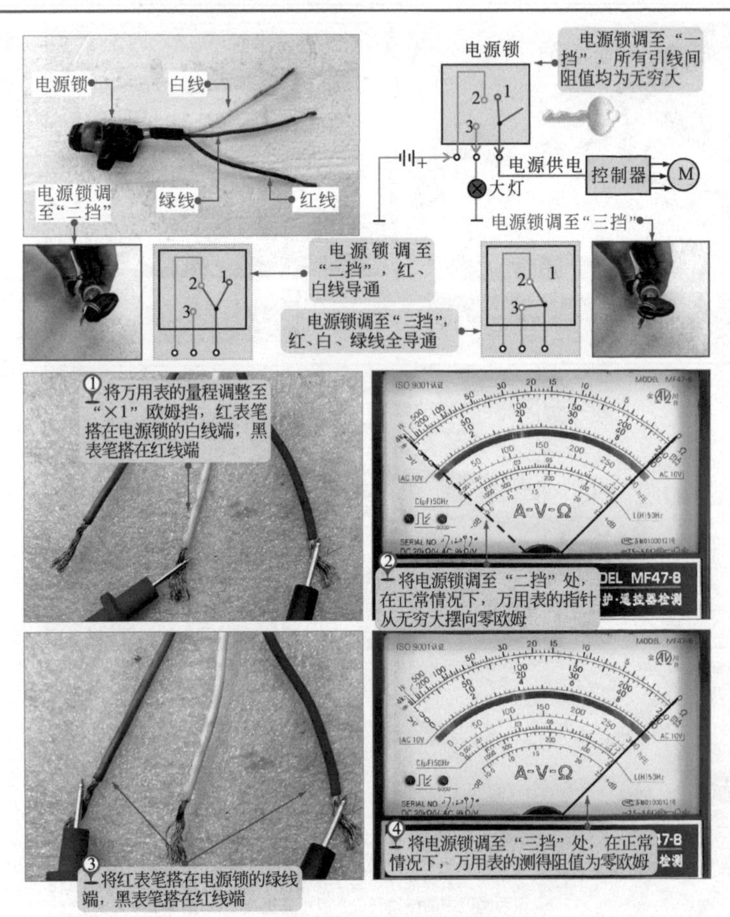

附录1
指针万用表的性能参数

1. 最大刻度和误差

通常以万用表的最大刻度值和万用表的允许误差来表示万用表的性能。万用表的最大刻度值见附表 1 所示，万用表的误差见附表 2 所示。

附表1　万用表的最大刻度值

测量项目	最大刻度值
直流电压 /V	0.25、1、2.5、10、50、250、1000（灵敏度 20kΩ/V）
交流电压 /V	1.5、10、50、250、1000（灵敏度 20kΩ/V）
直流电流 /mA	3000、30000、300000
低频电压 /dB	0 ～ +22（AC 10V 范围）

附表2　万用表的误差

测量项目	允许误差值
直流的电压、电流	最大刻度值的 ±3%
交流电压	最大刻度值的 ±4%
电阻	刻度盘长度的 ±3%

2. 准确度和基本误差

准确度一般称为精度，表示测量结果的准确程度，即万用表的指示值与实际值之差。基本误差的表示方法是用刻度尺上量程的百分数表示，刻度尺特性为不均匀的应用刻度尺长度的百分数表示。万用表的准确度等级是用基本误差来表示的。万用表的准确度越高其基本误差就越小。准确度等级和基本误差见附表 3 所示。

附表3　准确度等级和基本误差

准确度等级	1.0	1.5	2.5	5.0
基本误差 / %	± 1.0	± 1.5	± 2.5	± 5.0

3. 升降变差

升降变差，指当万用表在工作时，指示值由零平稳地增加到上量程，然后平稳地减小到零时，对应于同一条分度线的向上（增加）向下（减少）两次读数与被测量的实际值之差，简称变差，即：

$$\Delta_A = |A_0' - A_0''|$$

式中　Δ_A——万用表指示值变差；

A_0'——被测量平稳增加（或减小）时测得的实际值；

A_0''——被测量平稳减小（或增加）时测得的实际值。

万用表的变差与表头的摩擦力矩有关，摩擦力矩越大，则万用表的升降变差就越大，反之则小。当表头摩擦力矩很小时，$A_0' \approx A_0''$，则升降变差 Δ_A 可忽略不计。

万用表的指示值升降变差不应超过基本误差。

4. 指针不回零位距离

万用表指针不回零位也与表头的摩擦力矩有关，摩擦力矩越小，则指针不回零位也越显著，反之则小，万用表指针不回零位可与万用表升降变差同时测出。当被测量从刻度尺上量程平稳地减少到零位时，万用表指针不回零位距离不应超过下式中的$r(mm)$：

1.0 级、1.5 级万用表：$r = \dfrac{0.01KL}{2}$

2.5 级、5.0 级万用表：$r = \dfrac{0.01KL}{3}$

式中　r——指针不回零位的距离，mm；

K——万用表各量程中最高准确度等级的数值；

L——刻度尺弧长，mm。

5. 倾斜误差

万用表在使用过程中，向任意方向倾斜时所带来的误差称为倾斜误差。倾斜误差主要是由于表头转动部位不平衡造成的，但也与轴尖和轴承之间的间隙大小有关。另外倾斜误差的大小也与指针长短有关，同样的不平衡与倾斜，小型万用表的倾斜误差小，大型万用表由于指针长和轴尖与轴间隙大所以倾斜误差就大。万用表的技术条件规定，当万用表自规定的工作位置向一方倾斜 30° 时，指针位置应保持不变。

6. 阻尼时间

万用表动圈的阻尼时间，在技术条件中规定不应超过 4s。

7. 调零器

万用表的调零器，是用于将表头指针调节到刻度尺的零点上。技术条件中规定，当旋转调零器时，指针自刻度尺零点向两边偏离应不小于刻度尺弧长的 2%，不大于弧长的 6%。

附录2 数字万用表的性能参数

1. 显示位数

数字万用表的显示位数有$3\frac{1}{2}$位、$3\frac{2}{3}$位、$3\frac{3}{4}$位、$4\frac{1}{2}$位、$5\frac{1}{2}$位、$6\frac{1}{2}$位、$7\frac{1}{2}$位和$8\frac{1}{2}$位共8种。它确定了数字万用表的最大显示量程，是数字万用表非常重要的一种参数。

数字万用表的显示位数都是由1个整数和1个分数组合而成的。其中，分数中的分子表示该数字万用表最高位所能显示的数字；分母则是最大极限量程时最高的数字。而分数前面的整数则表示最高位后的数位。例如$3\frac{1}{2}$位（读作“三又二分之一位”），其中整数“3”表示数字万用表最高位后有3个整数位。“$\frac{1}{2}$”中的分子“1”表示该数字万用表最高位数只能显示“1”，故$3\frac{1}{2}$位表示最大显示值为±1999；分母“2”表示该数字万用表的最大极限量程数值为2000，故最大极限量程为2000。

$3\frac{2}{3}$位（读作“三又三分之二位”），其中“$\frac{2}{3}$”中的分子“2”表示该数字万用表位只能显示从0~2的数字，因为整数是“3”所以可以确定在最高位之后有3个整数位，故最大显示值为±2999；分母“3”则表示该数字万用表的最大极限量程数值为3000。

$3\frac{3}{4}$位（读作“三又四分之三位”），其中“$\frac{3}{4}$”中的分子“3”

表示该数字万用表位只能显示从 0~3 的数字，因此最大显示值为 ±3999；最大极限量程数值为 4000。

$4\frac{1}{2}$位（读作“四又二分之一位”），表示该数字万用表最大显示值为 ±19999；最大极限量程数值为 20000。其他的显示位数都可以根据计算得出。

通常，普及型的手持式数字万用表多为 $3\frac{1}{2}$位，但 $3\frac{2}{3}$位、$3\frac{3}{4}$位、$4\frac{1}{2}$位、$5\frac{1}{2}$位及 $5\frac{1}{2}$以上的大多为台式数字万用表。

2. 分辨率

分辨率是反映数字万用表灵敏度高低的性能参数。它随显示位数的增加而提高。不同位数的数字万用表所能达到的最高分辨率分别为 100V（$3\frac{1}{2}$）、10V（$4\frac{1}{2}$）、1V（$5\frac{1}{2}$）、100nV（$6\frac{1}{2}$）、10nV（$7\frac{1}{2}$）、1nV（$8\frac{1}{2}$）。

数字万用表的分辨力指标可以用分辨率来表示，即数字万用表所能显示的最小数字（除 0 外）与最大数字的百分比。例如：$3\frac{1}{2}$位的分辨率为 1/1999，从而可以得出 $3\frac{1}{2}$位数字万用表的分辨率约为 0.05%，同理可以计算出 $3\frac{2}{3}$位的分辨率为 0.033%；$3\frac{3}{4}$位的分辨率为 0.025%；$4\frac{1}{2}$位的分辨率为 0.005%；$4\frac{3}{4}$位的分辨率为 0.0025%；$5\frac{1}{2}$位的分辨率为 0.0005%；$6\frac{1}{2}$位的分辨率为 0.00005%；$7\frac{1}{2}$位的分辨率为 0.000005%；$8\frac{1}{2}$位的分辨率为 0.0000005%。

下面以附图1所示的VC9805A+数字式万用表为例，介绍一下数字式万用表的基本性能参数。图中标出了一些安全注意事项在使用时要注意。

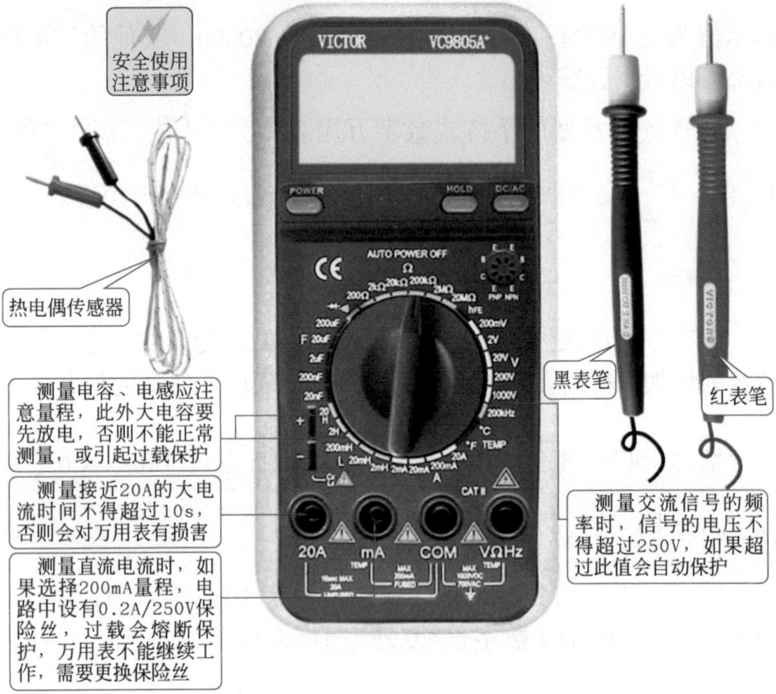

附图1　VC9805A+数字式万用表

（1）一般性能参数

●显示方式：液晶显示；

●最大显示：1999（$3\frac{1}{2}$）位自动极性显示；

●测量方式：双积分式A/D转换；

●采样速率：每秒钟3次；

●超量程显示：最高位显示“1”“OL”“－1”或“－OL”，这种情况应改变量程后再测；

●低电压显示："[+ -]"符号出现；
●工作环境：0 ～ 40℃，相对湿度小于 80% ；
●存储环境：-10 ～ 50℃，相对湿度小于 80% ；
●电源：9V 电池（6F22 或同等型号）。

（2）**技术性能参数**

a. 测量项目

●直流电压 DCV ；
●交流电压 ACV ；
●直流电流 DCA ；
●交流电流 ACA ；
●电阻 Ω ；
●二极管 / 通断；
●三极管 hFE ；
●电容 C ；
●温度 T ；
●频率 f ；
●电感 L ；
●自动断电；
●背光显示。

b. 测量直流电压（DCV）。测量直流电压的量程所对应的分辨率为：

量程	200mV	2V	20V	200V	1000V
分辨率	100μV	1mV	10mV	100mV	1V

输入阻抗：所有量程为 10MΩ ；

过载保护：200mV 量程为 250V 直流或交流峰值；其余为 1000V 直流或交流峰值。

c. 测量交流电压（ACV）。测量交流电压的量程所对应的分辨率为：

量程	200mV	2V	20V	200V	700V
分辨率	100 μV	1mV	10mV	100mV	1V

输入阻抗：输入量程 200mV、2V 为 1MΩ，其余量程为 10MΩ；

过载保护：200mV 量程为 250V 直流或交流峰值，其余量程为 1000V 直流或交流峰值；

显示：正弦波有效值，即平均值响应。

d. 测量直流电流（DCA）。测量直流电流的量程所对应的分辨率为：

量程	2mA	20mA	200mA	20A
分辨率	1μA	10μA	100μA	10mA

最大测量压降：200mV；

最大输入电流：20A（不超过 10s）；

过载保护：0.2A/250V 速熔保护。

e. 测量交流电流（ACA）。测量交流电流的量程所对应的分辨率为：

量程	2mA	20mA	200mA	20A
分辨率	1μA	10μA	100μA	10mA

最大测量压降：200mV；

最大输入电流 20A（不超过 10s）；

过载保护：0.2A/250V 速熔保护；

频率响应：40 ～ 200Hz；

显示：正弦波有效值，即平均值响应。

f. 测量电阻（Ω）。测量电阻的量程所对应的分辨率为：

量程	200Ω	2kΩ	20kΩ	200kΩ	2MΩ	20MΩ	2000MΩ
分辨率	0.1Ω	1Ω	10Ω	100Ω	1kΩ	10kΩ	1MΩ

开路电压：小于3V；

过载保护：250V直流或交流峰值。

注意事项：

●在使用200Ω量程时，应先将表笔短路，测出引线电阻，然后在实测中减去这个值；

●在使用2000MΩ量程时，将表笔短路，仪表将显示10MΩ，这是正常现象，不影响测量准确度，实测时应减去。例：被测电阻为1000MΩ，读数应为1010MΩ，则正确值应从显示读数减去10，即1010-10=1000MΩ；

●测1MΩ以上时，读数反应缓慢属于正常现象，应待显示值稳定之后再读数。

g. 测量电容（*C*）。测量电容的量程所对应的分辨率为：

量程	20nF	200nF	2μF	20μF	200μF
分辨率	10pF	100pF	1nF	10nF	100nF

测试频率：100Hz；

过载保护：36V直流或交流峰值。

h. 测量电感（*L*）。测量电感的量程所对应的分辨率为：

量程	2mH	20mH	200mH	2H	20H
分辨率	1μF	10μF	100μF	1mH	10mH

测量频率：100Hz；

过载保护：36V直流或交流峰值。

i. 测量温度（*T*）。测量温度的量程所对应的分辨率为：

量程	（-40～1000）℃	（0～1832）℉
分辨率	1℃	1℉

j. 测量频率（f）。测量频率的量程所对应的分辨率为：

量程	2kHz	20kHz	200kHz	2000kHz	10MHz
分辨率	1Hz	10Hz	100Hz	1kHz	10kHz

输入灵敏度：1V 有效值；

过载保护：250V 直流或交流峰值（不超过 10s）。

k. 二极管通断测试。测量二极管通断时的显示值及测试条件为：

显示值	测试条件
二极管正向压降	正向直流电流约 1mA，反向电压约 3V
蜂鸣器发声长响，测试两点阻值小于（70 ± 20）Ω	开路电压约 3V

过载保护：250V 直流或交流峰值；

警告：为了安全在此量程禁止输入电压值。

l. 晶体三极管 hFE 参数测试。晶体三极管 hFE 参数测试显示值的测试条件为：

参数	晶体管类	显示值	测试条件
hFE	NPN 或 PNP	0 ～ 1000	基极电流约 10μA，V_{ce} 约为 2V